U0385184

Mycoplasmas in Swine

猪的支原体

[比] 多米尼克·梅斯
[西] 玛丽娜·西比拉　编著
[美] 玛利亚·皮特斯
邵国青　主译

中国农业出版社
北　京

《猪的支原体》译者名单

主　译　邵国青

副主译　冯志新　熊祺琰

主　审　王科文　曾容愚　刘茂军　姜俊兵　薛中原

丁红雷　吴　华

译　者（按拼音顺序排列）

白　昀
江苏省农业科学院副研究员
Email: sunnybaiy@sina.com

陈　蓉
江苏省农业科学院博士
Email: chenronggrape@163.com

丁红雷
西南大学副教授　博士
Email: hongleiding@swu.edu.cn

鄂　蓓
牧原食品股份有限公司语言服务中心翻译项目经理
Email: mytrans@muyuanfoods.com

冯志新
江苏省农业科学院兽医研究所副所长　研究员　博导
Email: fzxjaas@163.com

郝　飞
江苏省农业科学院执业兽医师
Email: haofeijaas@163.com

华利忠
江苏省农业科学院副研究员　博士
Email: steven828@126.com

姜俊兵
山西工程技术学院副院长　教授　博士
Email: sxndjeffrey@126.com

李　俊
江苏省农业科学院博士
Email: lijunjaas@126.com

刘茂军
江苏省农业科学院研究员　博导
Email: maojunliu@163.com

秦泽旭
牧原食品股份有限公司语言服务中心高级翻译
Email: seanqzx@163.com

邵国青
江苏省农业科学院动物支原体创新团队首席　研究员　博导
Email: gqshaonj@163.com

王海燕
江苏省农业科学院副研究员　博士
Email: wang-haiyan1983@163.com

王科文
硕腾（中国）猪业务技术总监　博士
Email: kewen.wang@zoetis.com

王　丽
江苏省农业科学院创新团队行政
Email: wangliadc@163.com

吴　华
硕腾（中国）猪业务团队高级产品经理　博士
Email: hua.wu@zoetis.com

谢青云
江苏省农业科学院博士
Email: xqy816626@163.com

谢　星
江苏省农业科学院副研究员　博士
Email: yzxx1989@163.com

熊祺琰
江苏省农业科学院研究员　博士
Email: qiyanxiongnj@163.com

薛中原
牧原食品股份有限公司语言服务中心主任
Email: xuezhongyuan@muyuanfoods.com

于岩飞
江苏省农业科学院副研究员　博士
Email: yuyanfeihaha@163.com

曾容愚
天康畜牧科技有限公司健康管理总监
Email: rongyuzeng2011@163.com

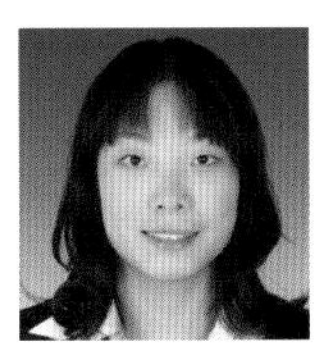
张珍珍
江苏省农业科学院博士
Email: zzz-260@163.com

周冰蕊
山西医科大学基础医学院博士
Email: zhoubingrui0208@163.com

原版作者

主要作者

Dominiek Maes
Faculty of Veterinary Medicine
Ghent University
Ghent, Belgium
Dominiek.Maes@UGent.be

Marina Sibila
Centre de Recerca en Sanitat Animal (CReSA)
Institut de Recerca i Tecnologia Agroalimentàries (IRTA)
Campus de la Universitat Autònoma de Barcelona
Bellaterra, Spain
marina.sibila@irta.cat

Maria Pieters
College of Veterinary Medicine
University of Minnesota
St. Paul, USA
piet0094@umn.edu

共同作者

Alyssa Betlach
College of Veterinary Medicine
University of Minnesota
St. Paul, USA

Swine Vet Center, P.A.
St. Peter, USA

Anne Gautier-Bouchardon
Ploufragan-Plouzané-Niort Laboratory
French Agency for Food, Environmental and Occupational Health and Safety (Anses)
Ploufragan, France
Anne.bouchardon@anses.fr

Filip Boyen
Faculty of Veterinary Medicine
Ghent University
Ghent, Belgium
Filip.Boyen@UGent.be

John Carr
College of Public Health, Medical and Veterinary Sciences
James Cook University
Queensland, Australia
swineunit1@yahoo.com

Chanhee Chae
College of Veterinary Medicine
Seoul National University
Seoul, Republic of Korea
swine@snu.ac.kr

Céline Deblanc
Swine Virology and Immunology Unit
French Agency for Food, Environmental and Occupational Health and Safety (Anses)
Ploufragan, France
Celine.deblanc@anses.fr

Odir Antonio Dellagostin
Unit of Biotechnology
Federal University of Pelotas
Pelotas, Brazil
odir@ufpel.edu.br

Steven Djordjevic
The ithree institute
University of Technology Sydney
Sydney, Australia
Steven.Djordjevic@uts.edu.au

Christelle Fablet
Ploufragan-Plouzané-Niort Laboratory
French Agency for Food, Environmental and Occupational Health and Safety (Anses)
Ploufragan, France
Christelle.Fablet@anses.fr

João Carlos Gomes Neto
Nebraska Innovation Campus
University of Nebraska-Lincoln
Lincoln, USA
jgomesneto2@unl.edu

Freddy Haesebrouck
Faculty of Veterinary Medicine
Ghent University
Ghent, Belgium
Freddy.Haesebrouck@UGent.be

Katharina Hoelzle
Department Behavioral physiology of livestock
University of Hohenheim
Stuttgart, Germany
Katharina.Hoelzle@uni-hohenheim.de

Ludwig Hoelzle
Department Livestock infectiology and environmental hygiene
University of Hohenheim
Stuttgart, Germany
ludwig.hoelzle@uni-hohenheim.de

Sam Holst
Swine Vet Center, P.A.
St. Peter, USA
sholst@swinevetcenter.com

Derald Holtkamp
College of Veterinary Medicine
Iowa State University
Ames, USA
holtkamp@iastate.edu

Veronica Jarocki
The ithree institute
University of Technology Sydney
Sydney, Australia
Veronica.Jarocki@uts.edu.au

Jörg Jores
Vetsuisse Faculty
University of Bern
Bern, Switzerland
joerg.jores@vetsuisse.unibe.ch

Peter Kuhnert
Vetsuisse Faculty
University of Bern
Bern, Switzerland
peter.kuhnert@vetsuisse.unibe.ch

Enrique Marco
Marco VetGrup SLP
Barcelona, Spain
emarco@marcovetgrup.com

Corinne Marois
Ploufragan-Plouzané-Niort Laboratory
French Agency for Food, Environmental and Occupational Health & Safety (Anses)
Ploufragan, France
Corinne.Marois@anses.fr

Heiko Nathues
Vetsuisse Faculty
University of Bern
Bern, Switzerland
heiko.nathues@vetsuisse.unibe.ch

Tanja Opriessnig
College of Veterinary Medicine
Iowa State University, USA
The Roslin Institute and The Royal (Dick) School of Veterinary Studies
University of Edinburgh, UK
Tanja.Opriessnig@roslin.ed.ac.uk

Andreas Palzer
Veterinary Pig Practice Scheidegg
Scheidegg, Germany
Andreas.Palzer@med.vetmed.uni-muenchen.de

Mathias Ritzmann
Faculty of Veterinary Medicine
Ludwig-Maximilians-Universität München
München, Germany
Ritzmann@med.vetmed.uni-muenchen.de

Andrew Rycroft
Department of Pathobiology & Population Sciences
Royal Veterinary College
London, UK
ARycroft@rvc.ac.uk

Joaquim Segalés
Facultat de Veterinària (Universitat Autònoma de Barcelona)
Centre de Recerca en Sanitat Animal (CReSA)-Institut de Recerca i Tecnologia Agroalimentàries (IRTA)
Campus de la Universitat Autonoma de Barcelona
Bellaterra, Spain
joaquim.segales@irta.cat

Guoqing Shao
Institute of veterinary science
Jiangsu Academy of Agriculture Sciences
Nanjing, Jiangsu, China
gqshaonj@163.com

Joachim Spergser
University of Veterinary Medicine Vienna
Vienna, Austria
Joachim.Spergser@vetmeduni.ac.at

Artur Summerfield
Institute of Virology and Immunology
Faculty of Veterinary Medicine
University of Bern
Bern, Switzerland
artur.summerfield@vetsuisse.unibe.ch

Paul Yeske
Swine Vet Center, P.A.
St. Peter, USA
pyeske@swinevetcenter.com

审　校

Rachel Derscheid
Veterinary Diagnostic Laboratory
Iowa State University
Ames, USA
rdersch@iastate.edu

Mathias Devreese
Faculty of Veterinary Medicine
Ghent University
Ghent, Belgium
Mathias.Devreese@UGent.be

Bert Devriendt
Faculty of Veterinary Medicine
Ghent University
Ghent, Belgium
B.Devriendt@UGent.be

Jeroen Dewulf
Faculty of Veterinary Medicine
Ghent University
Ghent, Belgium
Jeroen.Dewulf@UGent.be

Marcelo Gottschalk
Faculty of Veterinary Medicine
University of Montreal
Québec, Canada
marcelo.gottschalk@umontreal.ca

Roberto Maurício Carvalho Guedes
Veterinary School
Universidade Federal de Minas Gerais
Belo Horizonte, Brazil
guedesufmg@gmail.com

Luís Guilherme de Oliveira
School of Agricultural and Veterinarian Sciences
São Paulo State University (Unesp)
Jaboticabal, Brazil
luis.guilherme@unesp.br

Isabel Hennig-Pauka
Field Station for Epidemiology
University of Veterinary Medicine Hannover
Bakum, Germany
Isabel.Hennig-Pauka@tiho-hannover.de

Paolo Martelli
Department of Veterinary Science
University of Parma
Parma, Italy
paolo.martelli@unipr.it

Guy-Pierre Martineau
National Veterinary School of Toulouse
Toulouse, France
g.martineau@envt.fr

Chris Minion
Veterinary Medicine
Iowa State University
Ames, USA
fcminion@iastate.edu

Jens Peter Nielsen
Det Sundhedsvidenskabelige Fakultet
Københavns Universitet
Copenhagen, Denmark
jpni@sund.ku.dk

Katharina Stärk
Royal Veterinary College
London, UK
kstaerk@rvc.ac.uk

Karine Ludwig Takeuti
Federal University of Rio Grande do Sul, Brazil
Porto Alegre, Brazil
karine.takeuti@ufrgs.br

Pablo Tamiozzo
Facultad de Agronomía y Veterinaria
Universidad Nacional de Río Cuarto
Río Cuarto, Argentina
topo.vet@gmail.com

Tijs Tobias
Faculty of Veterinary Medicine
Utrecht University
Utrecht, The Netherlands
t.j.tobias@uu.nl

Per Wallgren
Dept of Animal Health and Antimicrobial Strategies
National Veterinary Institute
Uppsala, Sweden
per.wallgren@sva.se

原版序

支原体是一种对生猪影响最大的细菌性病原体，往往导致猪群发生慢性感染，难于从猪群和猪场水平上清除。猪的支原体会导致养猪遭受巨大的经济损失，使猪易患由更急性的病原体引起的疾病，还影响猪的福利。

在许多国家，集约化养鸡业的支原体病防控已经达到极少需要使用抗菌药物治疗的水平，实现该目标的方法是，建立支原体阴性种群，制订精准的诊断方法，开展定期检测，开发能够限制感染并消除其影响和减少病原传播的疫苗，以及实行严格的生物安全。控制支原体病是全球养猪业的一个重要目标，近来一些国家为消除支原体病而做出的努力也证明了他们实现这一目标的决心。然而，我们对猪的支原体病的控制仍是有限的，这也是猪场使用抗菌药物的主要原因。只有通过足够的持续研发，强化控制工具并将之应用于临床，才能够总体上控制该病。

更好地控制猪的支原体病需要综合防控技术。我们需要更好地了解这些病原体在生物学上的许多基础性知识。虽然猪的致病性支原体有数种，但猪肺炎支原体(*Mycoplasma hyopneumoniae*)无疑是最重要的。尽管它引起的地方性肺炎在20世纪50年代早期就被认为明显有别于其他疾病（当时被命名为猪病毒性肺炎）(Gulrajani和Beveridge，1951)，但到20世纪60年代才首次发现了猪肺炎支原体（Goodwin等，1967；Goodwin和Whittlestone，1963；1966；Mare和Switzer，1966)。

不过，我们对猪肺炎支原体的了解一直落后于许多其他重要的致病性支原体，部分原因是它比许多支原体有更苛刻的生长要求。尽管其基因组结构简单，但最近所做的表面多样性产生机制的研究表明，猪肺炎支原体真的非常复杂。想要更有效地控制该病，需要更全面地了解其与宿主的相互作用机制，包括它的黏附素与黏膜纤毛受体之间的相互作用。在大多数支原体中，感染组织的损伤主要原因是免疫病理学，因此充分了解其与免疫系统的相互影响对于我们认识猪支原体病的防控至关重要。

更好地了解猪的支原体及其与宿主的相互作用将有助于开发更好的控制工具，但是，最佳应用当前和未来的控制工具，取决于我们对受感染猪临床情况的了解，最重要的是，我们对病原体及其引起的疾病的流行病学的了解。猪肺炎支原体产生重大影响的一个主要因素是它与其他细菌性和病毒性病原体的相互作用。在大规模猪群中，常见猪肺炎支原体与其他呼吸道病原体的共感染，并且通常比单独感染此类病原体的后果更严重。

最后，在等待出现新型工具来改进猪肺炎支原体防控的同时，我们必须了解如何最好地利用现有的诊断检测、疫苗和抗菌药物。这样能够减少生产损失，最大限度地减少抗菌药物的低效使用，并减少猪肺炎支原体以及其他猪病原体的耐药性。

虽然猪肺炎支原体研究已经引起人们的广泛关注，但必须认识到还有其他重要的猪的支原体值得关注。猪鼻支原体（*Mycoplasma hyorhinis*）和猪滑液支原体（*Mycoplasma hyosynoviae*）是猪传染性关节炎的重要病因，这种疾病也会造成相当大的经济损失，对生长猪的福利产生不利影响，而猪支原体（*Mycoplasma suis*）寄生于红细胞，也会造成生长猪的经济损失。

本书后续章节将讨论所有这些问题以及其他许多问题。各章作者均为国际知名专家，提供了对这类重要病原体的全球视角。他们简明扼要地总结了猪的支原体领域目前的知识，并指出了我们需要填补的空白，以进一步提高我们所关爱的猪的福利和生产水平。

Glenn F. Browning
澳大利亚墨尔本大学兽医学院教授
亚太动物健康中心主任
国际支原体组织主席（2018—2020）

专家序一

20世纪50年代初期，我国各地流行一种猪的呼吸道传染病，发病率很高，对当时刚刚兴起的集体养猪事业造成极大危害。认为此病是新传入我国的猪病毒性肺炎，俗称猪气喘病。引起国内领导和学者重视，纷纷投入此病的研究和防治，但由于病原不明，研究成果不显。直到60年代初期才明确其病原为猪肺炎支原体。江苏省农业科学院自何正礼先生直到邵国青研究员三代研究人员数十年孜孜不倦研究此病，终于创制有效疫苗，推广应用于生产上取得丰硕成果，并在病原支原体的研究方面获得国际赞誉。

《猪的支原体》一书是支原体领域国际权威著作，经江苏省农业科学院组织全国猪气喘病研究同行专家翻译成中文出版，此书将为国内学者和兽医专家分享关于猪支原体病的防控知识和经验。这对我国兽医界是一大贡献。

蔡宝祥
2021年6月

专家序二

获悉《猪的支原体》将引进到国内，硕腾公司第一时间和此书的版权引进方AIC国际农牧咨询公司进行了沟通。作为一家为养猪生产者提供专业产品与服务的企业，我们很欣喜地看到，书中内容详尽，是一本研究、防控猪的支原体病不可多得的好书。特别是书中内容涉及猪的支原体感染的抗生素治疗、猪肺炎支原体疫苗的免疫接种、猪肺炎支原体的净化等，这对于养猪生产实践具有重要的指导意义。过去以来，硕腾公司一直通过创新性的产品与一流的服务，为广大养猪生产者提供最佳的疫病防控方案，而此书的观点与我们的服务理念不谋而合。因此，基于我们共同的理念，硕腾公司资助了《猪的支原体》在国内的出版。

《猪的支原体》的出版历经半年时间，硕腾公司与牧原集团、江苏省农业科学院动物支原体创新团队、AIC国际农牧咨询公司及国内的支原体专家一起参与了从翻译、编排到出版的整个过程。本书定位精品，特别是邵国青老师主持了全书的翻译与出版，邵老师严谨治学的态度，使本书无论是翻译的质量、精美的编排，还是高质量的印刷都保持了高的水准。相信我们的读者，在阅读的过程中一定能够大快朵颐；我们的养猪生产者、兽医也一定能够从书中找到防控猪的支原体的胜利秘诀。

硕腾公司中国猪事业部一直坚持为客户提供最优质的产品，秉持先进的养殖理念和提供一流的技术服务，我们将一如继往地服务于中国猪产业链，并帮助他们实现为全社会提供优质安全的猪肉产品，促进人类健康发展，从而成为中国动物保健业的引领者！

祝贺《猪的支原体》中文版的出版！

硕腾公司中国猪事业部 总经理 钱卫东

译者序

支原体病是危害全球养猪产业、造成巨大经济损失的重要传染病。由荷兰根特大学教授、国际支原体组织（IOM）比较支原体学研究规划（IRPCM）猪支原体组组长Dr. Dominiek Maes等三位专家领衔编著的《猪的支原体》（*Mycoplasmas in Swine*）于2020年8月出版，本书由40多位世界知名科学家和临床兽医共同撰写，是迄今国际上最全面、最权威的猪的支原体专业书籍，为养猪场人员、临床兽医和相关从业者展示了致病性支原体的最新科学发现、临床经验和实用信息。《猪的支原体》一书在撰写和编辑中坚持循证性、科学性和实用性，所有结论都有相应的科学数据支撑，结合合理的统计和逻辑分析，为生产提供准确、实用的技术指导。

专著不仅是行业发展的起点，对未来的学科发展也具有里程碑意义。它既是一个完整的、全局性、有高度、有深度的科学体系，还包括目前科学上模糊、困惑和未知的内容，以及引发思考的前瞻性问题，这与具有清楚简明大纲和知识体系的教科书有很大差别。在兽医领域，新中国学部委员、江苏省农业科学院已故的盛彤笙先生是业内公认的动物传染病专著翻译的典范，他的翻译达到了信、达、雅的至高境界。盛先生也曾从事猪气喘病研究，我在学生时代曾几次拜访过先生。今天我们主持专著翻译，自觉专业根基有限，国学底子更薄，承担这项任务就想起严谨、谦逊、平淡的盛先生，内心诚惶诚恐。参与撰写*Mycoplasmas in Swine*的40多位作者中许多是知名学者，他们将全世界几代人在猪支原体病科学研究上的积累用精确的语言表述出来，本书的译者虽然大多数都是有留学背景的博士，但限于每个人的认识水平，可能无法突破自己理解上的局限，容易将专著中有高度、有深度的认知削足适履。

专著中涉及背景复杂的临床经验以及在有限条件下的结果推测，大学者通常用非常微弱，有时甚至是晦涩的文本对话不明真相的译者、读者。对此，我们坚持“信”为第一翻译原则，严格忠于原著文本，不让翻译的声音盖过原著的声音，努力倾听文本的声音。当我们能够静心倾听原著作者，能够安静思考时，会感觉到译者和作者在对话。本书译稿的每一章平均经过7次逐句审校，对不能肯定的表述不会简单地发表观点或强行定夺，通过多次细心谦卑地讨论、查阅原始文献或请教专家，使文本中微弱的声音也浮现出来，再用恰当的中文表述出来，让读者能够捕捉作者的原意。专业的思考，小心的求证，谨慎地得出翻译结论，这一过程让我们体会到规矩和习惯的磨砺。翻译专著不仅仅需要专业背景，还必须先培养严谨、尊重的品格，不厌其烦、坚毅认真的品性会塑造和成就我们。

感谢硕腾公司中国猪事业部资助《猪的支原体》在中国的翻译出版。多年来，硕腾公司不仅为我国带来了许多创新产品，还为我们提供了许多技术服务和专业培训，为我国现代化养猪业的长期稳定发展贡献了力量。感谢牧原食品股份有限公司语言服务中心提供了初步译稿和专业术语表，并无偿提供了专业翻译软件，提高了全书翻译的速度和质量。感谢20多位青年博士的用心翻译。感谢曾容愚、刘茂军、王科文、秦泽旭、丁红雷、姜俊兵、冯志新、熊祺琰8位专家的认真审校，特别是冯志新研究员、熊祺琰研究员对全书进行了三遍以上的严格审校，纠正多处错漏。正是译者和审校专家的全力奉献和严格较真的翻译态度，使本书的翻译工作能够出色完成。感谢中国农业出版社刘玮编辑极其认真的编辑工作，也感谢中国农业出版社对本书翻译质量的高度肯定。

感谢我国著名家畜传染病学家蔡宝祥先生，感谢他生前欣然为本书做序，并给予许多的鼓励，先生一路走好！

此书的出版发行必将有助于我国养猪产业的持续健康发展！

邵国青于南京孝陵卫钟灵街

术语表

英文缩写	英文全称	中文名称
ADG	average daily gain	平均日增重
ADWG	average daily weight gain	平均日增重
AFLP	amplified fragment length polymorphism	扩增片段长度多态性
AMP	antimicrobial proteins	抗菌蛋白
BALF	broncho-alveolar lavage fluid	支气管肺泡灌洗液
BALT	bronchus-associated lymphoid tissue	支气管相关淋巴组织
BIP	broncho-interstitial pneumonia	支气管间质性肺炎
BM-DC	bone-marrow-derived dendritic cell	骨髓源树突状细胞
CA-SFM	Comité de l'Antibiogramme de la Société Française de Microbiologie	法国微生物学会抗生素委员会
CBPP	contagious bovine pleuropneumonia	牛传染性胸膜肺炎
CCU	color changing unit	变色单位
CDS	coding sequence	编码序列
CDCD	caesarian derived colostrum deprived	剖宫产-禁食初乳仔猪
CDS	cytosolic DNA sensor	细胞质DNA传感器
CLSI	Clinical and Laboratory Standards Institute	临床与实验室标准研究所
CRAMP	cathelin-related antimicrobial peptide	cathelin相关抗菌肽
CT	cholera toxin	霍乱毒素
Ct	cycle threshold	循环阈值
CVPC	cranioventral pulmonary consolidation	颅腹侧肺实变
DC	dendritic cell	树突状细胞
DIC	disseminated intravascular coagulation	弥散性血管内凝血
DNA	deoxyribonucleic acid	脱氧核糖核酸
DON	deoxynivalenol	脱氧雪腐镰刀菌烯醇
DPI	days post inoculation	接种后天数
DUF	domains of unknown function	未知功能域
ECOFF	epidemiological cut-off	流行病学临界值
EF-Tu	elongation factor thermo unstable	热不稳定延伸因子
ELISA	enzyme linked immunosorbent assay	酶联免疫吸附试验

（续）

英文缩写	英文全称	中文名称
EP	enzootic pneumonia	地方性肺炎
EUCAST	European Committee on Antimicrobial Susceptibility Testing	欧洲抗菌药物敏感性试验委员会
Fc	fragment crystallizable	可结晶片段
FCR	feed conversion ratio	饲料转化率
FIGE	field-inversion gel electrophoresis	反转电场凝胶电泳
GAG	glycosaminoglycans	糖胺聚糖
GAPDH	glyceraldehyde-3-phosphate dehydrogenase	甘油醛-3-磷酸脱氢酶
GDU	gilt development unit	后备猪培育舍
GlpO	glycerol phosphate oxidase	甘油磷酸氧化酶
HSP70	heat shock protein 70	热休克蛋白70
IAP	infectious anemia of pigs	猪传染性贫血
IAV-S	influenza A virus of swine	猪甲型流感病毒
Ig	immunoglobulin	免疫球蛋白
ICE	integrative conjugative element	整合性接合元件
LTB	heat-labile enterotoxin	不耐热肠毒素
MALDI-ToF-MS	matrix-assisted laser desorption/ionization time of flight mass spectrometry	基质辅助激光解吸电离飞行时间质谱
MAMPS	microbial-associated molecular patterns	微生物相关分子模式
MBC	minimum bactericidal concentration	最小杀菌浓度
MDA	maternally derived antibodies	母源抗体
MGE	mobile genetic elements	可移动遗传元件
MHC	major histocompatibility complex	主要组织相容性复合体
MIB	mycoplasma Ig binding protein	支原体Ig结合蛋白
MIC	minimum inhibitory concentration	最小抑菌浓度
MIP	mycoplasma Ig protease	支原体Ig蛋白酶
MLST	multi-locus sequence typing	多位点序列分型
MLV	modified live virus	改性活病毒
MLVA	multiple-locus variable number tandem repeats analysis	多位点可变数目串联重复序列分型
NETs	neutrophil extracellular traps	中性粒细胞外诱捕网
NLR	nucleotide-binding oligomerization domain-like receptors	核苷酸结合寡聚化结构域样受体
NOD	nucleotide-binding oligomerization domain (NOD)-like receptors (NLR)	核苷酸结合寡聚化结构域
NrdF	ribonucleoside-diphosphate reductase subunit beta	核糖核苷酸还原酶R2亚单位

（续）

英文缩写	英文全称	中文名称
OR	odds ratio	比值比
ORF	open reading frame	开放阅读框
PCMV	porcine cytomegalovirus	猪巨细胞病毒
PCR	polymerase chain reaction	聚合酶链式反应
PCV-2	porcine circovirus type 2	猪圆环病毒2型
PCVD	porcine circovirus disease	猪圆环病毒病
PdhB	pyruvate dehydrogenase E1 beta subunit	丙酮酸脱氢酶E1 β亚基
PFGE	pulsed-field gel electrophoresis	脉冲电场凝胶电泳
pH	power of hydrogen	pH值
PLGA	polylactic-co-glycolic acid	聚乳酸-羟基乙酸共聚物
PM	porcine mycoplasmosis	猪支原体病
PPLO	pleuropneumonia-like organism	类胸膜肺炎微生物
PRDC	porcine respiratory disease complex	猪呼吸道病综合征
PRR	pathogen recognition receptor	模式识别受体
PRRSV	porcine reproductive and respiratory syndrome virus	猪繁殖与呼吸综合征病毒
PRV	pseudorabies virus	伪狂犬病病毒
qPCR	quantitative PCR	定量聚合酶链式反应
QRDR	quinolone resistance-determining regions	喹诺酮类耐药性决定区
RAPD	random amplified polymorphic DNA	随机扩增多态性DNA
RFLP	random fragment length polymorphism randomrestriction fragment length polymorphism	随机片段长度多态性
RIG-I	retinoic acid-inducible gene-I	维甲酸诱导基因-I
RLR	retinoic acid-inducible gene-I-like receptor	维甲酸诱导基因-I样受体
Rn	reproduction ratio	增殖率
RNA	ribonucleic acid	核糖核酸
Rt-PCR	real time PCR	实时定量PCR
ROS	reactive oxygen species	活性氧
SC	Subcutaneous	皮下注射
SCID	severe combined immunodeficiency	重症联合免疫缺陷
SNP	single nucleotide polymorphism	单核苷酸多态性
SP-A	surfactant protein A	表面活性蛋白A
SPF	specific-pathogen-free	无特定病原体

（续）

英文缩写	英文全称	中文名称
ST	sequence type	序列类型
TBM	tracheobronchial mucus	气管支气管黏液
Th	helper T cells	辅助性T细胞
TLR	toll-like receptor	Toll样受体
TNF	tumor necrosis factor	肿瘤坏死因子
T-reg	regulatory T cells	调节性T细胞
VLP	variable surface lipoprotein	表面可变脂蛋白
VNTRs	variable number of tandem repeats	可变数目串联重复序列
WGS	whole genome sequencing	全基因组测序
WHO	World Health Organization	世界卫生组织

目录

第 1 章

猪的支原体种的普遍特性和分类概观

Andrew Rycroft [1]

1 英国伦敦，皇家兽医学院，病理生物学与群体科学系

1.1 引言

1.1.1 柔膜体纲和支原体属的特性

永久性缺乏细胞壁肽聚糖的细菌分类上隶属“柔膜体纲（*Mollicutes*为拉丁语，指柔软的皮肤）”，这是一类独特的原核生物，包含支原体属（*Mycoplasma*）和脲原体属（*Ureaplasma*）。它们是可独立生存的原核生物，菌体较小（0.2 ~ 0.4μm），并且由于没有固定形状的细胞壁，所以外观呈多形性。此外，它们还会在培养基中产生很微小的菌落。这些细菌基因组很小（通常在700 ~ 1 000kbp之间）。与许多细菌相比，它们的基因组只有相对有限的合成和分解代谢的能力，这或许能反映出该生物无法获取或进化出更多功能，或者由于其逐渐退化而密切依赖于宿主生存，因此遗传物质容量逐渐减少。

第一个成功培养的柔膜体纲细菌是丝状支原体，也就是我们所熟知的引起牛传染性胸膜肺炎的病原体。后来分离出的支原体或其他类似于丝状支原体的柔膜体纲细菌被称为类胸膜肺炎微生物，即PPLO。这个名称曾得到广泛使用，但后来逐渐被“支原体（*Mycoplasma*，曾用名有霉形体、霉浆菌、分枝原体）”这一术语所代替，用支原体这一术语代指引起人类和动物疾病的所有此类细菌。1967年又同意使用柔膜体纲这一术语来代指整个这个纲的微生物，“支原体”一词准确的含义仅代指支原体属，但是直至今天很多生物学家在多种情况下仍然用“支原体”作为这类缺少细胞壁的细菌的常用名称或生物学的种名。

1.1.2 支原体的系统发育关系

在出现分子（基于DNA的）研究技术之前，柔膜体纲细菌的分类依赖于培养特征和血清学手段。在很多情况下培养所需要的必需成分是很难确定的，因为培养时需要使用动物血清，而血清中含有多种不明确的化学物质和营养素，通常无法识别哪些成分是必需的，哪些不是。生长抑制试验被广泛地用于柔膜体纲细菌的识别和分类，该方法使用了高免血清中的抗体，通常将抗体包被于吸水纸圆片中，用于抑制培养皿上支原体的生长。这种抑制活性具有特异性，仅对同种菌株或与制备高免血清的菌株关系非常密切的菌株产生抑制作用。遗憾的是，该方法依赖于血清中共同抗原的抗体，并且在实验室之间并不总是可重复的。它还依赖于具有生长抑制活性的关键抗原，这些关键抗原应该是该物种所有成员都具有，而其他任何物种都不具备的。在一个实验室内处理相对有限范围的生物和已知的抗血清时，这种方法的效果很好。但是随着菌株数增大，所需血清的种类也增加，同时与不相关的生物出现生长抑制共同抗原的可能性亦有所增加。

随着DNA测序分析（尤其是编码核糖体RNA分析）技术的出现，可以估算物种之间的进化距离。研究人员已经做了许多这方面的尝试，也许是由于准确性的提高，这些尝试极大地帮助我们理解了柔膜体纲细菌之间的关系（Toth等，1994）。

有时文献中将柔膜体纲的细菌描述为革兰氏阴性菌，虽然其原因尚不清楚，但这种描述是错误的，因为它们既不具有革兰氏阴性菌的细胞外膜，也不具有脂多糖，脂多糖是革兰氏阴性菌细胞外壁的关键成分。几乎可以肯定的是，柔膜体纲细菌与革兰氏阳性细菌（厚壁菌*Firmicutes*，拉丁语，指紧致的皮肤）是远亲。这方面的证据最早是由Woese等（1980）通过16S rRNA测序分析获得并发表的。他们得出的结论是，柔膜体纲细菌（支原体、螺原体和无膜体）是通过"退化"或"回归"进化而产生的，这显然发生在梭状芽孢杆菌的祖代原核生物的一个分支中，该分支产生了芽孢杆菌属和乳杆菌属。这项研究仍然存在相当大的不确定性，作者得出的结论是，"柔膜体纲细菌"不是"系统发育一致的群体"，但它们都与革兰氏阳性细菌的科，即芽孢杆菌科有关。

Weisburg（1989）和Manilov（1992）等通过对48种不同柔膜体纲细菌的16S rRNA测序分析进行修订和完善，识别出了5个不同的系统发育群体或进化树，即螺原体、人型支原体和肺炎支原体群，以及厌氧支原体群（包括无胆甾原体）和一个单独的群，其中包含一种无甾醇支原体厌氧菌。

细菌特性是最容易被细菌学家所观察到的，而基于16S rRNA分析的系统发育亲缘关系不能在细菌的特性中反映出来。疾病发生的地点、细菌在培养基中生长的难易程度和速度、营养需求和菌落的外观，在鉴定不同种类的柔膜体纲细菌之间的相似性或差异性方面都是有意义的。然而，以前被认为在生物分类中很重要的表型特征，反而在现在的生物系统发育关系中意义不大，而基于DNA的证据必须在生物分类中占有相当大的比重（图1.1）。

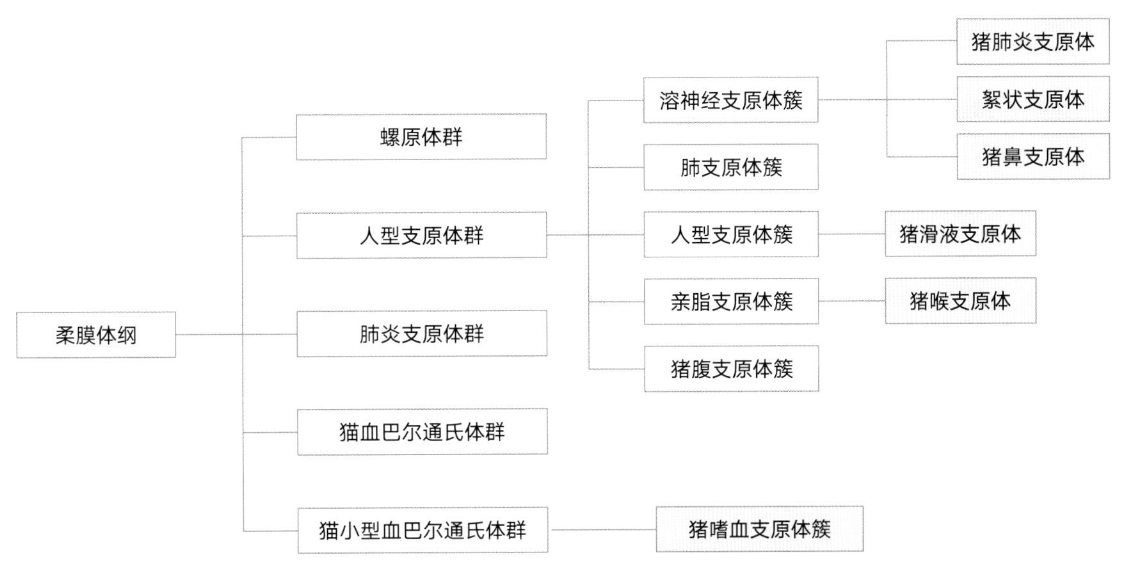

图1.1　基于Weisburg等（1989）的16S rRNA衍生群的猪的支原体物种的简化分群，经过修改后包含了Peters（2008）和Siqueira等（2013）的猪支原体的结果

螺原体群由四个簇构成，其中一个是牛传染性胸膜肺炎（CBPP，又称牛肺疫）的病原丝状支原体（*My coplasma mycoides*），一个是山羊支原体。已知该群包含大多数螺旋形态螺原体，常见于植物、昆虫和蜘蛛纲动物身上。肺炎支原体群包括导致人发病的肺炎支原体和导致禽呼吸道病的鸡毒支原体。人型支原体群包含许多柔膜体纲的动物病原菌，包括多种猪的支原体。

一般认为支原体与革兰氏阳性细菌的进化距离很远，理由是支原体的TGA密码子有独特的翻译。几乎所有类型的细菌都将TGA（UGA）作为终止密码子，而所有支原体（不包括无胆甾原体和植原体）都使用它来编码色氨酸。在柔膜体纲细菌中广泛存在这种根本差异，表明这些生物与其他细菌具有较远的进化距离。但是，Weisburg等（1989）提出，从DNA序列的分子层面的证据来看，柔膜体纲细菌是普通细菌，而且它们在系统发育的位置并不引人注目，尽管由于缺乏肽聚糖而产生了差异很大的表型外观，但有证据表明这并不是由柔膜体纲细菌与其他细菌在系统发育上的差异造成的。

通过基因组测序和注释发现柔膜体纲细菌的另一个特征是明显缺乏假基因或间断的垃圾DNA。如Steve Jones所提到的那样，如果革兰氏阳性细菌的遗传组成比例不再是必需的，并且该组成在柔膜体纲细菌中已经变得冗余，那么可以预见会出现“大量废弃的工作基因”（Jones，1993）。也许，我们只能推测，与真核生物相比，柔膜体纲基因组规模的减小可以更有效地去除非必要的、非功能性的DNA。

柔膜体纲细菌的另一个特性是它们的细胞质膜中含有胆固醇。这赋予了细胞质膜一定的稳定性。大多数柔膜体纲细菌获取胆固醇是外源性的。而无胆甾原体（也缺乏肽聚糖）不需要外源性胆固醇，因为它们可以自己合成胆固醇并将其嵌入细胞质膜中以保持稳定（Khan等，1981）。

支原体的最后一个特性是它们在许多情况下与其他生物有非常紧密的联系（Razin等，1998）。与动植物的黏膜表面紧密接触成为它们的微环境。虽然我们对这种与宿主细胞的紧密联系了解得很少，但这是我们认识支原体的关键。伴随着动植物进化，支原体已经成为“安静”的入侵者：像许多共生微生物一样，它们不会引起宿主的响应，也不会造成明显的损伤。当然，有些确实会引起炎症反应，我们将其称为病原体，这些支原体引起机体反应的原因可能是帮助它们向其他动物传播，或者可能是由于环境变化或宿主的遗传和生理方面以某种方式改变而偶然发生的。宿主与支原体之间这种紧密联系的微妙之处，以及这种紧密关系平衡的扰动，会为将来了解支原体以及支原体的致病性提供解决方案。

1.1.3 支原体的致病性

关于猪支原体致病性的具体内容将在后面的章节中讨论，总体来说，支原体的致病机制还是不清楚的或者是推测性的。由于支原体与许多其他病原体有很大的差异，因此很难通过识别其他病原体中已知基因的同源基因来了解支原体。支原体缺少氨基酸和生长因子的生物合成基因的情况不足为奇，但是诸如sigma因子*rpo*S、转录抑制因子*crp*和亮氨酸反应性调节蛋白*lrp*之类的全局调节基因也是缺失的（Salyers和Whitt，2002）。因此，支原体可能已经独立进化出自己的调节系统。同时，它们还具有我们不了解的功能，这些功能可能在与宿主细胞结合，实现支原体在宿主体内存活以及促进支原体在宿主之间进行传播方面发挥作用。

显然，黏附于黏膜表面是定植于宿主组织的重要过程。尽管有报道称支原体会进入宿主细胞内部，但是它们仍然属于细胞外表面的寄生物（Yavlovich等，2004；McGowin等，2009；Burki等，2015）。由于支原体缺乏细胞壁的肽聚糖或外膜的脂多糖，因此其裸露的表面与大多数细菌截然不同。单一质膜的抗原组成和形态，对于避免被宿主识别以及逃避宿主的先天免疫应答造成的破坏是至关重要的。目前在了解黏膜表面的作用方面已经取得了一些重要进展（将在后面的章节中详细介绍），但是研究支原体与其动物宿主的宿主-病原关系是很困难的，并且在细胞和分子层面还有许多未知领域有待探索。

关于猪肺炎支原体产生一种或多种毒素的早期研究尚未得到证实（Debey和Ross，1994）。有人认为，从人的肺炎支原体中观察到病原的细胞病理学影响，包括纤毛的丧失，可能与Gabridge等（1974）详细阐述的有毒物质或酶的加工有关。但是，目前尚未确定任何支原体来源的蛋白质外毒素的存在。相反，涉及H_2O_2等小分子对细胞的损伤已经得到了证实，至少在特定的（牛的）支原体中得到了证实，在猪的支原体中也是如此（Galvao Ferrarini等，2018）。但是，不能利用甘油产生H_2O_2的鸡毒支原体突变体在实验鸡的呼吸道中始终具有毒性，表明至少在某些情况下该微生物引起疾病根本不需要H_2O_2（Szczepanek等，2014）。另外，支原体是否影响宿主细胞膜的磷酸酯酶作用目前尚不清楚（Shibata等，1995；Rottem和Naot，1998）。

现在可明确的一点是支原体是诡秘的。它们可长期生存于宿主体内，或者黏附在黏膜表面，甚至有时存在于主要器官中，而不会引起先天性免疫系统对其发出警告。或许免疫系统发出了警告，但随后被抑制或沉默掉了。通过感染后不良的免疫应答以及相对有限的炎症反应可以看出这一点。与之相关的是许多支原体（例如猪鼻支原体）表现出的抗原变异（Wise等，1992）。随着时间的推移，表面抗原改变的重要性及其在逃避宿主免疫防御中可能发挥的作用，仍有待研究。

多年以来，研究发现支原体可将免疫球蛋白结合到它的表面，这是一种用“自身”抗原包被细菌的被动手段，从而避免被先天性免疫系统识别。最近，Arfi等（2016）描述了一种双蛋白免疫球蛋白（Ig）结合系统，该系统最初是在反刍动物支原体丝状支原体山羊亚种中发现的，其中一种蛋白是支原体免疫球蛋白结合蛋白（MIB），以高亲和力捕获抗体分子，而第二种蛋白是一种丝氨酸蛋白酶，也被称为支原体Ig蛋白酶（MIP），可裂解Ig分子的重链。基因组分析表明，该系统在支原体病原体中广泛存在，可能有助于避免支原体侵入宿主后被识别，从而实现免疫逃逸。

显然，支原体致病性的一个重要方面是由于吞噬细胞（中性粒细胞和巨噬细胞）缺乏清除体内这类病原体的能力。其原因尚不清楚，但支原体似乎能有效地隐藏起来，不被那些想要破坏它们的细胞发现。在某些情况下，机体对支原体感染有明显的细胞因子应答（Rottem和Noat，1998）。虽然淋巴细胞能够被激活，但有时激活的方式不当，从而非特异性地刺激B细胞并产生无效抗体。就像在其他细菌病原体中所看到的那样，这可能是“蓄意”破坏免疫应答。在金黄色葡萄球菌和马链球菌中，可产生诸如TSST-1等超级抗原，这些超级抗原可直接激活T细胞，不需要被MHC Ⅱ类分子呈递的抗原。到目前为止，仅确定了啮齿动物病原体关节炎支原体会产生这种超级抗原（关节炎支原体丝裂原），但是该成分在小鼠疾病发病机理中的作用看起来很小（Luo等，2008）。支原体主动转移免疫应答的替代机制可能也发挥重要作用，但这些机制有待于我们将来去发现。

1.2 猪的支原体

柔膜体纲细菌是猪的重要病原。有6种支原体在猪中是特有的或常见的：猪肺炎支原体（*M.hyopneumoniae*，Mhp）、猪鼻支原体（*M. hyorhinis*，Mhr）、絮状支原体（*M. flocculare*）、猪滑液支原体（*M. hyosynoviae*，Mhs）、猪喉支原体（*M. hyopharyngis*）和猪支原体（*M. suis*，即*M. hemosuis*，猪嗜血支原体）。此外，猪体内可能会出现某些无胆甾原体属（*Acholeplasma*）菌种[比如莱氏无胆甾原体（*A. laidlawii*）、颗粒无胆甾原体（*A. granularum*）和乏黄素无胆甾原体（*A.*

axanthum)]，但这些支原体也会出现在其他地方，它们在猪疾病中的意义未知。基于16S rRNA序列的比较发现，这些支原体中有5种在人型群中具有系统发生学上的关联（图1.1）。

这些菌种中的大多数在过去60年左右的时间里已经被研究过。但随着理解的深入和新技术的出现，研究模式也发生了改变。一些猪支原体进行体外培养相对容易，但其他的进行体外培养则相当困难，而猪支原体目前还无法培养。再加上鉴定的问题，尤其是在不同实验室使用不同试剂的情况下，混淆的可能性增加了。不幸的是，由于分离株被错误鉴定，其中某一种支原体的特性被归于另一种，导致了对不同种类支原体的一些误解和误传。随着基于PCR的鉴别方法（Stemke等，1994；Stemke，1997）的出现，不再使用以高免血清抑制生长的传统方法，分类隶属组群位置更加清楚。然而，文献中的报告和收集的分离株肯定会有不准确之处，而当出现相互矛盾或无法完全理解的结果时，研究人员需要意识到这一点。

1.3 猪的支原体的系统发育关系

如前文所述，有5种猪支原体属于同一系统发生群，即人型支原体（Hominis）群。如Weisburg所述，16S rRNA的序列比对分析表明，猪肺炎支原体、猪鼻支原体和絮状支原体之间存在着密切的关系，因此将它们一起归入人型支原体群的溶神经支原体（Neurolyticum）簇中（Stemke等，1992）。猪滑液支原体在系统发生方面与它们区别较大，被归为人型支原体簇；猪喉支原体则与亲脂支原体（Lipophilum）簇有关。研究人员使用16S rRNA测序进一步研究了人型支原体（Pettersson等，2000），这增加了该群中的支原体的种的数量，并再次向我们强调，人型支原体簇是作为人型支原体群中一个独特的支原体种的进化分支（图1.1）。

最近，Siqueira等（2013）通过对各类支原体的全基因组分析，对猪的支原体进行了非常深入的研究。这项研究将其所分析的猪的支原体归入了一个小型猪肺炎类的支原体进化分支中，此进化分支由存在密切关联的猪鼻支原体、结膜支原体、絮状支原体和猪肺炎支原体组成。所有分析结果表明，猪鼻支原体是其他三种物种的基础和祖先。该猪肺炎类的支原体进化分支隶属人型支原体群，但这个大群中人型支原体簇进化地位是独立的。之后，Gupta等（2018）对整个柔膜体纲细菌进行了基因组分析，建议对柔膜体纲的整体分类进行改变，证实了小型猪肺炎支原体进化分支中4个支原体种之间的密切关系，但再次将猪滑液支原体归入与人型支原体关系更为密切的独立的簇中。

猪支原体（猪嗜血支原体）被划入一个不同的家族，正如预期的那样，分类学上曾经归入肺炎支原体群猪嗜血支原体簇（*Hemoplasmas*）（Neimark等，2001）。Peters等（2008）使用了16S rRNA测序和*rnpB*序列测序，对分类做出了修正。这项研究认为，猪嗜血支原体簇不同于肺炎支原体群，被归入猫小型血巴尔通氏体群和猫血巴尔通氏体群，猪支原体被发现属于猫小型血巴尔通氏体群。

1.4 猪肺炎支原体

猪肺炎支原体是猪地方性肺炎（EP）的病原。该病是一种在全球范围内分布的呼吸道疾病，对经济产生重大影响。该病的主要症状是咳嗽，伴随生长性能降低。病变主要见于肺的尖叶、心叶和副叶（图1.2）。病变位置发生实变，并且伴随淋巴细胞增生。成年猪通常不会出现这些病变，可能

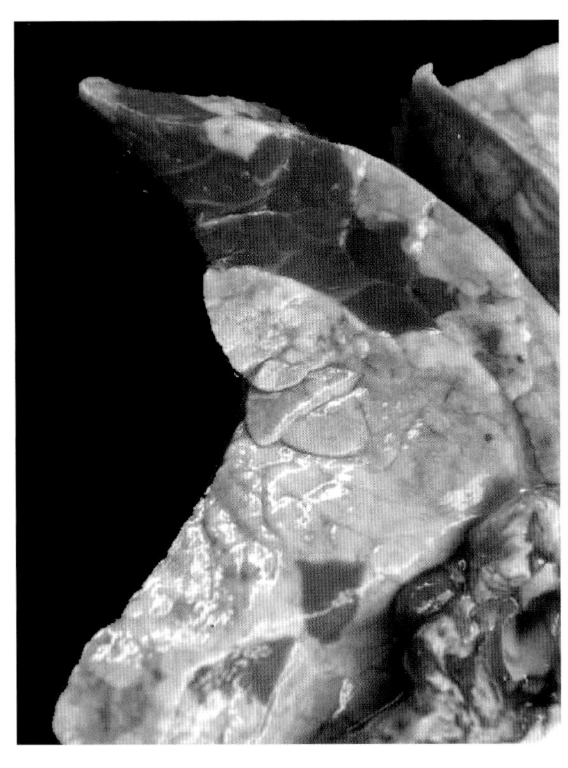

图1.2 猪地方性肺炎病变，图中展示了气管内接种35d后，肺的心叶出现的实变病变。实验中的猪未感染其他呼吸道病原（来源：A. N.Rycroft）

是因为以前感染过该病，因此受到了保护；由于该病的感染发病需要时间，因此非常小的猪也不会出现这些病变。病变最常发生在猪快速生长阶段，即8 ～ 16周龄时。一旦该病暴发，感染比例很高，但死亡率不高，除非是继发感染病毒或与其他细菌双重感染，比如巴氏杆菌。感染EP的猪相较于未感染的猪更容易受到继发感染的影响。

1.4.1 猪肺炎支原体的培养

猪肺炎支原体的培养很困难并且繁琐，它是一种生长缓慢的柔膜体纲微生物，从临床材料（肺部病变组织）直接培养更困难。一些污染的细菌（包括猪鼻支原体）的过度生长会很快长满培养基，加剧了培养的困难，而猪肺炎支原体的原代培养物可能需要长达10 ～ 15d才可见（见第8章）。这可能妨碍研究人员进行有效的实验研究，因此限制了我们对该病原毒力和猪地方性肺炎发病机制的了解。

1975年，Nils Friis在哥本哈根建立了一种可靠的培养方法，主要是在液体培养基中培养。这种培养基被普遍称为Friis培养基，其制备需要谨慎细致，分离的过程中也需小心。凭借这种方法，可从临床病例中进行猪肺炎支原体的常规分离。但问题是如何在病变组织中常常有猪鼻支原体共存的情况下进行常规分离。猪鼻支原体在液体培养基中的生长要快于猪肺炎支原体，之后再分离猪肺炎支原体基本是不可能的。

Friis表示，添加5%的抗猪鼻支原体高免血清和50μg/mL环丝氨酸可有效抑制猪鼻支原体生长，从而分离到猪肺炎支原体（Kobisch和Friis，1996）。也有商业培养基，包括固体和液体两种形式。这类培养基的成分尚未公开，但其中一些已在实验中和临床上广泛使用多年。在固体培养基上，猪鼻支原体的生长会快于猪肺炎支原体，产生更大的菌落（图1.3）。

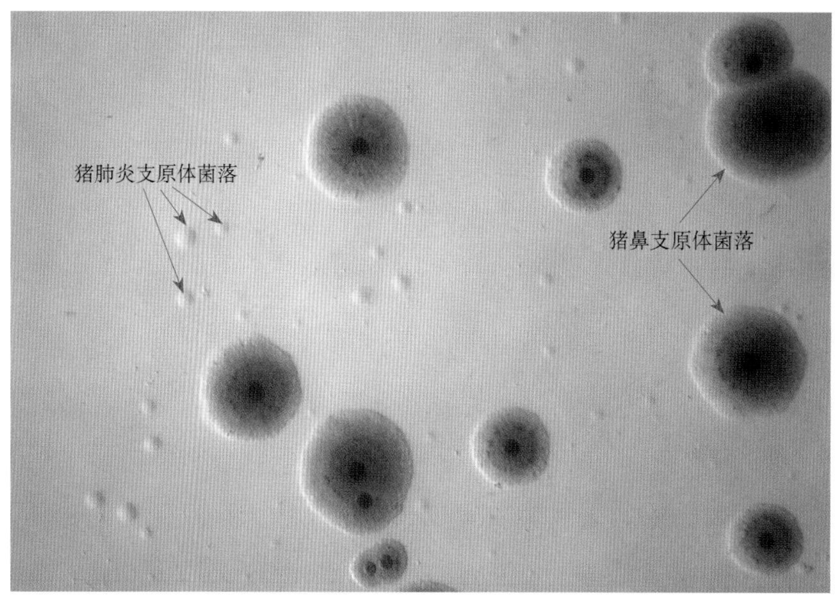

图1.3 37℃下，在固体培养基上培养7d后，猪肺炎支原体菌落（透明的小菌落）旁边出现了猪鼻支原体菌落（具有中心核斑的大颗粒状菌落）。根据图示可见二者的大小差异（来源：A. N.Rycroft）

近来，Cook等（2016）在猪肺炎支原体的培养及其与猪鼻支原体的选择性分离方面取得了进展。在含有低浓度卡那霉素的固体Friis培养基中培养肺组织可以抑制猪鼻支原体的生长。通过这种方法，就可以更容易地从携带两种微生物的肺部病变中分离出猪肺炎支原体。

1.4.2 猪肺炎支原体的发现

猪地方性肺炎是一种主要的猪呼吸道疾病。虽然猪地方性肺炎是很少会引起危及生命的疾病，但众所周知，它会降低猪群的生长性能，并与一些病毒或细菌（尤其是多杀性巴氏杆菌）一起引发更为严重的肺炎，即猪呼吸道病综合征。现在认为，猪地方性肺炎是由猪肺炎支原体引起的（见第5章）。

猪肺炎支原体（*M. hyopneumoniae*）的名称首次于1965年使用，当时是作为一种新物种名称由Maré和Switzer（1965）提出。然而，由它引起的猪的疾病在很多年前就已经众所周知，并且为了澄清和确定病原体就是引起我们现在所知的猪地方性肺炎的病原体进行了激烈的争论。

关于猪EP可能是什么病原引起的早期描述始于1933年，Köbe于1939年提到了仔猪流感，Glässer于1929年则对猪流感进行了描述（Glasser，1939）。1941年，Blakemore和Gledhill写道："在英国，从业者们多年来一直对猪传染性肺炎有所认识——这种疾病在重症病例中存在持续数周的慢性期。之后猪生长发育不良，并受到慢性咳嗽的折磨，但它们会逐渐康复。"这一观察结果之后得到了Goodwin等（1967）的证实，他们进一步指出，这种疾病会降低猪的生长速率，"无论是在国内还是在国际上，累积的经济损失巨大，以至于猪地方性肺炎被描述为当今最重大的猪疾病。"这一前瞻性的论述预测了该疾病的重要性，而我们现在的确认识到，这种疾病是全球养猪业减产的重大原因。

该疾病也曾被称为传染性肺炎或副流感，1951年，这种肺炎被认为是一种与以往不同的疾病综合征，特别是它不同于猪流感。Gulrajani和Beveridge（1951）描述称：这种“慢性传染性肺炎”是“不同于猪流感”的。他们使用了不同的标准。第一，他们无法从东英吉利和北爱尔兰暴发的猪肺炎中分离出流感病毒。第二，他们无法证明康复的猪血清中存在抗流感病毒的抗体。第三，感染肺炎的肺部无菌滤液具有传染性。但与猪流感相比，其发病慢，病程长，感染源在肺部的持续时间长。从那时起，该疾病被冠以多种名称，如“病毒性肺炎”“流感样疾病”“地方性病毒性肺炎”和“传染性肺炎”。

1952年，AlanBetts对猪地方性肺炎作了非常准确的叙述。虽然他把这种情况称为猪病毒性肺炎，但从病变的分布、与继发性细菌性肺炎的关系以及迟缓的生长速率来看，这种传染病就是猪地方性肺炎。研究者们尝试找出传染源的特点，早期进行微生物学研究使用的关键方法是过滤。这种疾病的病原体能够通过肺匀浆传染给猪，但它也能够通过滤菌器。这表明它是一种病毒。然而，和当时已知的某些能够通过过滤器的其他传染性病原体（衣原体、立克次体）一样，人们发现它也对四环素敏感。

1.4.3 猪肺炎支原体导致EP的证据

20世纪50年代，剑桥进行了一项研究，并于1963年发表。研究表明肺匀浆中的病原体可通过细胞培养传代，然后在猪中传染4次，诱发这种典型疾病。在肺部病变组织中可见多态微生物：与肺部病变相关的微生物大小为0.2 ~ 0.45μm，经姬姆萨染液染色后可见。Peter Whittlestone在1957年详细描述了这一点（图1.4）。在这项研究中，剑桥团队使用了从北爱尔兰暴发的一场呼吸道疾病中最初获得的EP病原J株，并在剑桥大学进行试验，向猪依次指定接种H株和J株，进行接种传染（Gulrajani和Beveridge，1951）。他们选择该菌株是因为它无法在固态培养基上形成类似于胸膜肺炎样病原（PPLO）的菌落。这是经过深思熟虑的，因为从猪肺部病变组织中分离出的PPLO被发现是

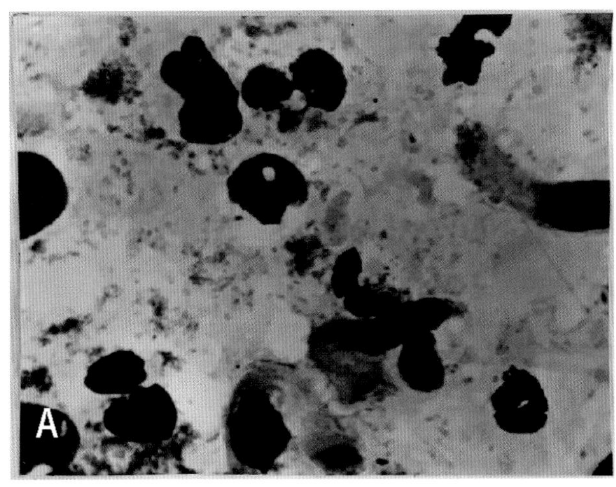

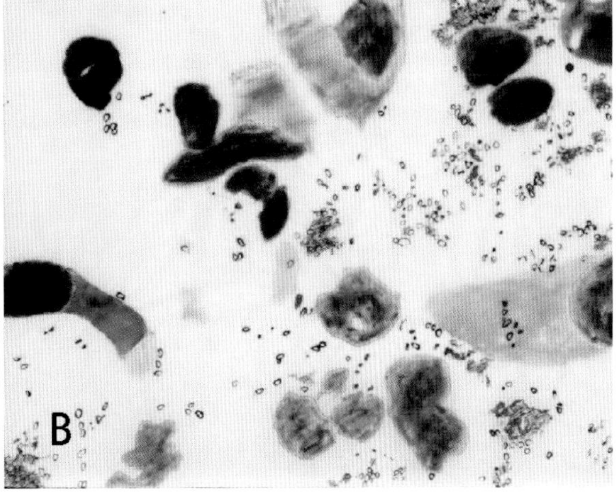

图1.4 （A）感染J株姬姆萨染色的按压标本原始照片：显示出患肺炎猪的肺部有大量不同形式的多形态微生物。（B）A图的彩色绘图，由P. Whittlestone制作（来自Whittlestone）

非致病性的。几乎可以肯定，当时在固态培养基上培养的PPLO菌落是猪鼻支原体。这种EP传染性病原体培养起来并不容易，但似乎这种肺部病料就是用于该实验的J株，且未受到猪鼻支原体的污染。

美国的研究者们当时也在研究，他们尝试分离EP的病原体，并取得了一些成功。1963年，L'Ecuyer和Switzer试图利用病毒性肺炎现场病例中感染的肺组织来传播“猪病毒性肺炎”（EP）的病原体，这些猪未受猪鼻支原体感染，但仍能通过实验将该疾病传播给猪。

他们接种了12种不同类型的细胞培养物。在这12种细胞培养物中，只有两种［原代猪肾细胞和人宫颈癌细胞（HeLa细胞）］使传染性病原体得以增殖，猪感染3 ～ 4周后表现为显微镜下可见和肉眼可见的肺部病变。然而，在HeLa细胞中连续传代后，野毒株丧失了毒力。他们还观察到，被感染的细胞培养物中未出现细胞病变效应（L'Ecuyer和Switzer，1963）。L'Ecuyer 和Switzer无法通过给猪接种以外的方法来诱发该疾病，因此无法展示培养物中生长的病原体，导致在当时进一步研究“病毒性肺炎”的病原体几乎是不可能的。

直到1965年，Maré和Switzer从美国的EP病例中分离出了一种微生物，并且它能在Goodwin和Whittlestone（1964）描述的改良肉汤中进行培养。此外，还用它诱导了EP病变。Maré和Switzer从肉汤培养物和患肺炎的肺悬液中培养这种微生物，在含有1%琼脂的固体培养基上获得了他们认为看上去与猪鼻支原体不同的菌落，他们将这些新的菌落命名为猪肺炎支原体（*M. hyopneumoniae*）。

剑桥的研究者们称他们的J株微生物为豚肺炎支原体（*M. suipneumoniae*）。尽管这项研究大部分是在1957年以前进行的，但在发表的文献中首次用这个名称来指该新物种是在1965年10月（Goodwin等，1965）。在此两个月前，Maré和Switzer（1965）在艾奥瓦州公布了猪肺炎支原体（*M. hyopneumoniae*）这个名称，以该名称命名这个新物种在业内得到了较广泛的认可。

然而，猪肺炎支原体和豚肺炎支原体是否是同一种病原体？关于这一点仍存在一定程度的不确定性。两个团队都发布了固体培养基上的菌落图片，也都展示了EP病变的典型病理组织学特征，并且都展示了该微生物的显微外观。当时存在争议的是，美国研究团队不是从固体培养基上培养的菌落，而是利用肺炎病料接种液复制出了这种疾病。他们随后将他们命名为猪肺炎支原体的这种微生物收集到固体培养基上，但可以想象，该接种液可能携带病毒或其他病原体。相反，英国团队使用菌落来复制实验性疾病，因此有一些确切的证据能够表明，这种微生物确实就是EP的病原体，而且其中没有病毒。“豚肺炎支原体”这个名称持续使用了一段时间，直到1978年就不再使用了。然而，当通过生长抑制和代谢抑制试验证明了猪肺炎支原体和豚肺炎支原体之间在血清学上的一致性（Goodwin等，1967）时，前者就被确定为公认的名称。

1.5 絮状支原体

1972年Anders Meyling和Neils Friis根据生长抑制和代谢抑制试验，将絮状支原体定为一个新物种。絮状支原体与猪肺炎支原体的特征和外形非常相似，在菌落上没有核心，不过观察到菌株生长通常比猪肺炎支原体缓慢。Friis还发现，絮状支原体在体外能产生更强烈的酸反应，并且能在30℃时生长：他认为这一特征可能与上呼吸道天然的微环境有关。

絮状支原体发现于猪的鼻咽中，似乎不具有致病性。它作为上呼吸道的常在微生物分布在全球的猪群中。只有在无菌仔猪中才能检测到病理变化。病理改变表现为固有层淋巴组织细胞增生并伴

1

随鼻腔和肺上皮受损（Friis，1973）。另外，对5周龄的CDCD（剖宫产-禁食初乳）仔猪进行的絮状支原体攻毒试验得出了相似的结果，并且未检测到疾病。这一结果意义更为重大，因为在感染后7d在仔猪中检测到了支原体，阳性的血清学应答证明出现了感染。

尽管没有证据表明絮状支原体能单独引起疾病，但有时和猪肺炎支原体同时从EP病猪中分离出。Fourour等（2019）的最近一项研究证实，给SPF（无特定病原体）猪接种絮状支原体后未引起疾病。然而，当絮状支原体与猪肺炎支原体混合感染时，检测到在急性期的蛋白反应和增重上有轻微的叠加效应。

这两种细菌的16S rRNA序列也表明它们有非常密切的关系。这就带来了一个推测：絮状支原体是猪肺炎支原体的一种无毒形式。事实上，有科学家采集被认为是猪肺炎支原体的菌株，后来确认为絮状支原体（Rycroft，未发表）。通过全基因组分析，这些生物体已被明确地证明是不同的。通过PCR鉴定（Stakenborg等，2006a）或全基因组测序的方法，现在很容易区分。

絮状支原体与猪肺炎支原体关系密切，随之而来的是共有抗原的问题。Meyling和Friis（1972）通过琼脂凝胶免疫扩散试验检测到了絮状支原体和猪肺炎支原体之间的交叉反应，这就意味着猪产生的抗絮状支原体抗体可能会被误认为是猪肺炎支原体感染引起的，从而导致ELISA检测结果的假阳性。事实上，这种交叉反应是很小的。不过交叉反应抗体的问题可以通过使用特异性单克隆抗体提高血清检测（ELISA）的特异性而被克服，如Feld等（1992）设计的商品化的竞争性ELISA（阻断ELISA）。

对絮状支原体基因组的分析表明，它与猪肺炎支原体共有105个共同的编码序列，两个支原体种具有高度的相似性。然而，两者在基因组结构和组成方面存在明显差异（Sequeira等，2013）。黏附素的部分基因不同。絮状支原体携带P97黏附因子拷贝2和P97样黏附因子基因，但没有猪肺炎支原体中发现的初级纤毛黏附素同源基因：P97黏附因子拷贝1。基因聚类分析的结论是，P97拷贝2和P97样基因在两个物种的祖先生物中都存在，但导致P97拷贝1的重复事件一定是猪肺炎支原体和絮状支原体在进化过程中分离后发生的。

Calcutt等（2015）发现了进一步的差异。编码3-磷酸甘油氧化酶*glpD*的基因在絮状支原体中缺失。该酶和其他支原体物种中的同源基因的产物的作用是从甘油中生成H_2O_2。普遍认为，这种活性对于丝状支原体丝状亚种SC在牛传染性胸膜肺炎（CBPP）的发病机制中起着重要作用：通过H_2O_2对宿主细胞引发细胞毒性。如果体内H_2O_2的产生对猪肺炎支原体诱发病变的能力至关重要，那么絮状支原体的这种差异可能是导致其不能诱发疾病的决定性因素。

1.6　猪喉支原体

Eriksen等（1986）首先描述了这种生物体。Blank等（1986）认为它属于柔膜体纲的发酵支原体群，但发酵支原体本身属于人型支原体群亲脂支原体簇（Weisburg等,1989）。Pettersson等（2001）也将其归入嗜脂支原体簇群中。Kobisch和Friis（1996）对该物种给出的信息有限，他们称，猪喉支原体是一种代谢精氨酸的支原体，来自猪鼻腔和咽部的样本。生长抑制试验显示，猪喉支原体与其他支原体的抗原有所不同，因此可以确认它是一个不同的物种。

猪喉支原体被认为不具有致病性，与猪的疾病没有关系。然而，后来Bradbury等（1994）报道的分离株是从猪的患病关节中获得的，而在丹麦，Friis从咽部刮片样本中获得了猪喉支原体，但报告称其在肉汤培养基中很难维持培养（Kobisch和Friis，1996）。Friis等（2003）认为猪喉支原体很罕见，从此后对该支原体基本没有更进一步的关注或分析，该支原体似乎是呼吸道的共生菌，偶尔会与猪的关节病有关。

1.7 猪滑液支原体

1970年Richard Ross和Judith Karmon首次描述了猪滑液支原体。分类学显示，猪滑液支原体属于柔膜体纲的人型支原体群（图1.1）。它存在于呼吸道和患有关节炎的猪的关节中。与感染相关的关节疾病主要见于10周龄以上（3 ~ 5个月）的猪，并可能出现急性肿胀，在跗关节中尤其明显，出现移动困难、僵硬、跛行和弓背（Blowey，1993）（见第13章）。因此，该疾病发生的周龄“特异性”可能是由于幼猪对这种感染的固有抵抗力。然而，有明显证据显示幼猪与实验猪一样容易受到实验性感染，说明这种推测是错误的（Lauritsen等，2008）。因此最有可能是由于保护性的母源免疫力的下降，使病原体在8 ~ 10周龄时引起猪发病，Tølbøll Lauritsen等的研究已经证实了这一点（2017）。

猪滑液支原体感染的结果可能差异巨大。它可能在猪群中作为呼吸道微生物传播。其自然定植位置似乎是腭扁桃体淋巴组织，从感染动物的相关组织中可分离出猪滑液支原体（图1.5）。在一些病例中，疾病不会进一步发展，动物只是携带者。在适当的条件下，病原体从淋巴组织侵入，并通过血行播散，停留于关节（对病原体具有高亲和力），有时还会停留于猪的其他部位，如心包。血行播散的途径仍不清楚，是巨噬细胞或其他细胞的内部还是表面，亦或是一种无细胞机制，目前尚不明确。

感染导致的关节疾病还与一些其他风险因素有关，如猪个体或畜群的免疫水平、管理模式、猪的品种和环境因素（如温度）。然而，与活动性关节疾病最相关的因素是动物的运输和运输带来的应激（Kobisch和Friis，1996）。如果菌株间毒力是有差异的，那么菌株毒力的作用依然未知。

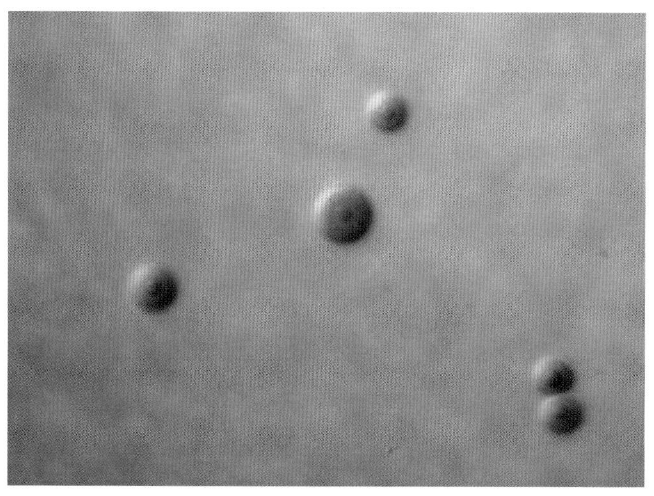

图1.5 猪滑液支原体菌群显示出许多种支原体典型的“煎蛋”样外观（来源：A. N.Rycroft）

1.8 猪鼻支原体

对于一名细菌学家来说，猪鼻支原体就是猪支原体里的杂草。它比它的近亲猪肺炎支原体（图1.3）生长得更快（1 ~ 2d），形成的菌落更大。此外，它在猪的呼吸道中几乎无处不在，包括那些明显正常的肺部组织。它也是导致猪多发性浆膜炎（心包膜、胸膜和腹腔积液纤维蛋白性病变）和关节炎的病原体，通常发生在断奶后3 ~ 7周龄时（Friis和Feenstra，1994）（见第13章）。因此，人们认为猪鼻支原体可能是从它自然生长的咽部和扁桃体，通过血行播散途径迁移到这些部位。从系统发育的角度来看，猪鼻支原体接近支原体人型群中的溶神经支原体簇中的猪肺炎支原体和絮状支原体。对猪鼻支原体的大量研究都集中在其表面抗原表达（VLP系统）的差异性上，而这正是它的免疫逃避手段（Wise等，1992）。

1.8.1 猪鼻支原体也可以导致EP的证据

尽管猪肺炎支原体被认为是猪EP的主要病原，并且许多用猪肺炎支原体纯化培养物进行的实验已经证实了这一点，但也有研究发现了仅有猪鼻支原体存在的肺炎病变（Kobisch和Friis，1996），表明猪鼻支原体能够在猪（至少是在无菌猪）中单独诱导肺炎（Poland等，1971；Gois等，1971；Lin等,2006）。这导致了关于猪鼻支原体在猪肺炎中可能的作用的分歧，以及对EP主要病原的质疑。研究人员发现，EP明显发生在野外接种了EP疫苗的猪中，从这些猪中仅分离出猪鼻支原体，这使得不确定性更加复杂。

一些研究者认为，猪鼻支原体在疾病中起次要作用，仅次于猪肺炎支原体（L'Ecuyer和Switzer，1963；Fourour等，2019）。许多研究人员已经证明，猪鼻支原体可以从临床“正常”猪的鼻腔和新鲜肺中分离出来。1963年Ross、Switzer和Maré从30%的临床正常猪中分离出猪鼻支原体，Hartwich和Niggeschulze（1966）从75%的临床正常猪中分离出猪鼻支原体（Poland等，1971）。Goodwin等（1968）得出结论，猪鼻支原体通常存在于EP病猪的肺部病变处，这种支原体通常可以阻碍“猪肺炎支原体”的分离。然而，很少有研究使用猪鼻支原体的纯菌株研究猪肺炎的产生。

Jenny Poland于1971年进行了一项这样的研究：该实验试图证明将猪鼻支原体菌株接种到无菌仔猪中可以诱发肺炎。这些仔猪单一感染了猪鼻支原体菌株TR32。在感染之前，从捷克斯洛伐克的病猪肺中分离的该菌株，将其克隆3次，然后通过一头猪传代，然后通过气溶胶接种8 ~ 9日龄的9头猪。从这项研究得出的结论是，至少有一株猪鼻支原体可以在猪中产生肺炎，因此猪肺炎支原体不是唯一能够引起猪肺炎的支原体（Poland等，1971）。Gois等（1971）的一项类似研究也表明，鼻腔内感染猪鼻支原体能够单独引起无菌猪肉眼可见的肺炎病变，或伴有多发性浆膜炎和关节炎。组织学发现进一步显示，感染后14d在肺中细支气管周围和血管周围出现袖套样浸润（Gois等，1971）。

Poland进行的工作进一步表明，4株猪鼻支原体野毒菌株通过鼻腔内、静脉内或气溶胶感染无菌猪后，可以产生多发性浆膜炎和/或关节炎的典型病变。2株菌株能够使39只猪中的3只猪出现胸膜肺炎，4株菌株能使39只猪中的5只猪出现支气管肺炎。研究人员还指出，从宏观上看，肺部病变类似于由猪肺炎支原体引起的病变。然而，该病例的组织学外观有所不同：细支气管周围和血管周围的淋巴细胞袖套样浸润在猪鼻支原体引起的病变特征中很少见。因此，考虑到Gois等（1971）和Poland等（1971）研究结果的差异，基于显微外观来鉴别导致病变的病原是不可能的。

不同的研究还观察到，感染实验中猪鼻支原体不同菌株之间的毒力有差异。使用5株野毒菌株感染2周龄SPF猪，并监测其临床症状。5株菌株中的4株在感染后1周观察到猪出现临床症状，如体温升高、生长迟缓、关节肿胀、跛行、多发性浆膜炎和关节炎。第5株仅对5只猪中的1只造成胸膜粘连，其他4株菌株引起了急性和慢性阶段的炎症，包括心包炎、胸膜炎和腹膜炎。然而，尸体剖检时未发现肺炎病变（Kobisch和Friis，1996）。Gomes-Neto等（2014）也报告了类似的实验结果。

中国台湾的一项研究也表明，猪鼻支原体本身就能引起肺炎（Lin等，2006）。实验使用3株野生型猪鼻支原体分离株的组合或单一分离株攻毒6只6周龄的无猪肺炎支原体和猪鼻支原体的猪，其中2只观察到典型的支原体肺炎病变。在用单一分离株攻毒的6只猪或对照组中未观察到损伤。作者得出结论，猪鼻支原体可能在猪呼吸道疾病中发挥重要作用，并且猪肺炎支原体不是造成EP的唯一支原体（Lin等，2006）。

综上所述，猪鼻支原体可能在高度易感猪的肺部引起病变，例如那些没有正常微生物群和没有任何母体抗体保护或主动免疫力的猪。这些脆弱动物与农场管理的相关性显然有限。虽然猪鼻支原体经常存在于健康猪的肺组织中并且可能加剧EP的病变（Fourour等，2019），但已确定的EP病原体无疑是猪肺炎支原体。

1.9 猪支原体

猪支原体（更正式的名称应该为*M. hemosuis*，猪嗜血支原体）现在被认定为猪附红细胞体病或猪嗜血支原体病的病原名称。该病在家猪和野猪中都有出现，被认为是猪生产中造成重大经济损失的传染病（见第14章）。它最初由Kinsley（1932）描述为一种传染性贫血，被认为是一种原生动物感染性疫病，同时Doyle（1932）将其描述为立克次体病。

猪支原体，因广泛吸附血红细胞而知名，影响许多不同动物物种。2001年通过16S rRNA分析它们才被认定为柔膜体纲细菌（Neimark等，2001）。在那之前，它们被认为是血巴尔通体属、附红细胞体属的类立克次体生物。它们被认为与支原体中的肺炎支原体群关系最密切（Tasker等，2003）。

这些病原体附着并寄生于宿主的红细胞，造成损伤和血红蛋白释放，从而导致贫血和黄疸。到目前为止，这些生物还不能在体外培养（Hoelzle，2008）。仅此一点就阻碍了对它的宿主-病原相互作用的了解，并且我们对其相关的病原体的免疫学、遗传学或生理学知之甚少。有证据表明猪支原体可能传播给人类，从而被认为是人畜共患病原体（Yuan等，2009）。

第 2 章

猪肺炎支原体菌株的多样性

Veronica M. Jarocki[1]
Steven P. Djordjevic[1]

1 澳大利亚，悉尼科技大学，Ithree研究所

2.1 引言

猪肺炎支原体是一种影响全球养猪产业、呈现地域分散性且具有多重经济危害的病原体。猪肺炎支原体引起的感染是隐性的，即使广泛接种疫苗或者进行药物治疗，该病原体仍存在于猪群中，并使呼吸道易继发致病菌的二次感染（Chae，2016）。血清学诊断极具挑战性，首先需要区分免疫反应是由接种疫苗所致，还是感染野毒所致。此外，病原体引发可定量测定的免疫反应也需要时间。尽管多个团队在努力研发亚单位疫苗，但现有的菌苗制剂仍是目前比较成熟并将持续应用的疫苗类型（Djordjevic等，1997；Jorge等，2014；Marchioro等，2014b；Woolley等，2014）。分子检测应用的理论基础是基于病原体仅存在于上呼吸道这一观点，然而，病原体亦可存在于诸如脾、肝和肾这些远离肺的器官中（Marchioro等，2014b；Marois等，2007；Raymond等，2018c）。目前，完成全基因组测序的菌株只有一小部分（Minion等，2004；Vasconcelos等，2005；Liu等，2011、2013；Siqueira等，2013；Han等，2017），因此，我们对猪肺炎支原体基因组的了解也非常有限。此外，预测的开放阅读框（ORF）中有40%尚未确定功能，严重阻碍了对猪肺炎支原体毒力机制的研究。

无论低毒力还是高毒力的猪肺炎支原体菌株在全球猪群中均有传播，并且这些菌株在基因组、抗原性和蛋白组水平上均呈现多样性。这使得不少研究者们进行了比较组学的研究，试图从中找出这些差异部分与猪肺炎支原体发病机制之间的联系。更广泛地了解这些差异将有助于制订更有效的防控措施。近来，尽管有人提出将特定分子的比较作为判断菌株差异的依据（Betlach等，2019），但目前尚无标准化的方法来全面地描述这些差异，这就阻碍了对已发表结果的直接比较。本章对猪肺炎支原体菌株多样性相关文献进行了总结，指出不同菌株间的差异，并且强调指出，目前需要从这种基因组极度简化，表型却高度复杂的病原体上发掘的信息还有很多。

2.2 基因组多样性

基因组的多样性使得猪肺炎支原体不同的菌株能够适应不同的环境，使它们能够更好地在宿主上定植，并且能够逃逸宿主的免疫反应或者躲避药物引发的清除。同一种菌的基因组拥有一组被称为“核心基因组”的共同基因。然而，通过点突变、同源重组和水平基因转移，可以引起遗传变异。这些变异会引起序列改变、基因的插入和缺失，以及染色体重排（Li等，2009a）。

阐明猪肺炎支原体基因组的多样性，对于流行病学和致病机制研究以及防控措施的优化都很重要（Charlebois等，2014）。根据细菌菌株特定基因的差异来鉴别其种类的方法被称为基因分型。目前，最彻底的方法是在全基因组测序（WGS）之后进行基因组比较，以此来确定菌种的遗传变异。尽管WGS技术变得越来越容易，而且价格也容易接受（Wyrsch等，2015），但情况并非一直如此，常规诊断尤甚，因此WGS可能仍然不是大规模野外分离株研究的最佳选择。正因如此，研究人员采用了其他基因分型方法来确定各群体中所存在的是哪种猪肺炎支原体菌株，这些方法包括：反转电场凝胶电泳（FIGE）、脉冲电场凝胶电泳（PFGE）、扩增片段长度多态性（AFLP）、随机扩增多态性DNA（RAPD）、微阵列、聚合酶链式反应-随机片段长度多态性（PCR-RFLP）、多位点序列分型（MLST）、多位点可变数目串联重复序列分型（MLVA）和可变数目串联重复序列（VNTR）测序。

2

2.2.1 猪肺炎支原体全基因组测序比较

迄今为止，已经公布基因组序列的猪肺炎支原体有7株：猪肺炎支原体232株（232；Minion等，2004）、猪肺炎支原体J株和7448株（J，7448；Vasconcelos等，2005）、猪肺炎支原体168株及其减毒株168-L株（168，168-L；Liu等，2011，2013）、猪肺炎支原体7422株（7422；Siqueira等，2013）和猪肺炎支原体KM014株（KM014；Han等，2017）。表2.1总结了各菌株基因组的总体特征。显而易见，从韩国一头病猪身上分离出的KM014株的基因组明显大于其他菌株，为964 503bp。其他各菌株的显著差异包括：168株（44）、168L株（32）和7422株（41）的假基因数量高于其他菌株（0～1），7422株（46）和232株（54）的重复区数量少于其他菌株（73～94）。所有测序的猪肺炎支原体基因组中都有大量的编码假定蛋白的基因（占所有基因的40.5%～43%）。

表2.1　7株猪肺炎支原体基因组的一般特征（232株、J株、7448株、168株、168-L株、7422株和KM014株）

特征	232	J	7488	168	168-L	7422	KM014
长度（bp）	892 758	897 405	920 079	925 576	921 093	898 495	964 503
GC含量（%）	28.6	28.5	28.5	28.46	28.5	28.5	28.37
编码序列（CDS）总数	744	753	769	764	766	762	979
已知蛋白总数	441	448	447	449	446	447	558
假定蛋白	303	305	322	315	320	315	421
假基因	0	0	1	44	32	41	0
重复区域	54	77	89	85	73	46	94
tRNA	30	30	30	30	30	30	32
rRNA	2	2	2	3	3	3	2
毒力因子（VFDB）	9	7	7	6	6	6	15
插入序列（IS）	1	8	8	13	9	2	7
蛋白质合成基因	147	147	147	148	148	149	173
蛋白质命运基因	8	8	8	8	8	8	11
辅因子/维生素代谢基因	19	19	19	19	19	20	25
碳水化合物代谢基因	14	14	14	14	14	14	17
核苷酸代谢基因	6	6	6	6	6	6	6
氨基酸代谢基因	4	4	4	4	4	4	6
脂代谢基因	2	2	2	2	2	2	4
代谢物修复/缓解基因	1	1	1	1	1	1	0
能量基因	34	34	34	34	34	35	45
DNA加工基因	27	25	25	29	29	26	33
应激反应、防御、毒力基因	25	25	25	31	31	25	49
RNA加工基因	22	22	22	26	26	22	32
细胞加工基因	6	6	6	6	6	6	7
膜转运基因	3	3	3	3	3	3	3
未分配给PATRIC子系统（基因百分比）	21.10	22.05	21.59	32.72	30.68	32.41	31.77
假定蛋白（基因百分比）	40.73	40.50	41.88	41.23	41.78	41.34	43
菌株来源国	美国	英国	巴西	中国	中国	巴西	韩国
多位点序列分型（MLST）	序列类型27	序列类型28	序列类型15	序列类型61	序列类型61	序列类型41	序列类型28

注：使用PATRIC（Wattam等，2017）获得的值可能与原始参考序列/公布的值略有不同。使用提交研究人员选择的方法注释基因组，PATRIC使用RASTtk重新注释基因组，以使结果一致。单元格的颜色范围为深绿色（表示最低值或无变化）到黄色（表示相对较高的值）（来源：V. Jarocki）。

就基因产物而言，已测序的猪肺炎支原体基因组并没有很大的差异，大部分差异主要在是否有假定蛋白、转座酶、插入序列（IS）、ABC转运蛋白、ATP结合蛋白、枯草杆菌蛋白酶样丝氨酸蛋白酶，以及Ⅲ型限制系统核酸内切酶（Minion等，2004；Vasconcelos等，2005；Liu等，2011，2013；Siqueira等，2013；Han等，2017；图2.1）。猪肺炎支原体J株和168-L株的毒力均减弱，经连续培养传代后变为无毒力菌株（Zielinski和Ross，1990，Liu等，2013）。在猪肺炎支原体的毒力因子中，研究最广泛的是黏附素（如P97、P102、P146、P159、P216），但黏附素在J株和168-L株这两个菌株中都未缺失。有趣的是，在KM014株中，P102旁系同源蛋白基因似乎缺失或被截短了（图2.1），但这并没有明显削弱其致病能力。这表明，猪肺炎支原体背后有着复杂而微妙的致病机制。

事实上，对168株和168-L株（减毒的168株）的综合比较分析表明，二者的基因组极为相似。168-L株更小，为4 483bp，这种大小差异主要是由于其所含的IS组分较少。然而，研究人员的确在168-L株的基因中发现了330种处变异（Liu等，2013）。虽然这些变异大多不会改变氨基酸，或仅导致同功能氨基酸取代的单核苷酸多态性（single nucleotide polymorphisms，SNP），但会出现一些序列的插入、缺失和截短。一些基因变异发生在黏附素、其他与毒力相关的基因和代谢基因中。然而，大多数基因变异发生在假定蛋白中（40.71%）。这凸显了未来研究猪肺炎支原体假定蛋白特征的必要性，特别是考虑到假定蛋白的许多特征已经通过蛋白质组学研究得到证实（Pendarvis等，2014；Tacchi等，2016；Berry等，2017；Paes等，2018），并发现这些假定蛋白具有抗原性（Galli等，2013），此外，假定蛋白具有较长的A/T序列，被认为会导致有利于免疫逃逸的适应性突变（Mrázek，2006）。

水平基因转移可使细菌基因组快速多样化（Cury等，2017）。虽然在其他支原体种中发现了质粒及噬菌体等可移动遗传元件（mobile genetic elements，MGE）（Breton等，2012；Djordjevic等，2001；Dybvig等，2005），但在猪肺炎支原体中未见报道。尽管如此，除了IS元件外，还发现了2种假定的整合性接合元件（integrative conjugative elements，ICE）（Liu等，2013；Pinto等，2007b；Siqueira等，2013；Vasconcelos等，2005）。图2.2中详细描述了这些情况，在图2.1中标记为1和2，在图2.3中以粉红色和黄色表示。由于某些ICE与毒力相关（Clawson等，2016；Obi等，2018；Roy Chowdhury等，2016），猪肺炎支原体的ICE最初发现于具有致病性的232株和7448株中，但在J株中没有发现，这使得研究人员认为它们与猪肺炎支原体的毒力有关（Pinto等，2007a）。自从在168-L株基因中发现这两种ICE元件后，对这一假设的支持就逐渐减弱了（Liu等，2013）。因此，它们在一些猪肺炎支原体菌株中的作用目前尚不清楚（Maes等，2018）。

细菌的基因组排列对表型有深远影响，并且被认为会影响基因表达（Darling等，2008）。图2.3显示了猪肺炎支原体的染色体排列。尽管大多数菌株的基因组排列相似，但与其他基因组相比，232株中在100kbp至350kbp之间的4个区域发生了反转。ICE遍布整个染色体，这与它们的可移动特性一致。然而，最引人注目的是KM014株没有一个在位置上具有同源对应的区域。该菌株还包含一个额外的区域，该区域与一个ICE相邻，大小约为300kb，仅由假定蛋白组成。

已知猪肺炎支原体菌株间的基因组排列存在重大差异（Darling等，2008），但仍令人惊讶的是，猪肺炎支原体KM014株和J株是同一序列类型（ST），即ST28，这意味着它们有着共同的祖先。这两种菌株在系统发育树上位于同一进化枝（图2.4），然而，只有7个菌株可供比较，通过它们的接近程度能够推测出来的信息很少。J株最初于20世纪50年代末被分离（Goodwin和Whittlestone，

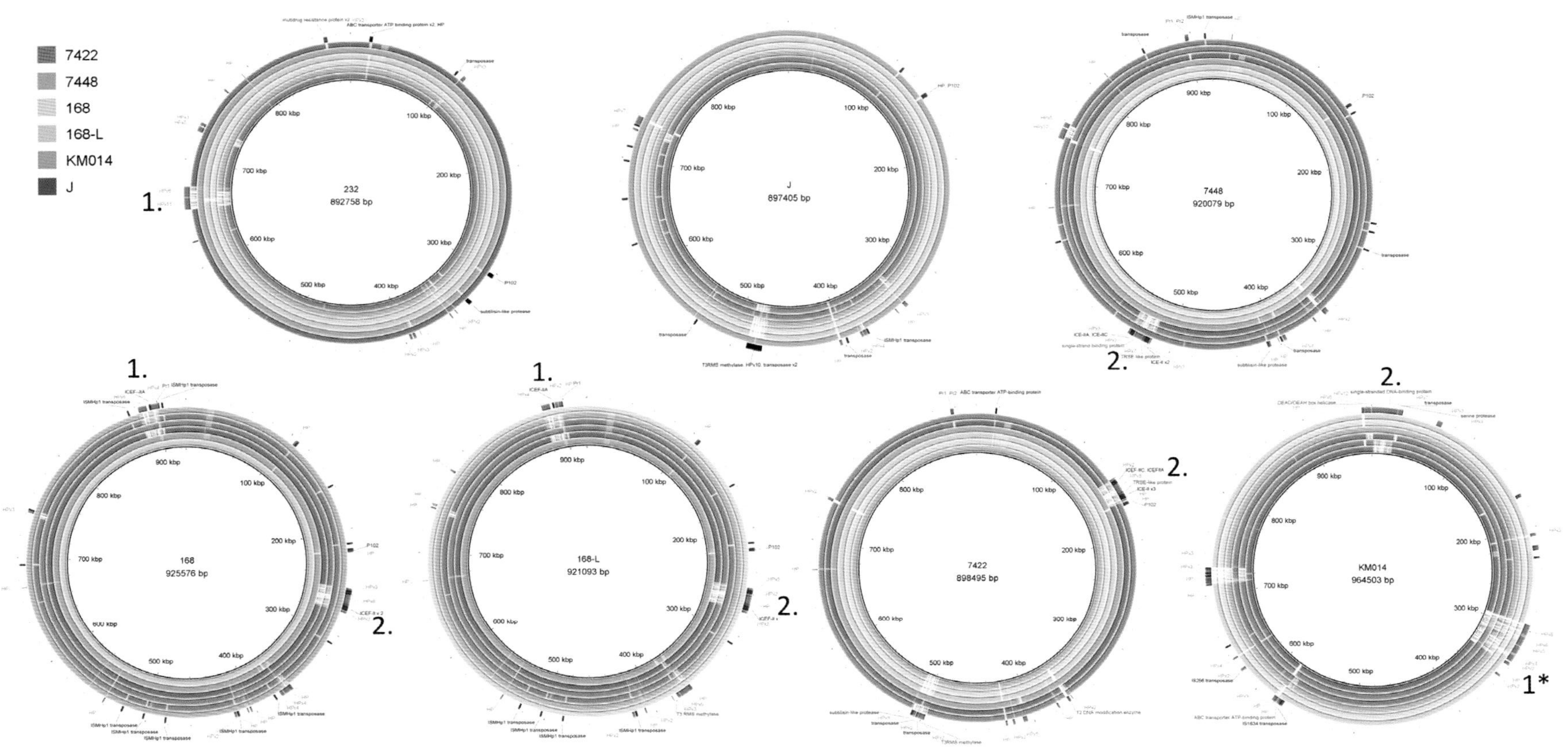

*在KM014中，ICE元素与其他可变区域相邻。

图2.1 猪肺炎支原体基因组比较．BRIG（Alikhan等，2011）基因组比较显示了各测序菌株的基因变异区域，在它们相应的外层环上方作了标记。假定蛋白以灰色表示，可移动遗传元件（MGE）以蓝色表示，蛋白酶以红色表示，抗性耐药蛋白质以粉红色显示，未知功能域（DUF）以水绿色显示，其他（即ABC转运蛋白和限制性内切酶）以绿色显示，不同组合以黑色显示。推定出的整合性接合元件（ICE）标记为1和2，与1和2有关的在下面的图2.2中标记（来源：V. Jarocki；使用Geneious生成的示意图，Kearse等，2012）

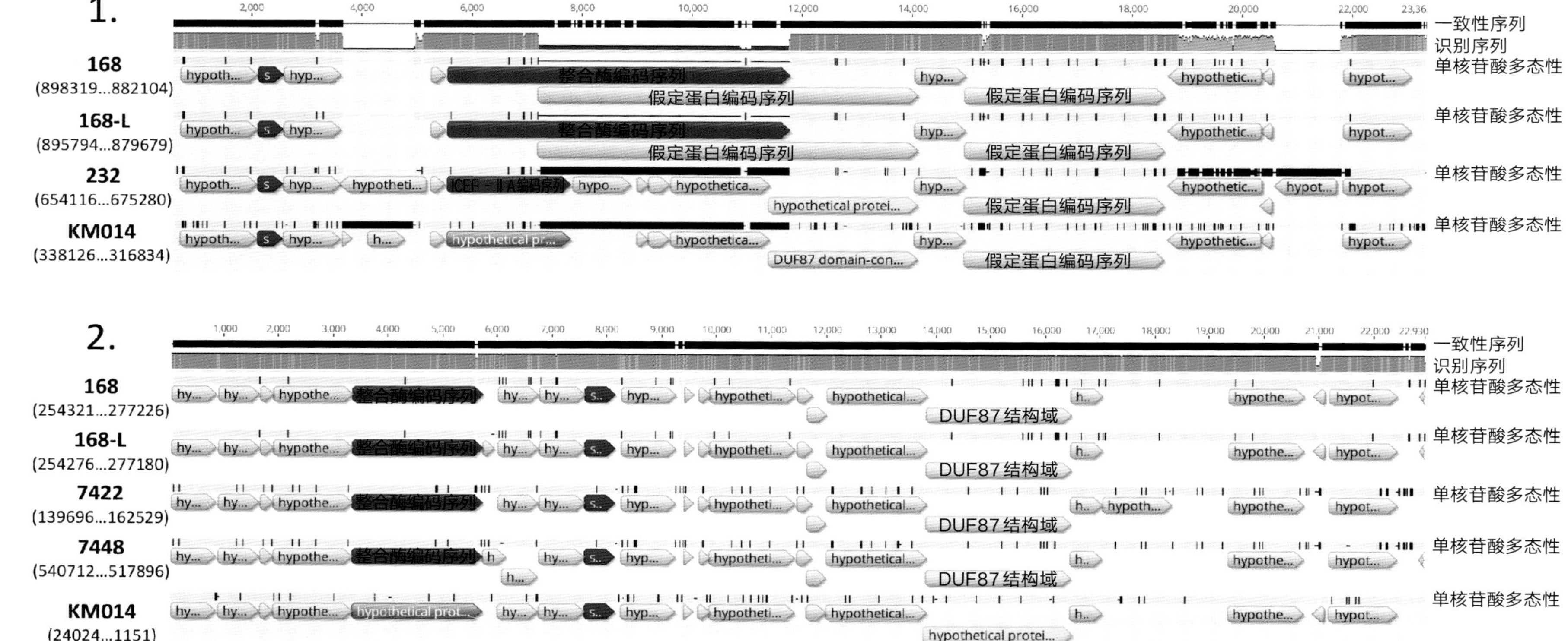

图2.2 假定的猪肺炎支原体整合性接合元件（ICE）。1. 序列比对说明，168株、168-L株、232株和KM014株中存在一种ICE。与232株和KM014株相比，168株和168-L株中的整合酶编码序列（CDS）（红色）差异更为显著（由于它被注释为假定蛋白，以橙色显示）。2. 序列比对说明，168株、168-L株、7422株、7448株和KM014株中均存在一种ICE。除了一些假定蛋白（灰色）存在偏差，该区域在所有菌株中所处的位置通常是相似的。单链DNA结合蛋白以蓝色表示，与traE结合蛋白同源的DUF87结构域以黄色表示。各区域的位置标注在各菌株名称下的括号内（来源：V. Jarocki）

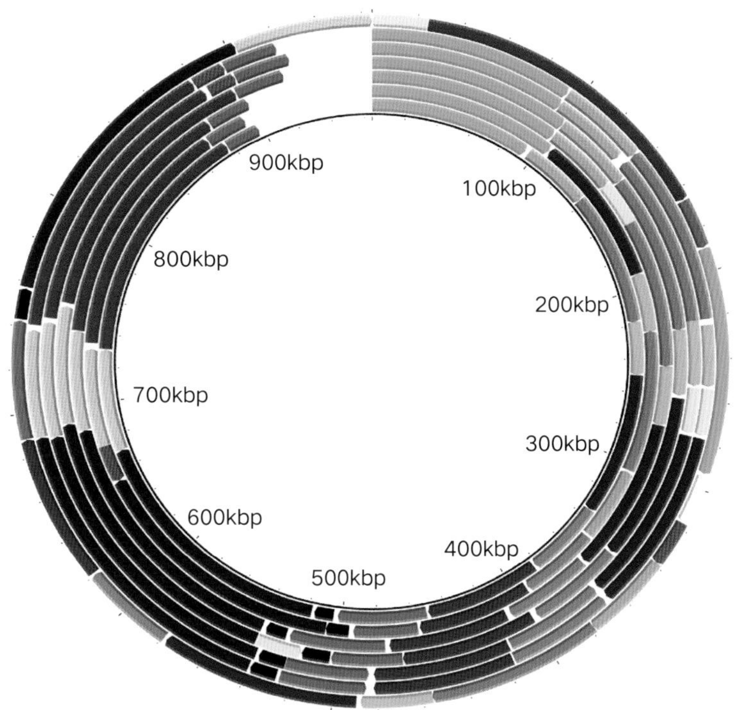

图2.3　猪肺炎支原体染色体排列。图中所示的是用基因组比对工具Mauve软件（Darling等，2004）将染色体线性化排列整合到一个圆环上。从外层环到内层环依次为：KM014株、168-L株、168株、7422株、7448株、232株和J株。同源的区域匹配相同的颜色。ICE以粉红色和黄色表示。独特的KM014株区域用白色表示（来源：V. Jarocki）

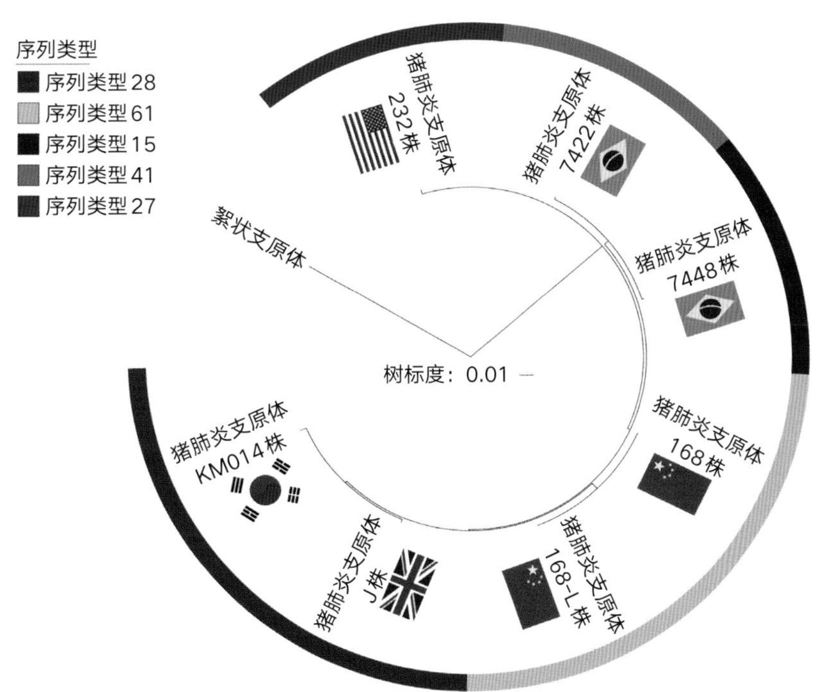

图2.4　猪肺炎支原体测序菌株的系统发育关系．外层环表示STs型，旗帜代表来源国家［来源：V.Jarocki；通过Phylosift（Darling等，2014）和FastTree（Price等，2010）生成的系统发育树，并使用 iTOL进行了可视化处理（Letunic和Bork，2019）］

1963），并于1967年被收入支原体参考实验室（MRL）（Whittlestone，1973）。KM014株于2014年分离获得（Han等，2017）。如果这种两种菌株的历史确实直接相关，那么深入研究导致KM014株染色体大量重排，以及独特染色体区域的缺失或获得的进化过程将是极具吸引力的。

2.2.2 猪肺炎支原体野外分离株的遗传多样性

以往的文献都达成共识：无论使用哪种基因分型方法，各国间的猪肺炎支原体菌株显示出高度的国际间的多样性（Frey等，1992；Stakenborg等，2005b，2006b；Mayor等，2008；Dos Santos等，2015a）。研究还显示，疫苗株与野毒株具有显著差异（Tamiozzo等，2015；Michiels等，2017；Garza-Moreno等，2019b），接种疫苗与未接种疫苗的养殖场之间的野毒株本身也不同（Garza-Moreno等，2019b），并且接种疫苗未必能够减少养殖场内部的菌株多样性（Michiels等，2017；Rebaque等，2018）。

文献中关于在不同猪群或同一猪群内部分离到的猪肺炎支原体野毒株之间的遗传多样性则没有这么明确（详见表2.2）。在独立封闭的猪群中，Rebaque等人（2018）证实同一猪肺炎支原体菌株能够持续存在至少2年，Mayer等人（2007，2008）的研究得出相似的结论，猪群内的分离株同源，来自猪群附近区域的分离株也同源。此外，基于p146聚丝氨酸重复基序基因序列分型，Tamiozzo等人（2013）证明相同的猪肺炎支原体菌株在清群后仍能存活，而Oversesch和Kuhnert（2017）报道发现在实施严格的控制措施后，原有的猪肺炎支原体STs型仍持续存在。但是，其他研究观察到了同群内分离株的同源性和不同猪群间的异质性（Pantoja等，2016；Stakenborg等，2006b，2005b；Vranckx等，2012a），也有报道猪群内与猪群间的分离菌株都具有多样性（Nathues等，2011；Pulgarón等，2015；Tamiozzo等，2015；Michiels等，2017；Felde等，2018b；Tadee等，2018）。此外，一些研究在单个猪中鉴定出多株菌株（Charlebois等，2014；Dos Santos等，2015a；Michiels等，2017；Nathues等，2011），但并非所有（Garza-Moreno等，2019b）研究都有这样的发现。通过MLVA鉴定出感染多种猪肺炎支原体菌株的猪，在屠宰中显示出更为严重的肺部病变（Michiels等，2017）。然而，在个体猪层面，未能在屠宰的猪中建立特定分离株与肺部病变的严重程度的相关性（Charlebois等，2014）。研究间的差异可能是由于多种因素导致，如使用的基因分型技术、研究目标、样本数、所使用的临床样本类型、猪舍条件和分离株所在国家猪群管理操作要求上的差异。

表 2.2 报告猪肺炎支原体临床样本和野外分离株的遗传多样性的文献

	分离株来源与数量	发现	文献
AFLP	共9株 丹麦（*n*=8，野外分离株） 参考株（*n*=1；J株）	•猪肺炎支原体分离株中未发现难以区分的条带，这与生殖支原体和猪鼻支原体分离株相反	Kokotovic等，1999
FIGE	共10株 加拿大（*n*=1，野外分离株） 法国（*n*=1，野外分离株） 瑞士（*n*=5，野外分离株） 参考株（*n*=3；NCTC10110，ATCC25934和JF 184a-均源自J株）	•瑞士分离株具有克隆同质性 •地理距离远的毒株具有异质性	Frey等，1992

（续）

	分离株来源与数量	发现	文献
MLVA	共66株 比利时（*n*=66，来自4个猪群的MLVA呈阳性的临床样本）	•3个基因座（P97R1，P146R3，H4） •各猪群都有一个含2～3个克隆变体的单一独特菌株	Vranckx等，2012a
	共356株 巴西（*n*=95，临床样本，76个农场） 墨西哥（*n*=26，临床样本，16个农场） 西班牙（*n*=25，野外分离株，24个农场） 美国（*n*=209，临床样本，208个农场） 参考株（*n*=1，ATCC-25095）	•2个基因座（P97R1，P146R3） •87个来自美国的MLVA分型，墨西哥分离株中有12个MLVA分型，巴西39个MLVA分型，西班牙分离株中发现22个MLVA分型 •墨西哥的分离株与两个生产系统有关，其中一个只有1种MLVA分型，另一个有11个MLVA分型 •P146VNTR比P97的变异更高 •P146超过30个重复只在西班牙和巴西的分离株中观察到 •同一样本中出现多个变异株的迹象	Dos Santos等，2015a
	共64株 古巴（*n*=63，来自5个养殖场的同一个屠宰场） 参考株（*n*=1；J株）	•4个基因座（P97R1，P146R3，H2R1，H4） •从健康和患病猪、不同和相同猪群中的猪中发现的菌株具有高度遗传变异性 •22%的分离株来自患肺炎的肺中，其中P97R1只有3个重复单元，仅在健康肺中发现P146R3有40个和43个VNTR拷贝数的分离株	Pulgarón等，2015
	共33株 阿根廷（*n*=28，来自3个猪群的临床样本） 5株疫苗株（2株与J株一致，3株未说明）	•5个基因座（P97R1，P146R3，H4，H5，P95） •猪群间与猪群内以及菌株间的基因型不同	Tamiozzo等，2015
	共100株 美国（*n*=100，用于MLVA的临床样本，来自3个农场，相同的生产标准）	•2个基因座（P97R1，P146R3） •4个MLVA基因型 •在所有3个农场中发现同一个变异	Pantoja等，2016
	共495株 比利时（*n*= 495，来自一个屠宰场的10个猪群的临床样本）	•4个基因座（P97R1，P146R3，H5R2，H1） •发现了135个不同变异 •每批次平均基因型数目为7 •同一猪群的2个肺组织样品中发现3种不同的基因型 •大于1的基因型批次中病变的发生率和严重性明显更高 •批次和动物水平的基因型差异很大 •疫苗接种不会导致多样性下降	Michiels等，2017
	共35株 阿根廷（*n*=35，从一家封闭农场取得的临床样本，其中27份样本取自2013年，8份取自2015年）	•3个基因座（P97R1，P146R3，H4） •相同的菌株持续2年在封闭农场中存在，其中2015年的所有样本显示出与2013年大部分样本相同的的3个基因座	Rebaque等，2018
	共53株 阿根廷（*n*=48，来自5个猪群的临床样本） 参考株（*n*=5；7448，7422，J，PMS，232）	•2个基因座（P97R1/P97R1A，P146R3） •两个猪群出现一种基因型，另外三个猪群则表现出更大的多样性 •总体而言，当地样本之间的关联比参考株更紧密	Sosa等，2019
MLST	共54株 瑞士（*n*=46，野外分离株） 澳大利亚（*n*=1，野外分离株） 法国（*n*=2，野外分离株） 加拿大（*n*=1，野外分离株） 参考株（*n*=4；232，J，JF184a，7448）	•总体遗传多样性很高 •来自相同农场的分离株相同 •地理位置接近或有紧密业务联系的农场出现相同的克隆	Mayor等，2008

（续）

	分离株来源与数量	发现	文献
MLST	共63株 瑞士（*n*=63，16份临床样本来自10个农场，47份临床样本来自野猪）	•在商品猪和野猪中发现一些相同的基因型 •暴发前在野猪中发现不同的基因型，因此暴发后发现的相同基因型表明存在直接传染	Kuhnert和Overesch，2014
	共16株 瑞士（*n*=16，临床样本，8份来自2014年，5份来自2015年，3份来自2016年）	•基因型的持久性代表消除措施可能部分失败 •标注两个流行STs型（ST26和ST37）	Overesch和Kuhnert，2017
	共16株 泰国，（*n*=16，来自9个农场的田间分离株）	•2个ST48s，与MLST数据库（https://pubmlst.org/mhyopneumoniae/）中的229个菌株相比，有14个独特的STs型 •在2个农场中发现了不同的基因型	Tadee等，2018
多种方法	共45株 比利时（*n* = 31，现场分离株，21个农场） 丹麦（*n* = 3分离株） 立陶宛（*n* = 4，田间分离株，2个农场） 荷兰（*n* = 2，分离株，2个农场） 英国（*n* = 3，分离株） 参考株（*n* = 2；232，J）	•使用AFLP，PCR-RFLP和RAPD •来自3个农场的多个分离株的AFLP谱带难以区分 •来自两个不同比利时农场的两个分离株的AFLP谱带难以区分 •p146的AFLP和PCR-RFLP比RAPD和p97的RFLP更具歧视性 •不同分离株中*p*146基因广泛变异，但是有60%来自同一群的分离株具有相同的特征 •RAPD结果不能在不同轮次中重复 •大部分来自同源猪群，分布于不同猪场的分离株具有相同的RAPD图谱 •原产国与获得的模式之间没有明确的关系 •同一群中分离出的菌株之间更相似	Stakenborg等，2006b
	共53株， 德国（*n*=52，田间分离株来自21个猪群众的45头猪） 参考株（*n*=1；J）	•使用了MLVA和RAPD •3个基因座（P97R1，P146R3，H4） •同一猪群内及不同猪群之间单一猪的猪肺炎支原体高遗传异质性 •没有识别出任何5 000bp的RAPD片段	Nathues等，2011
	共174株 加拿大（*n*=155，来自48个养殖场、2个屠宰场的145份临床样本和10株野外分离株） 法国（*n*=10，野外分离株） 6株疫苗株 参考株（*n*=3；232，ATCC 25095，ATCC 25934）	•使用MLVA和基于*p*146的PCR-RFLP •使用4个基因座（P97R1，P97R2，基因座1，基因座2） •共有87种MLVA分型，所有样本均可分型 •缺乏基因座1的基因型与低毒力有关 •部分猪被多种基因型的猪肺炎支原体感染 •含有超过一种基因型的肺与高病理分数没有直接关系 •有共感染的肺与高病理分数没有直接关系 •两种分型方法都表明农场间具有高度多样性 •野外分离株与疫苗株的同源性低于55% •基于*p*146的PCR-RFLP方法无法将所有样本分型 •鉴定出83种不同的PCR-RFLP类型	Charlebois等，2014
	共44株 匈牙利（*n*=40，野外分离株） 斯洛文尼亚（*n*=3，野外分离株） 捷克共和国（*n*=1，野外分离株）	•使用MLST和MLVA分型 •匈牙利有23个序列型，斯洛文尼亚有3个序列型，捷克共和国有1个序列型，这三个国家间没有相同序列型 •38种MLVA分型 •来自相同猪群的一些分离株具有相同的ST和MLVA型，但大部分具有高度多样性 •大部分ST型通过MLVA方法被进一步分型，展现出多种变异株	Felde等，2018b

（续）

	分离株来源与数量	发现	文献
PFGE	共39株 比利时（n=31来自21个农场的分离株） 丹麦（n=2野外分离株） 立陶宛（n=4来自两个农场的分离株） 参考株（n=2；232，J）	•来自不同猪群的分离株之间具有高度的异质性，包括相互临近的农场 •来自相同猪群的分离株具有更高的同质性	Stakenborg等，2005b
RAPD	共24株 美国（n=23，野外分离株） 参考株（n=1；J）	•野外分离株具有显著异质性，甚至来自相同地理位置的分离株也是如此	Artiushin和Minion，1996
	共7株 比利时（n=6，3株来自患EP猪的分离株，3株来自患亚临床EP猪的分离株，所有分离株来自不同的猪群） 丹麦（n=1，野外分离株）	•攻毒感染后，根据临床症状和肺部病变的严重程度将分离株分为高、中、低毒力 •仅从高毒力和中毒力株中发现5 000bp RAPD片段	Vicca等，2003
VNTR测序	共115株 瑞士（n=95，来自34个农场的临床样本及3株分离株） 法国（n=10，分离株） 加拿大（n=1，分离株） 澳大利亚（n=1，分离株） 参考株（n=5；232，NCTC 10110，JF184a，J，7448）	•猪肺炎支原体野毒株的异质性没有明显的地理联系 •这些克隆是当地暴发的原因	Mayor等，2007
	共51株 西班牙（n=46，来自10个接种疫苗的农场的25个临床样品，来自10个未接种疫苗的农场的21个临床样品，以及5个疫苗菌株）	•使用4个基因座可以对72.1%的分离株进行分型，在接种疫苗的农场中鉴定出12种基因型，在未接种疫苗的农场中鉴定出12种基因型 •使用2个基因座，可以对88.4%的分离株进行分型，在接种疫苗的农场中鉴定出9种基因型，在未接种疫苗的农场中也鉴定出多种基因型，并且在接种和未接种疫苗的农场中鉴定出1种共同基因型 •每个农场找到1～3种类型 •在接种疫苗的农场中，分离株与疫苗中使用的菌株不同 •使用2个基因座，在具有相同繁殖起源的猪中发现了相同型，使用4个基因座未找到此关联 •在个别动物中未发现多种基因型	Garza-Moreno等，2019b

由于MLVA具有很高的辨别力和临床直接采样的便利性，MLVA是目前猪肺炎支原体流行病学研究中最常用的基因分型方法。然而，考虑到命名规则是基于基因型和基因座的，包括定位到哪个基因座、囊括多少个基因座，所以有必要对其进行标准化。这些措施将有助于使结果更加清晰，并允许将来对不同研究间进行直接比较（Betlach等，2019）。

2.3 毒力变异

猪肺炎支原体诱发临床症状的严重程度、产生的肺部病变（Vicca等，2003；Woolley等，2012）以及传播速度（Meyns等，2004）表明，高毒力和低毒力的菌株均在猪群中循环传播。监测猪群中猪肺炎支原体菌株的毒力状态非常重要，研究表明，在对感染高低不同毒力菌株进行实验时（Villarreal等，2011），疫苗效力存在差异，并且先前感染低毒力菌株可能会使后继感染高毒力株后猪的临床症状更加严重（Villarreal等，2009）。

基因分型技术能够成功地区分不同的野外分离株，但用这些方法寻找分子毒力标记的成功率却很低。Vicca等（2003）使用野毒株进行攻毒感染，然后根据临床症状和肺部病变的严重程度将其分为低、中和高毒力。用RAPD对分离株进行分型，只有在中、高毒力菌株中才能观察到5 000bp的片段。然而，随后一项更大规模的研究表明（Nathues等，2011），用RAPD方法并未在任何野外分离株中观察到该片段。一项研究显示，一种MLVA靶基因座的缺失与更轻的病变程度和更低的细菌载量有关（Charlebois等，2014）。

虽然仍需要更多的研究来确定与毒力相关的分子标记物，但少量研究已经找到一些与菌株毒力高低相关的因子。Meyns等（2007）和Woolley等（2012）均观察到高毒力菌株能诱导更严重的炎症反应，包括肿瘤坏死因子α（TNF-α）、白细胞介素（IL）-1β和白细胞介素-6水平的增加。Woolley等（2012）也观察到，只有一个高毒力株在肺远端的器官中被发现。Raymond等（2018c）证明，约8%的致病性232株可在细胞内存活。与非致病猪肺炎支原体菌株相比，中性粒细胞与致病性分离株孵育后，中性粒细胞的胞钙水平显著提高，这表明中性粒细胞中的信号转导的变化是与毒力相关的（Debey等，1993）。

2.4 抗原变异

侵入机体的细菌通过细胞表面展示的大分子与宿主相互作用。当这样的大分子激发宿主的免疫反应时，它就被视为抗原（Foley，2015）。因此，为了逃避宿主免疫系统的监视，细菌会产生抗原变异或表型转换，来改变自身表面抗原的拓扑结构。产生抗原多样性的机制包括积累性的基因点突变、DNA重新排列和重组（Citti等，2010；Foley，2015；Vink等，2012）。

通过免疫印迹法和2DE电泳法，已鉴别出若干猪肺炎支原体抗原，包括延伸因子Tu（EF-Tu），热休克蛋白70（HSP70）、乳酸脱氢酶（LDH，也称为P36）、丙酮酸脱氢酶E1β亚基（PdhB）、核糖核苷-二磷酸还原酶β亚基（NrdF）、P43、P44、P46、P50、P65、P70、P74、P76、P94、P97、P114和P200等（Bereiter等，1990；Fagan等，1996年；Jiang等，2016；Petersen等，2019年；Pinto等，2007b；Scarman等，1997年；Stipkovits等，1991；Wise和Kim；1987a，1987b；Zhang等，1995）。

与遗传多样性一样，在猪肺炎支原体的野毒株中也检测到抗原多样性（表2.3）。此外，还存在一些类似的相互矛盾的报道。不仅Stipkovits等（1991）发现在加拿大、英国、法国、瑞士和匈牙利的猪肺炎支原体的分离株中，LDH具有抗原性，而且Scarman（1997）等的研究也发现来自澳大利亚、英国和美国的分离株也具有相似的抗原谱，但是，在其他国家或者地区的猪肺炎支原体分离株中没有发现该抗原，这表明它可能是一个优选的鉴别诊断的标记分子。然而，另一项研究发现8/18的西班牙分离株中却没有检测到LDH（Assuncao等，2005b）。

一些支原体会发生复杂、甚至罕见的抗原变异模式，如相位变异，它会使表面蛋白的表达随机地被开启或关闭（Chopra-Dewasthaly等，2012，2008；Citti等，2010），还有交互重组，即遗传物质在两个基因之间相互交换（McGowin和Totten，2017）。虽然这些机制在猪肺炎支原体中还没有发现，但猪肺炎支原体的表面抗原确实展现出变异，它是通过下面将详述的所谓的大小变易来介导的，而这种大小变异又是通过基因和蛋白组机制实现。

表2.3 文献报道的猪肺炎支原体野毒株的抗原多样性

	数目和分离的地方	发现	参考文献
ELISA（酶联免疫吸附试验）	总计7株 澳大利亚（3株，野外分离株） 法国（1株，在所有实验中均未使用该毒株） 未知区域（1株，可能是来自加拿大） 参考株（2株：J株和232株）	•除了1株（未知来源的那株），其他所有的分离株都会产生相似的蛋白条带和抗原谱 •具有独特形态的分离株免疫反应较弱 •发现P43、P76、P94、P114、P200具有抗原性	Scarman等，1997
微阵列	总计15株 美国（14株，野外分离株） 参考株（1株：232株）	•用232的基因组作为参考基因组，野毒株具有1 ~ 40个基因座的差异 •59%的变异发生在编码假定蛋白的基因上 •12/54的脂蛋白基因在不同的野毒株中具有差异 •P97和P102在不同的分离株中差异较小	Madsen等，2007
	总计26株 来自自然感染猪的血清25份 来自实验感染猪（232株）的血清1份	•自然感染和实验感染的动物对P97和P102（Mhp182.C）的C末端片段的反应都比较弱 •所有的血清样本都对P97/P102的旁系同源物反应比较强烈	Petersen等，2019
免疫杂交	总计8株 野外分离株6株 参考株（2株：11株和J株）	•具有相似的抗原性，但是部分证据显示抗原结构具有多样性	Ro和Ross，1983
	总计16株 加拿大（1株，野外分离株） 法国（2株，野外分离株） 瑞士（5株，野外分离株） 匈牙利（5株，野外分离株） 参考株（3株，J株的变异株）	•所有的猪肺炎支原体的分离株都能与P37发生反应 •56个其他种的支原体与P37不反应	Stipkovits等，1991
	总计5株 1株野外分离株 2个232株的克隆 1个参考株（J株）	•P97在致病株和非致病参考株中缺失，在J株出现一个95ku大小的条带，在144L株出现了两个条带（93ku和92ku） •P72在J株很难被检测到，而在144L株则消失，但是J株和144L株存在一个额外的不具有免疫反应的条带（大概在69ku的地方）	Zhang等，1995
	总计19株 西班牙（18株，野外分离株） 参考株（1株，J株）	•SDS-PAGE条带大小具有一致性，但是强度有差异 •抗P97、P46和P36的抗体 •在所有的分离株中都检测到了P46蛋白 •在10株分离株中检测到了全长的P97蛋白，在另外7株中具有多重条带，还有1株没有检测到 •在10株分离株中检测到了P36蛋白	Assunção等，2005b

2.4.1 通过VNTR（可变数目串联重复序列）介导的抗原大小变化

可变数目串联重复序列（VNTR）（Vergnaud和Pourcel，2009）的出现是由于DNA在复制过程中发生了同源重组和滑链错配。位于基因间区域的VNTR可以促进基因重排（Rocha和Blanchard，2002）。然而，当它们发生在CDSs区域内时，它们会产生具有不同数目的氨基酸重复的蛋白突变体，称为可变数目串联氨基酸重复序列（VNTAR）。

表面蛋白大小的变化不仅有助于猪肺炎支原体逃避宿主的免疫系统，也能影响其结合能力。靠近P97C末端的重复区1（R1或RR1）至少需要8个重复来介导猪肺炎支原体对猪纤毛的黏附（Hsu和Minion，1998；Minion等，2000；Wilton等，1998）。Deutscher等（2010）观察到Mhp271（一个P97的旁系同源）的R1和R2区域中的VNTR也参与了与细胞外基质蛋白结合的过程。然而，Pulgaron等（2015）发现从病变肺组织分离出来的部分猪肺炎支原体的P97R1只有3个重复，而具有40个或者43个P97R1的重复序列的猪肺炎支原体菌株却是在明显健康的肺组织中分离出来的。Castro等发现，检测来自4株毒力株（232、7448、7442和PMS）和1株减毒株（J）的猪肺炎支原体的12个含有VNTR的CDSs，发现这些VNTR大小有明显的差异。J株在P97R1、P146R3、P216R1这3个CDSs区含有最少的VNTR，在H2R1、H2R2、H5R2这3个CDSs区含有最多的VNTR，在被检测的其他14个区域，VNTR数目处于中等水平。Wilton等（1998）也证明来自不同国家的菌株中，P97R1和P97R2上的重复数目也各不相同。尽管VNTR为猪肺炎支原体提供了一系列表面突变谱，但它们在毒力方面的作用（如果有的话）值得进一步研究。

P97还存在其他形式的变异。Zhang等（1995）发现在一个致病性野外分离株和一个无毒参考菌株中P97缺失。同样，Assuncao等（2005b）发现在18株分离株中10株具有P97全长，7株发生了大小变异，1株P97完全缺失。Petersen等（2019）发现，有些自然感染和实验感染猪肺炎支原体的猪血清虽然对P97和P102的反应性较差，但是它们对P97和P102旁系同源物反应强烈。

VNTR的多态性是MLVA等基因分型技术的基础，但要注意的是，支原体具有较高的突变率（Citti等，2010）。Assuncao等（2005a，2005b）和Dos Santos等（2015a）针对猪肺炎支原体菌株的单个克隆在通过一系列不同方法传代后，未检测到VNTR的变化。Lui等（2013）通过380代传代后，在168-L株中检测到其VNTR有部分突变，包括P97的SNP和P146有一个位点的插入（这两个基因是MLVA的两个主要靶点）。环境变化和应激是否能改变菌株的VNTR，以及这些变化是否会影响基因分型，目前还不清楚。

2.4.2 蛋白水解过程导致蛋白大小的变化

猪肺炎支原体可以通过蛋白水解机制使其细胞表面抗原进一步多样化（Tacchi等，2016）。这种独特的翻译后修饰是不可逆的，它是通过“修剪”蛋白质末端（外围蛋白水解）或将蛋白质裂解为更短的片段（蛋白内部酶解）达到修饰的目的，蛋白水解机制可以改变蛋白质的大小、结构和活性（Lange和Overall，2013）。

在不需要、受损或错误折叠的蛋白质被标记，并且被降解为组成它们自身氨基酸成分的过程中，这些蛋白质都要经历调控或程序性蛋白水解过程（Taylor，1993）。然而，一些蛋白会经历有限的或非程序性的蛋白质降解过程，在这种情况下，蛋白质不会被完全降解，而酶解过程会让它产生蛋白质的功能形式，或者变成具有生物活性的裂解片段（Konovalova等，2014）。

蛋白水解过程主要发生在猪肺炎支原体的很多黏附因子和其他抗原性蛋白上，包括LDH（P36）、EF-Tu和PdhB（Tacchi等，2016）、Mhp107（Seymour等，2011）、Mhp385和Mhp384（Deutscher等，2012）、Mhp683（Bogema等，2011）、P97/P123（Djordjevic等，2004；Raymond等，2015）、P102（Mhp182；Seymour等，2012）、P116（Mhp108；Seymour等，2010）、P146（Mhp684；Bogema等，2012）、P159（Burnett等，2006）和P216（Wilton等，2009；Tacchi等，2014）。虽然大多数裂解产物保留其黏附功能，但一些较小的片段，如来自P102旁系同源物Mhp385的P27，它们的功能还未知（Deutscher等，2012）。这些小的非结合片段作为分子诱饵被释放到细胞外基质中，在被宿主识

别前与循环抗体结合，从而避免宿主的免疫识别。

2

大多数蛋白水解机制的研究都是针对单个菌株（J或232）进行的，但Wilton等（2009）确实发现来自不同地区（澳大利亚、英国和美国）菌株的P216发生了相似的酶解，这表明该酶解机制是与一定的功能相关的。

虽然大多数研究集中于描述单个蛋白的酶解情况，但最近的一项研究表明，53%的猪肺炎支原体（J株）表面蛋白组经历了蛋白内酶解过程。此外，大部分生成的片段可以滞留在肌动蛋白、纤溶酶原、肝素和/或纤连蛋白亲和柱上，并且可以在许多酶解过程和猪肺炎支原体的黏附结合能力之间建立直接联系（Berry等，2017）。因此，蛋白酶解过程不仅可以通过改变蛋白质的大小来极大地改变细胞表面的蛋白谱，而且增加了猪肺炎支原体表面蛋白的功能谱。目前正在寻找猪肺炎支原体的保守抗原，以改进疫苗和血清学诊断方法。然而，面对支原体数目如此庞大的抗原及表面蛋白组的多样性，这项工作面临巨大的挑战。

2.5 猪肺炎支原体蛋白质组的多样性

猪肺炎支原体基因组之间相对较小的差异使得研究人员推测猪肺炎支原体致病的分子机制与其蛋白质组、蛋白表达和分泌的相对丰度、翻译后修饰相关。

一项针对已测序的猪肺炎支原体的蛋白质组学的比较学研究如图2.5所示。虽然大多数蛋白的氨基酸序列的同源性大于80%，但也有部分蛋白的序列同源性很小，还有一些蛋白仅存在于某些特定的菌中。168株和168–L株确实具有预期的高同源性。而在巴西分离的7422和7448株与其他菌株相比，具有更高的同源性。SDS-PAGE方法显示，野外分离株显示出高的蛋白变异性。Calus等（2007）研究了来自美国、荷兰、丹麦、立陶宛和比利时的56个分离株的蛋白谱，这些分离株来自相同和不同的猪群，研究发现国际菌株之间的蛋白谱差异很大，但来自同一猪群分离株的蛋白谱更相似。J株与野毒株间的差异约为30%，这为报道过的疫苗株有55%的DNA指纹图谱差异提供了证据（Charlebois等，2014）。

一些研究已经使用LC-MS/MS和指数修饰蛋白丰度（emPAI）值来比较致病和非致病猪肺炎支原体菌株间的蛋白表达水平的差异。Paes等（2018）把J株与7448株进行比较，发现有几种蛋白在致病性7448株中的表达丰度要明显高于J株，其中最显著的是过氧化物硫醇（高5.63倍）和P37脂蛋白（高4.24倍）。Li等的研究（2009b）比较了J株和232株，发现在232株中的黏附因子P97和P159的丰度要明显更高。重要的是，Pinto等（2009）比较了J株、7422株和7448株，发现每个菌株之间均存在显著差异。然而，P97各亚型在致病菌株中的表达量更大。

最后，在一项有趣的新研究中，用J株和7448株感染猪气管细胞，然后对细胞分泌上清液中的猪肺炎支原体和细胞分泌蛋白进行分析，发现7448株分泌更多的黏附因子和与毒力可能有关的假定蛋白。此外，只有感染7488株的细胞才分泌与细胞凋亡和蛋白酶体复合物有关的蛋白（Leal Zimmer等，2019）。

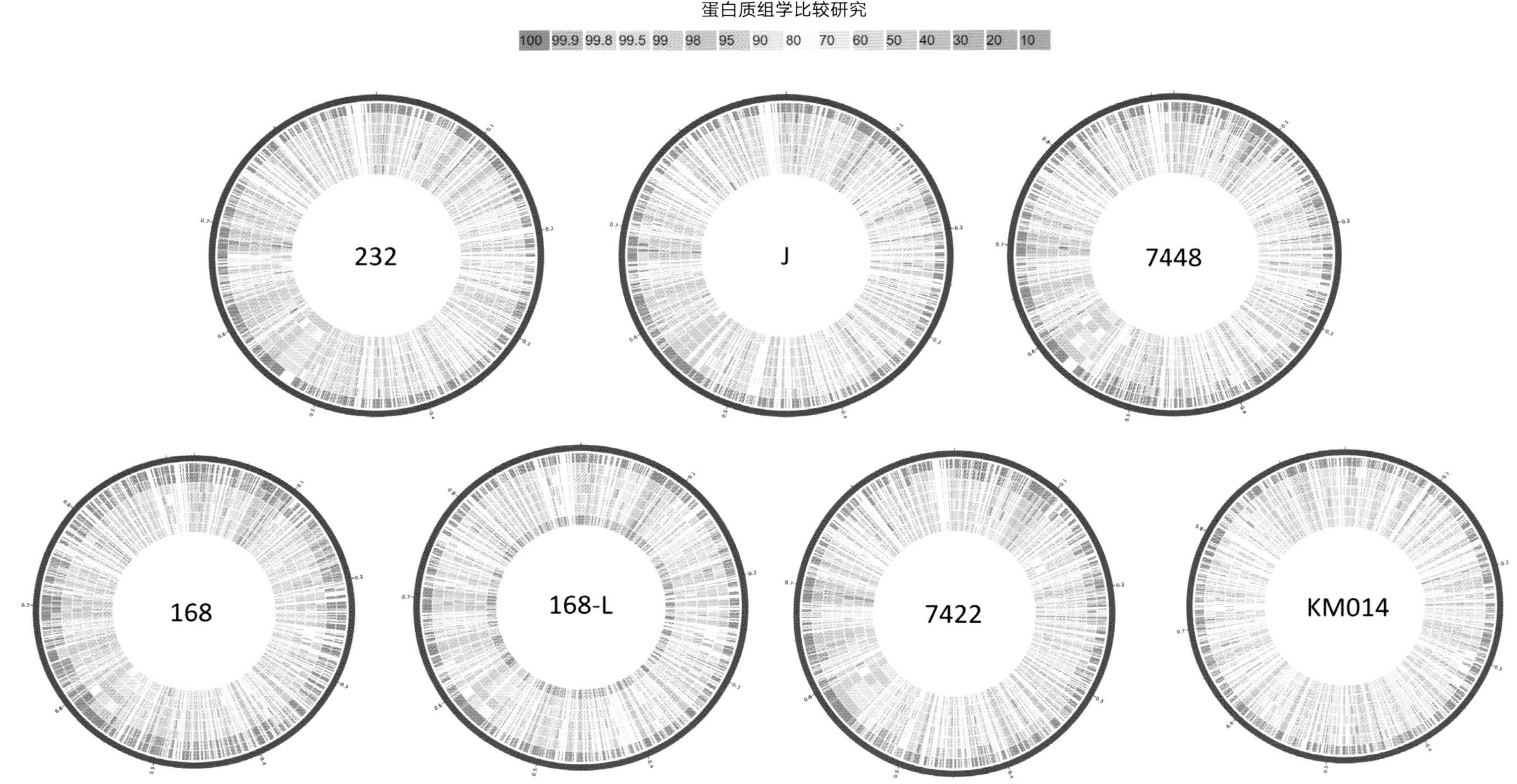

图 2.5　猪肺炎支原体的蛋白质组学比较。蓝色外圈表示被比较的菌株（中间为菌株名称）。由综合的蛋白质组比较工具PATRIC制作（Wattam等，2017）（来源：V. Jarocki）

2

2.6 结论

尽管猪肺炎支原体基因组很小，但它可以通过大小变化使其表面蛋白多样化，从而导致抗原变异，这些增加了商业化养殖场有效控制和净化猪肺炎支原体的难度。

猪肺炎支原体也表现出足够的遗传多样性，使其被划分为不同类型的菌株。然而，由于缺乏标准化术语和鉴别方法，使得文献之间的比较和流行病学研究受到了阻碍。以表达谱为重点的比较蛋白组学研究已经鉴别出潜在的毒力因子，但是很多研究都受到全部是体外实验的限制。在理解这种“狡猾的”病原体的生物多样性方面，还有很多事情要做。

第3章

猪肺炎支原体的致病性：已知和未知

Peter Kuhnert[1]
Jörg Jores[1]

1 瑞士，伯尔尼大学，兽医学院

3.1 引言

致病性的定义是微生物引起疾病的能力。这种能力取决于毒力因子的作用。毒力因子在宿主与病原体相互作用的过程中通过破坏和逃避免疫系统的攻击，使细菌在宿主体内复制和传播。在感染过程中，猪肺炎支原体必须黏附并定植在肺部纤毛上皮细胞上，并对抗黏膜纤毛及各种免疫反应清除支原体定植的作用。尽管已经报道了几种猪肺炎支原体致细胞病变因子（Geary和Walczak，1983；Paes等，2017b），但未见报道经典的毒素。猪肺炎支原体可能通过几种毒力因子的共同作用，参与宿主和病原的相互作用。众所周知，支原体能够摄取宿主细胞的营养物质，而且能释放诱导趋化因子的分子；趋化因子引起免疫细胞的聚集，导致炎症反应。最近的研究发现猪肺炎支原体的一些分子具有多种功能，其表面蛋白参与广泛的蛋白水解过程。Tacchi等（2016）鉴定了35个猪肺炎支原体中能够发生内源性水解的蛋白。这些蛋白不仅有黏附素，还有脂蛋白和多功能的胞质蛋白，这些胞质蛋白还能到达菌体表面发挥其他功能。这种大规模的翻译后加工导致了猪肺炎支原体表面形态的动态变化，促进了其逃避和调节宿主的免疫反应。目前，我们对猪肺炎支原体致病机理一系列过程的认识还不够深刻。鉴于缺少支原体突变株在猪体内外的数据，我们无法将候选毒力因子整合成合理的致病性模型。因此，候选毒力因子在靶组织、体外系统以及最终在天然宿主中所起的作用仍需要严格的论证（图3.1）。在这方面，应该指出的是，稳定的体外模型和通用的攻毒模型将有助于宿主-病原体的互作研究。在攻毒模型中采用类似于气溶胶室的自然感染的攻毒模型（Czaja等，2002）是最合适的，并且符合人道实验的替代、减少和优化的3R原则。

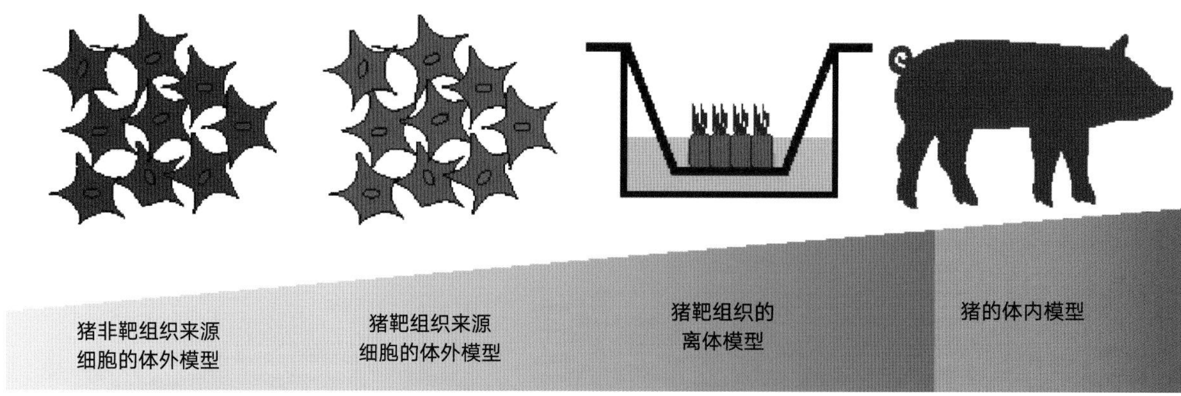

图3.1 用于解释猪肺炎支原体宿主-病原体相互作用和关键毒力特征的可能的生物相关性模型（来源：P. Kuhnert和J. Jores）

下面我们总结了现有的猪肺炎支原体毒力的知识，并提供了致病性的简单模型。

3.2 致病过程

猪肺炎支原体是引起猪地方性肺炎（EP）的唯一病原。其发病机理非常复杂，至今尚未完全明确。猪吸入含有感染性病原体的飞沫会把猪肺炎支原体运至靶组织中定植存活。这种气流在气管等较大的气道中趋于湍流，而在下呼吸道中则为层流（laminar flow）（Gamage等，2018）。为了定植在呼吸道中，支原体必须能够抵抗咳嗽（超过100km/h的强气流）、解剖结构屏障、空气动力学变化以及肺部的第一道固有免疫防御机制（即黏液纤毛的清除作用）（Sjaastad等，2016）。健康的气道直到细支气管表面都是一层由杯状细胞分泌的厚厚的黏液和下面低黏度的纤毛层组成的表层，它覆盖纤毛上皮细胞，使纤毛能以每分钟几毫米的速度有节律的摆动，以排出含有微生物和各种颗粒的黏液（bustamant-marin和Ostrowski，2017）。这是支原体定植于靶组织必须要克服的首道障碍。启动对组织和宿主的特异性黏附需要高特异性的黏附素。猪肺炎支原体进入呼吸道后，黏附于黏液层下的气管、支气管和细支气管纤毛上皮细胞（Jenkins等，2006；Wilton等，2009），而最初在黏液的定植可能促进了其对纤毛细胞的黏附。感染1d之后，可以发现猪肺炎支原体与纤毛紧密结合。通过透射电子显微镜观察，猪肺炎支原体还可以定植在纤毛之间以及上皮细胞微绒毛的顶端（Tajima和Yagihashi，1982）。

之后在固有免疫系统的驱动下发生一系列的免疫反应。粒细胞的募集可能导致旁组织损伤。研究表明，即使在康复血清存在的情况下，肺泡巨噬细胞也难以吞噬猪肺炎支原体（Deeney等，2019）。在调理抗体存在的情况下，血清杀伤效果似乎也很差（Deeney等，2019）。这提示猪肺炎支原体的免疫调节能力在致病中发挥作用。无论如何，在大多数情况下，感染会在数周至数月后消失，这可能是由于适应性免疫系统和固有免疫系统共同作用的结果。

3.3　黏附

猪肺炎支原体感染的前提是黏附在猪呼吸道（气管、支气管和细支气管）纤毛上皮细胞上。黏附之后紧接着会引起纤毛停滞、纤毛丢失，并最终导致上皮细胞死亡（Debey和Ross，1994）。P97是猪肺炎支原体的主要黏附素（Hsu等，1997；King等，1997；Hsu和Minion，1998）。P97包含两个重复区（R1和R2），其中R1是纤毛结合区（Hsu和Minion，1998）。R1中的几个五肽重复序列（AAKPV/E）对于结合纤毛是必需的（Minion等，2000）。而对于结合肝素，R1和R2都需要（Jenkins等，2006）。最早研究的是232株的P97，在其他菌株中它的大小是变化的。例如在J株中是P94，这是由于R1区五肽重复序列数目的变化（Wilton等，1998；Djordjevic等，2004）。黏附素P97在232株中表达为前体蛋白P125（在J株中为P123），而后进行切割加工，成熟的P97被进一步切割成一系列具有不同功能的片段，这些片段可以结合多个宿主分子并改变支原体的表面成分（Djordjevic等，2004；Raymond等，2015）。另一个主要的黏附素是与P97位于同一操纵子上的P102。P102也可以被水解切割，形成锚定在菌体表面的P60和P42蛋白，参与对PK15细胞的黏附（Seymour等，2012）。这两种蛋白都可以结合纤溶酶原，P42还能结合纤连蛋白。

在猪肺炎支原体基因组中鉴定到P97的6个旁系同源蛋白（表3.1），其定义根据超过70%的氨基酸序列中具有＞30%的一致性。这些旁系同源蛋白可在体内高表达（Adams等，2005）。P146也被称为Mhp684或LppS，是P97的一个旁系同源蛋白，它含有一个富含丝氨酸的区域，这个区域的序列为基因分型提供了基础（Mayor等，2007）。在结膜支原体中鉴定到的一个P146同系物被认为参与了传染性角膜结膜炎的致病过程（Belloy等，2003）。在猪肺炎支原体中，P146蛋白被水解处理后切割成3个主要片段：P50、P40和P85（Bogema等，2012）。事实上，猪肺炎支原体改变了

P146中连续的丝氨酸重复序列的数目［到目前为止，根据个人观察和Garza-Moreno等，2019b报道的结果，其变化范围从7到48］，这可能意味着它参与了抗原变异和免疫逃逸（Betlach等，2019）。Mhp271是P97的另一个旁系同源蛋白，也包含R1和R2两个重复区（Deutscher等，2010）。Mhp271可以结合猪的纤毛，但这种结合和R1区无关。除了肝素，它还能结合纤连蛋白；对于和这两种蛋白的结合，与R2区的相互作用至关重要。与P97一样，Mhp271经过蛋白水解处理，得到类似的锚定于膜表面的蛋白。另一个P97的旁系同源蛋白是Mhp385，它能与猪的纤毛、肝素和纤连蛋白结合（Deutscher等，2012）。它也包含一个短的R1区，水解切割后形成3个片段（P115、P88和P27），这3个片段都位于菌体表面。P97旁系同源蛋白Mhp107也能结合肝素、纤连蛋白和纤溶酶原，但它通过不同的蛋白区段与这3种成分特异性结合（Seymour等，2011）。Mhp107的3个区段都能够结合猪气管上皮的纤毛，但都不包含R1基序。Tacchi等（2016）报道了多个猪肺炎支原体蛋白的水解切割。P97的旁系同源蛋白P216（Mhp493）被切割成靠近菌体表面的肝素结合蛋白P120和P85（Wilton等，2009）。P120和P85也能结合猪气管上皮的纤毛，且均缺少R1基序。到目前为止，还没有P97旁系同源蛋白Mhp280功能的相关资料（Adams等，2005）。

表3.1　已报道的猪肺炎支原体黏附素

黏附素名称	黏附素分组	备注	参考文献
P97（Mhp183）	P97	膜蛋白，结合纤毛、肝素和肌动蛋白	Hsu等，1997
P146（Mhp684）	P97（旁系同源蛋白）	结合纤毛、肝素和纤溶酶原	Bogema等，2012
Mhp271	P97（旁系同源蛋白）	结合纤毛、肝素和纤连蛋白	Deutscher等，2010
Mhp385	P97（旁系同源蛋白）	结合纤毛、肝素和纤连蛋白	Deutscher等，2012
Mhp107	P97（旁系同源蛋白）	结合纤毛、肝素、纤溶酶原和纤连蛋白	Seymour等，2011
P216（Mhp493）	P97（旁系同源蛋白）	结合纤毛和肝素	Wilton等，2009
Mhp280	P97（旁系同源蛋白）	功能未知	Adams等，2005
P102（Mhp182）	P102	结合纤连蛋白和纤溶酶原	Seymour等，2012
P116（Mhp108）	P102（旁系同源蛋白）	结合纤毛、纤连蛋白和纤溶酶原	Seymour等，2010
Mhp272	P102（旁系同源蛋白）	功能未知	Adams等，2005
Mhp274	P102（旁系同源蛋白）	功能未知	Adams等，2005
Mhp275	P102（旁系同源蛋白）	功能未知	Adams等，2005
Mhp384	P102（旁系同源蛋白）	结合纤毛和肝素	Deutscher等，2012
P135（Mhp683）	P102（旁系同源蛋白）	结合纤毛和肝素	Bogema等，2011
P159（Mhp494）	未知	结合纤毛和肝素	Burnett等，2006
P216（MHJ_0493）	未知	结合纤毛和肝素	Tacchi等，2014
P68（Mhp390）	未知	膜表面脂蛋白，结合纤毛，诱导肺泡巨噬细胞凋亡	Liu等，2019
MHJ_0125（谷氨酰氨肽酶）	胞质蛋白	在膜表面发挥多种功能，结合肝素和纤溶酶原	Robinson等，2013
MHJ_0461（亮氨酸氨肽酶）	胞质蛋白	在膜表面发挥多种功能，结合肝素、纤溶酶原和外源DNA	Jarocki等，2015
乳酸脱氢酶（LDH）	胞质蛋白	在膜表面发挥多种功能，结合肝素、肌动蛋白、纤维蛋白原和上皮表面蛋白	Tacchi等，2016

（续）

黏附素名称	黏附素分组	备注	参考文献
热不稳定延伸因子（EF-Tu）	胞质蛋白	在膜表面发挥多种功能，结合纤溶酶原、肝素、纤连蛋白和肌动蛋白	Widjaja 等，2017 Yu 等，2018b
甘油醛-3-磷酸脱氢酶（GAPDH）	胞质蛋白	在膜表面发挥多种功能，结合纤溶酶原、肝素、纤连蛋白和肌动蛋白	Berry 等，2017
果糖-1，6-二磷酸醛缩酶	胞质蛋白	在膜表面发挥多种功能，结合纤连蛋白和气管上皮细胞	Yu 等，2018a

除上述P97旁系同源蛋白外，猪肺炎支原体还有6个高表达的P102蛋白的旁系同源蛋白。P116（Mhp108）是其中之一（Seymour等，2010），它能黏附PK15细胞以及猪气管上皮的纤毛，还能结合纤连蛋白和纤溶酶原。它位于细胞表面，可以被切割成多个片段。P102旁系同源蛋白Mhp272、Mhp274和Mhp275尚未进行功能特点鉴定（Adams等，2005）。P102的旁系同源蛋白Mhp384位于细胞表面，被切割为P60和P50（Deutscher等，2012），二者均可结合纤毛和肝素。最后，P102的旁系同源蛋白P135（Mhp683）被切割为3个片段P45、P48和P50，这3个片段位于细胞表面（Bogema等，2011），能与肝素和猪气管上皮的纤毛结合。

除了P97和P102的旁系同源蛋白及其亲本蛋白共14种黏附素外，猪肺炎支原体还有很多候选黏附素。P159是一种与P97/P102家族无关的黏附素（Burnett等，2006；Raymond等，2013），它能黏附于纤毛、PK15细胞，与肝素结合。它位于菌体表面，能被水解加工成P27、P52和P110三个主要片段，P110进一步水解为P35和P76片段（Raymond等，2013）。P216是另一种位于菌体表面的纤毛黏附素，它可以被切割为P120和P85两个片段，这两个片段可以被进一步切割；P120和P85也能结合肝素以及宿主上皮细胞的其他蛋白（Tacchi等，2014）。P68是最近报道的膜相关纤毛结合脂蛋白（Liu等，2019）。研究表明它可诱导猪外周血单核细胞（PBMC）及猪肺泡巨噬细胞发生凋亡，并诱导促炎细胞因子TNF-α和IL-1β的产生。出乎意料的是，已经报道的几种胞质和代谢蛋白是细胞表面多功能蛋白，并能发挥黏附分子的功能（表3.1），包括与肝素和纤溶酶原结合的谷氨酰氨肽酶MHJ_0125和与肝素、纤溶酶原及外源DNA结合的亮氨酸氨肽酶MHJ_0461（Jarocki等，2015）。这两种氨肽酶均能促进纤溶酶原向纤溶酶转化。

Tacchi等（2016）的研究表明，包括L-乳酸脱氢酶（LDH）在内的几种代谢蛋白经过翻译后加工并位于菌体表面。他们报告了LDH在7个位点的切割，并观察到LDH与肝素、纤维蛋白原、肌动蛋白和其他猪上皮表面蛋白的结合，这表明LDH也可能扮演黏附素的角色。同样，延伸因子Tu（EF-Tu）也显示出与纤溶酶原、肝素、纤连蛋白、肌动蛋白的结合活性，并在26个位点被裂解加工（Berry等，2017；Widjaja等，2017；Yu等，2018b）。甘油醛3-磷酸脱氢酶（GAPDH）是猪肺炎支原体的另一种胞质蛋白，它也在菌株表面发挥多种功能，可以在4个特定位点被切割，并能结合肝素、纤连蛋白、纤溶酶原和肌动蛋白（Berry等，2017）。最近，Yu等（2018a）在猪肺炎支原体168菌株中鉴定了7种可能与毒力相关的因子。其中之一是胞质蛋白果糖-1，6-二磷酸醛缩酶，其可在细胞表面作为多功能黏附素，并能与纤连蛋白结合。

如上所示，纤毛上皮细胞上的黏附素受体主要是糖胺聚糖（GAG；特别是肝素）、纤连蛋白和纤溶酶原。最近，细胞表面相关的肌动蛋白被鉴定为P97的另一种受体，既可使纤毛被破坏也可以使猪肺炎支原体稳定定植（Raymond等，2018b）。在该研究中，除了P97外，在猪肺炎支原体的表面还检测到许多其他假定的肌动蛋白结合蛋白。利用普遍存在的细胞外肌动蛋白作为受体，可以解释猪肺炎支原体在肺部之外的位点定植的能力。

黏附分子的高度冗余性以及猪肺炎支原体将它大部分简化的基因组用于黏附这一事实是非常令人惊讶的。这表明黏附对于无细胞壁的细菌至关重要，也反映了这些黏附素及其切割片段具有多功能性的特点。几项比较研究表明，黏附素在猪肺炎支原体的毒力和致病性中发挥着主要作用（Liu等,2013；Siqueira等,2013）。但是，必须在模拟疾病的猪模型中对候选黏附素进行严格比较和测试，才能建立一个有意义的黏附素层次结构，将在体内试验中证明有强大黏附功能的黏附素作为疾病干预的靶点。

3.4 候选毒力因子

黏附使定植成为感染的起点，然后在其他毒力因子的辅助下进行诸如入侵、扩散、破坏宿主细胞和组织。然而，经典的毒力因子如毒素在支原体中普遍缺失。因此，很长一段时间以来，人们一直不清楚这些自我复制的小型生物是如何引起组织破坏的。多年来，人们认为某些支原体的毒力机制是通过产生过氧化氢（H_2O_2）等有毒代谢物发生的。牛的病原丝状支原体丝状亚种能有效地摄取甘油，然后被甘油磷酸氧化酶（glycerolphosphate-oxidase，GlpO）催化生成H_2O_2。有文献报道，人的病原肺炎支原体的毒力也通过类似的代谢途径进行（Hames等，2009）。对于猪肺炎支原体，Ferrarini等（2016）基于基因组数据重建了代谢模型，他们提出了猪肺炎支原体能够利用甘油作为碳源，从而产生H_2O_2的假设。在猪肺炎支原体中也存在同源基因（*glpD*），其编码蛋白被认为是甘油-3-磷酸酶（glycerol-3-phosphatase，GPP），而不是脱氢酶（Ferrarini等，2018）。事实上，可以在甘油存在的情况下检测到H_2O_2的生成。然而，这取决于选择的菌株，弱毒株J株不能产生达到可检测剂量的H_2O_2。事实上，迄今为止，笔者实验室在多个猪肺炎支原体的菌株中也没有检测到H_2O_2的生成。因此，由于宿主中普遍存在过氧化氢酶，在甘油存在的情况下产生H_2O_2是否是猪肺炎支原体可能的体内的毒力机制仍有待研究。这也可以解释各文献中报道的不同的猪肺炎支原体菌株毒力的变化（Vicca等，2003；Villarreal等，2009；Woolley等，2012）。

除了上述甘油转化途径外，Ferrarini等（2018）使用基因组代谢建模的方法，鉴定了猪肺炎支原体的肌醇摄取和代谢途径，该途径在与其系统发育密切相关的共生菌絮状支原体中不存在。根据基因组比较，猪肺炎支原体是唯一携带肌醇代谢基因的支原体种。事实上，猪肺炎支原体能够摄取肌醇，并在没有葡萄糖的情况下将其作为替代能源使用。这种代谢途径由位于转录单元上的至少10个基因组成，并导致乙酰辅酶A的产生，而乙酰辅酶A是多种代谢反应中必不可少的辅因子。此外，该通路的*iol*A、*iol*C和*iol*B基因在猪肺炎支原体基因组中转录数目最多（Siqueira等，2014）。由于肌醇在猪的血清中是可以自由获取的，因此它可能是猪肺炎支原体在血管丰富的肺中一种合适的替代能源，以适应所处的环境。通过敲除通路中的一个基因得到的突变株进行攻毒试验可以进一步证明其在感染过程中的作用，以及猪肺炎支原体突变株是否仍能在猪肺中定植并引起疾病。在最近的一项研究中，利用转座子突变体文库的Tn测序，在强毒株F7.2C中鉴定出大约100个非必需基因和种特异基因（Trueeb等，2019）。这一系列基因包含推定的毒力决定簇和肌醇通路基因。相应的转座子突变体可以通过感染实验进行测定，并与野毒株进行比较。

脂质相关膜蛋白（LAMP）也被认为与支原体的致病性有关，其主要是通过Toll样受体（TLR）与宿主的免疫系统进行相互作用（You等，2006；Zuo等，2009）。猪肺炎支原体膜脂蛋白在体外能通过激活半胱天冬酶3和半胱天冬酶8诱导多种细胞凋亡，包括猪的外周血单核细胞（PBMC）（Bai等，2013；Bai等，2015；Ni等，2015）。此外，LAMP还能激发宿主细胞中一氧化氮（NO）和活性氧（ROS）的产生。胆固醇会加剧猪肺炎支原体在体外诱导的细胞凋亡，提高半胱天冬酶3的活性、TNF-α的表达，促进H_2O_2和NO的生成（Liu等，2017）。

作为寄生生物，支原体需要从环境，也即宿主中摄取营养物质，包括核苷酸（Razin等，1964）。支原体因其强大的膜表面核酸酶而闻名，这常常使得基因操作变得困难（Minion和Goguen，1986；Minion等，1993）。MmuA是一种研究得比较透彻的膜核酸酶，最早在肺支原体中报道（Jarvill-Taylor等，1999）。针对牛支原体膜表面核酸酶MmuA的研究结果显示，MmuA能够降解中性粒细胞胞外诱捕网（NETs）中的DNA，从而使牛支原体能够逃避NETs的杀伤，使其不会暴露于有毒的粒细胞。在猪肺炎支原体中也发现了类似的机制，在其基因组中也存在编码核酸酶的基因*mnu*A（Henthorn等，2018）。因此，MnuA可能作为一种核酸酶，通过降解NETs，同时促进核苷酸的合成来帮助猪肺炎支原体逃避固有免疫。利用*mnu*A基因缺失株的感染试验可以证明，*mnu*A是否为猪肺炎支原体的一个毒力因子，以及它的缺失与否决定宿主是否能够清除病原体。

猪肺炎支原体能够释放细胞外DNA，使其在非生物表面和体内形成生物被膜（Raymond等，2018b）。生物被膜被认为是一种抵抗抗菌药物和宿主免疫应答的手段。有研究报道，使用电子显微镜观察到支原体的荚膜样结构（Tajima和Yagihashi，1982）。肺支原体的荚膜可以抵抗细胞吞噬作用（Bolland等，2012），但有趣的是，其他支原体种如丝状支原体和无乳支原体（Gaurivaud等，2016；Schieck等，2016）的体外数据表明，与无荚膜突变体相比，有荚膜的支原体对抗血清补体的杀伤作用更弱。近期研究表明，至少对丝状支原体而言，荚膜在本动物上被证明是一种毒力因子（Jores等，2018）。然而，猪肺炎支原体中是否存在荚膜尚没有被其他研究人员进一步证明或确认。猪肺炎支原体的注释基因组序列似乎没有编码任何荚膜生物合成途径。理论上，由于有“假定蛋白”或错误注释的基因可能编码的一系列新蛋白质，因此并不能排除荚膜的存在。

导致免疫逃避的因素，是微妙的或者离散的毒力特征，它们支撑了寄生的生活方式。最近的研究显示，生殖支原体拥有一种被称为M蛋白的免疫球蛋白（Ig）G结合蛋白。M蛋白不仅能有效地结合IgG，而且能够阻止后续的抗原抗体结合以及结合的抗体的信号通路（Grover等，2014）。丝状支原体已被证明具有一种与M蛋白结构高度相似的蛋白。计算机模拟试验显示，这些蛋白基因编码支原体Ig结合蛋白（MIB）和支原体Ig蛋白酶（MIP）。MIB和Ig复合物是MIP发挥蛋白水解活性所必需的。此外，MIB-MIP系统成员已被证明在体外是膜表面定位的（Krasteva等，2014），在体内翻译（Weldearegay，2016）并且具有活性（Jores等，2019）。这两种蛋白质由两个串联的基因编码，通常在包括猪肺炎支原体在内的多种支原体中都能检测到多个拷贝（Arfi等，2016）。本实验室的初步研究表明，猪肺炎支原体对Ig具有水解活性。然而，对这个冗余系统还需要通过敲除突变株等方法进一步研究，以确认MIB-MIP系统在猪肺炎支原体的毒力和免疫逃避中的作用。Jarocki等（2019）的最新发现也是如此。他们报道猪肺炎支原体中不存在甲酰化N-末端甲硫氨酸。由于甲酰化肽受体覆盖白细胞，缺少甲酰化肽可能有助于猪肺炎支原体的免疫逃避。

为了明确猪肺炎支原体的毒力和致病性，对其进行了几次大规模的基因组、转录组、蛋白质组、代谢组和分泌组水平的比较分析（Pinto等，2009；Liu等，2013；Siqueira等，2013；Siqueira等，2014；Ferrarini等，2016；Paes等，2017a）。Liu等（2013）将致病菌株168与其传代致弱株进行了比较基因组学分析，除了已知的毒力相关蛋白（主要是黏附素）外，在参与代谢和生长的基因中也发现了突变。像猪肺炎支原体这样一个基因组俭省的微生物，以有限的生物合成通路为特征，酶功能的进一步丧失会对微生物的生存和生长产生巨大影响。对于参与营养获取的脂蛋白也是如此（Browning等，2011）。猪肺炎支原体和絮状支原体的基因组比较揭示了基因组结构和组织的差异（Siqueira等，2013）。在絮状支原体中，一些P97黏附素家族的基因发生缺失，显示序列差异，或丢失了参与对宿主细胞黏附的结构域。然而，与共生菌絮状支原体相比，没有特定的因子可以解释猪肺炎支原体的致病性。

整合性接合元件（ICE）是参与水平基因转移的可自我传播的染色体可移动元件，可以提供新的毒力和/或耐药性特征（Johnson和Grossman，2015）。在支原体中也发现了这样的ICE（Citti等，2018）。在猪肺炎支原体中，ICE是致病菌株7448和232基因组的一部分，但在弱毒株J株的基因组中不存在（Pinto等，2007a）。但是，在致病菌株168及其传代致弱株中都发现了ICE（Liu等，2013）。因此，它们在编码猪肺炎支原体毒力特征中的作用尚不清楚。

毒力相关基因（如黏附素），表达水平的变化可能与致病性有关。非致病菌株J株和强毒菌株7448和7422株体外培养物的比较蛋白组学分析支持了这一假说（Pinto等，2009）。作者鉴定到64种蛋白质（包括P97）在致病菌株中的表达水平高于非致病菌株。

最近，有学者使用减血清培养基培养猪肺炎支原体和絮状支原体，通过比较分泌蛋白组学，更精确地观察到直接参与支原体与宿主相互作用的因子（Paes等，2017b）。在猪肺炎支原体中发现了比絮状支原体更多的分泌蛋白（62 vs. 26）。猪肺炎支原体可以分泌黏附素、甲基化酶、核酸酶和脂蛋白，而絮状支原体只分泌两种在猪肺炎支原体分泌蛋白组中鉴定到的黏附素。然而，致病性菌株与非致病性菌株之间以及致病菌猪肺炎支原体与共生菌絮状支原体之间没有明显的差异因素。

3.5 免疫调节与支原体－宿主互作

宿主的免疫反应被认为是肺部病变的主要驱动力。同时，为了在宿主中持续存在，猪肺炎支原体会对宿主的免疫应答进行调节。在感染期间，猪肺炎支原体诱导机体产生IL-1和TNF-α等炎性细胞因子，而纤溶酶被认为是调节炎症反应的关键（Choi等，2006；Woolley等，2013）。许多P97/P102黏附素家族成员与猪的纤溶酶原相互作用并增强其被激活为纤溶酶的能力（Meyns等，2007；Raymond和Djordjevic，2015）。纤溶酶是一种丝氨酸蛋白酶，它反过来刺激巨噬细胞信号通路，导致活性氧（ROS）的产生和细胞因子的释放，从而导致炎症发生（Syrovets等，2012）。亮氨酸氨肽酶是一种多功能蛋白，能与纤溶酶原结合并促进其在猪肺炎支原体表面转化为纤溶酶（Jarocki等，2015）。从猪肺炎支原体感染的纤毛气道中很容易获得纤溶酶原（Seymour等，2012；Woolley等，2013）。

猪肺炎支原体引起慢性疾病的特征提示，宿主免疫系统难以有效清除猪肺炎支原体，并存在一定程度的免疫逃避。研究表明，猪肺炎支原体可逃避猪肺泡巨噬细胞的吞噬摄取（Deeney等，2019）。另外，猪肺炎支原体与上皮细胞表面的肌动蛋白相互作用，可以引起细胞骨架重排，使之被吞噬（Raymond等，2018b）。研究表明，一部分猪肺炎支原体可以与β1整合素结合，侵入猪的上皮细胞。这些支原体可以在内吞体中存活、逃逸，并寄居在细胞质内（Raymond等，2018）。因而，这种机制可能不仅有助于猪肺炎支原体逃避免疫系统，还可支持病原向内脏器官扩散并在猪体内持续存在，而不会引起疾病。事实上，已经有实验研究证明，猪肺炎支原体可以在肺部持续存在很长一段时间（至少214d），而受感染猪至少在这段时间内也会保持传染性（Pieters等，2009）。也有报道称，从肺外的组织中分离到了猪肺炎支原体，这表明猪肺炎支原体或可通过淋巴或血液循环扩散。关于这一点，试验条件下从感染的猪和与之接触被感染猪的肝、脾和肾脏中再次分离出了猪肺炎支原体（Le Carrou等,2006；Marois等,2007；Marchioro等,2013），而且在这些组织（Woolley等，2012）以及仔猪处理液等其他体液检测到了猪肺炎支原体的DNA（Vilalta等，2019）。然而，这种扩散似乎只是暂时性的，未发现猪肺炎支原体在这些器官中与导致病变有任何联系。尽管如此，猪肺炎支原体菌株的这种逃避策略可能是在瑞士已经净化根除猪肺炎支原体的国家反复暴发猪支原体肺炎的原因。

3.6 致病模型

如上所述，目前缺少一个可靠的致病模型。可以肯定的是与上皮细胞结合可以导致猪肺炎支原体的定植以及纤毛停滞和破坏（图3.2）。随后，猪肺炎支原体分子产生的趋化作用会触发固有免疫系统细胞如中性粒细胞和巨噬细胞募集（图3.3A）。破坏黏液纤毛装置以及后期下调免疫应答，也会增加猪肺炎支原体感染猪对继发病原体的易感性（Thacker等，1999；Muneta等，2008；Shen等，2017）。以上所述的哪种机制在多大程度上起作用，以及按何种顺序起作用，目前尚不清楚，因此需要对固有免疫这一有趣课题做更多的研究。随着时间的推移，粒细胞数量减少，淋巴样细胞增多。至于粒细胞等细胞对水肿等病理形态学的改变起多大作用，有待于今后的研究。

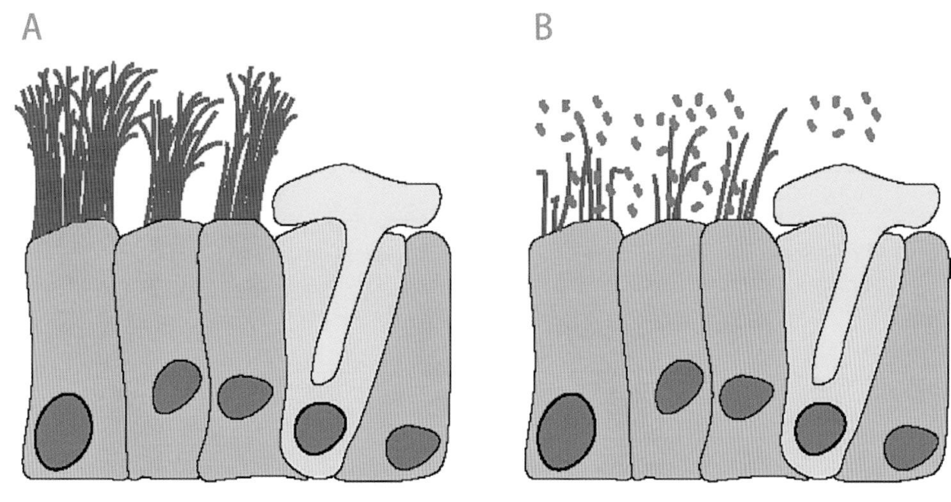

图3.2 猪肺炎支原体感染后气管、支气管和细支气管的微绒毛丧失。（A）生理状态。（B）感染后的状态。非纤毛黏液产生的杯状细胞以绿色表示（来源：P. Kuhnert和J. Jores）

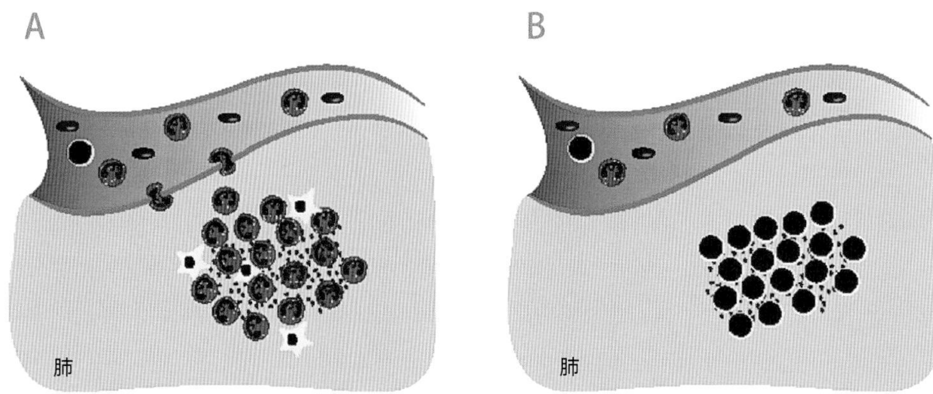

图3.3 疾病发生后免疫细胞的参与顺序。（A）支原体触发中性粒细胞和巨噬细胞等固有免疫细胞向受感染组织募集。（B）中性粒细胞数量减少，淋巴样细胞增多（来源：P. Kuhnert和J. Jores）

第4章

猪肺炎支原体感染的流行病学

Maria Pieters[1]
Alyssa Betlach[1, 2]
Heiko Nathues[3]
Dominiek Maes[4]

1 美国，明尼苏达大学，兽医学院
2 美国，圣彼得，P.A.，猪兽医中心
3 瑞士，伯尔尼大学，兽医学院
4 比利时，根特大学，兽医学院

4.1 引言

清楚地了解猪肺炎支原体（*M. hyopneumoniae*）的流行病学是控制和预防该病的关键，特别是在迫切需要净化病原时，因此，本章中重点关注猪肺炎支原体的流行情况、感染动力学、传播方式、风险因素以及病原分布等方面。本章中的信息根据已发表的文献和该领域的实际经验汇编，并且基于该菌的最新分子生物学技术。

4.2 流行率

因为暂不属于OIE法定报告疫病，猪肺炎支原体引起的感染案例和数据通常没有官方的备案登记，但猪肺炎支原体的感染在临床上是显而易见的。总体来说，全球超过70%的猪群感染猪肺炎支原体（Pieters 和 Maes，2019）。除了丹麦的支原体净化项目对约2 500个猪群进行了血清学监测，大多数国家没有猪肺炎支原体感染存在情况的直接检测数据，大多数感染相关数据来自使用疫苗和抗生素控制该病的效果评估。虽然瑞士（Stark等，2007）、挪威（Gulliksen等，2019），以及芬兰（Rautiainen等，2001）通过采取国家层面的支原体净化项目，宣布实现了猪肺炎支原体的净化，但还是在瑞士野猪中发现了猪肺炎支原体（Kuhnert和Overesch，2014；Kuhnert等，2011）。

在一些国家，检测是否有感染猪肺炎支原体的常见做法是在屠宰场进行肺部病变评估。然而，由于缺乏特异性病变，且病变有可能在上市日龄之前痊愈（Noyes等，1990），因此很难用屠宰场对肺部病变的评估，来全面反映病原体在该地区的流行情况。

在养猪场，大多数猪肺炎支原体感染都是在生长猪中诊断出来的，而在育成猪中检测出猪肺炎支原体阳性的情况比保育猪更普遍。然而，值得注意的是，所有年龄段的猪都可以感染猪肺炎支原体，事实上，支原体在母猪-断奶猪群中的循环与疾病的传播有密切关系，并已成为最近这些年的一个重要讨论主题。

虽然单纯感染猪肺炎支原体一般导致的猪的死亡率较低，但其发病率很高。一旦猪肺炎支原体感染在猪群中发生，感染就会长期存在。猪肺炎支原体的增殖率（*Rn*）较低（Meyns等，2004；Villarrea等，2011a），这很可能是产生以下这种现象的原因。猪肺炎支原体不会立即感染猪群中所有的猪，相反，只会有一小部分猪先被感染，相当数量未被感染的猪随时可能接触到排菌猪而被感染，从而使猪肺炎支原体的传播在猪群中持续存在。最近的研究表明，尽管引入后备母猪的猪场早有支原体感染，但仍然约20%的后备母猪在第一次分娩前维持猪肺炎支原体阴性（Takeuti等，2017c）。

4.3 感染动力学

在许多方面，猪肺炎支原体感染的特征是进程缓慢。例如，支原体在实验室中进行复制需要数个小时（Mevns等，2007），传播速率据估算也较低（Meyns等，2004），临床症状仅在感染数周后才变得明显，许多感染猪并不显示明显的临床症状，而且感染后需要很长时间才能恢复（Pieters等，2009）。一般来说，猪肺炎支原体感染存在亚临床阶段，这时病原体可能已经在宿主体内，但确认其存在很困难。

猪通过接触被猪肺炎支原体污染的呼吸道分泌物而发生感染。通常人们认为这种病原体进入易感宿主的唯一途径是呼吸系统。不管是通过鼻对鼻的接触，或是同一猪舍内部的空气传播，还是在空气中远距离传播，只有当病原体进入呼吸道并且在呼吸道上定植，才会导致感染。虽然关于具有感染性的颗粒大小和猪体内定植能力的信息很少，然而，根据呼吸道生理学和猪肺炎支原体进入下呼吸道的能力，可以认定感染的发生需要颗粒有特定的粒径大小。

关于猪肺炎支原体的最小感染剂量已在实验条件下确定。

Marois等（2010）采用单一的接种途径比较了各种感染剂量，得出猪感染需要1×10^4CCU/mL剂量的结论。根据猪临床症状的表现，猪肺炎支原体的感染通常分为急性期和慢性期。然而，在其他一些病例中，虽然用不同的方法检测到了病原体，但由于没有观察到临床症状，这种疾病可以被认为是亚临床的。另外，界定猪肺炎支原体感染的不同时期，是设计疾病控制策略的关键。实验条件下的评估显示，接种猪肺炎支原体后不会立即检测到该菌，猪也不会立即有临床症状。猪肺炎支原体人工接种猪2d后采集喉拭子样品，用PCR检测呈现阴性，直到感染后5d检测才呈现阳性（Pieters等，2017）。因此，虽然可以推断被感染的猪在出现临床症状之前可能会将病原体传播给其他易感宿主，但这点尚未得到证明。

据报道，在试验感染条件下，猪肺炎支原体的潜伏期，即从感染到出现临床症状之前的时间大约为15d，而在自然感染条件下，潜伏期可能需要更长的时间（Ross，1999）。无论是否能观察到临床症状，感染猪都会对外界排出猪肺炎支原体，并可将其传染给其他的猪（Pieters等，2009）。

猪肺炎支原体一旦感染后可持续很长时间。即使肺部病变在感染后大约2个月就可以痊愈（Sorensen等，1997），但其对其他猪的传染性则可以维持7个月以上。通过对一个猪肺炎支原体中等毒力菌株（232株；Minion等，2004）的感染动力学监测发现，感染后214d，对猪采样PCR检测仍保持阳性，且还能感染其他猪；直到接种后240d检测才转为阴性，接种猪被视为不再具有传染性（Pieters等，2009）。这种特别长时间的持续性感染是疾病控制中最重要的挑战之一。也就是说，猪肺炎支原体感染后可以对外排毒7个月以上，这已超过大多数国家的生猪出栏时间。有趣的是，对于那些长时间在生产体系内的猪，比如母猪，想要有效控制该病，必须考虑病原感染的持续期。有人提出，后备母猪的早期感染将有助于减少随后的排菌，即母猪在首次分娩时排菌造成的影响更大，可能感染产房仔猪（Pieters和Fano，2016）。

迄今为止，我们对猪肺炎支原体的再感染问题仍然知之甚少，这是感染问题的一个重要方面。关于这个问题，两个重要的发现可能是相互矛盾的。Kobisch等（1993）表明猪感染某个支原体分离菌株16周后再感染相同的菌株，虽然抗体应答发生了，但未发生新的感染。然而，Villarreal等（2011b）表明，猪在首次感染一株低毒力菌株4周后，并不能对一株高毒力菌株的感染提供保护。值得注意的是，这两项研究使用了不同时间、不同菌株、不同的评估方法，严格来说没有可比的价值。总而言之，这个问题仍未回答，将继续是理解疾病感染规律的重大障碍。

半个多世纪多以来，猪肺炎支原体一直被认为是一种只局限于感染呼吸系统的胞外病原菌。虽然这个菌从人工感染或者同居感染的猪的肝脏、脾脏和肾脏中再次分离到（Le Cartou等，2006；Marois等，2007；Marchioro等，2013），猪肺炎支原体的DNA在以上的组织（Woolley等，2012）、仔猪去势液（Vilalta等，2019）和公猪精液中（Milovanovic等，2017）也都能检测到，然而，其在体内的扩散似乎是一过性的，除了提出的那些假设外，这些器官中猪肺炎支原体的存在与病变之间仍未建立因果联系（Milovanovic等，2017）。

最近，Raymond等（2018c）的体外研究表明，猪肺炎支原体能在一些非呼吸道细胞上定植并保持活力。此外，Vilalta等（2019）在仔猪去势液中检测到了猪肺炎支原体。去势液是指截尾、阉割等操作导致组织产生的浆液血性渗出物。去势液中猪肺炎支原体的偶然性检出多半被认为是环境污染的结果。然而，支原体能否通过全身扩散的方式到达去势液中仍然是个疑问。

4.4 传播

猪肺炎支原体主要通过感染猪和易感猪之间的直接接触进行传播。尽管已对诸如空气质量等可能影响猪肺炎支原体易感性的因素进行了研究，但总体的风险评估研究相对较少（Andreasen等，2000；Michiels等，2015）。尽管临床症状在生长育肥期最明显，但普遍认为任何年龄的猪都可能感染这种病原体。母猪到仔猪的传播被认为是猪肺炎支原体在仔猪定殖并发生后期感染的重要因素（Calsamiglia和Pijoan，2000；Villarreal等，2010），因为仔猪出生时体内没有这种微生物，也并没有子宫内垂直传播的记录。

若干研究表明，后备母猪和低胎次母猪（$P \leqslant 3$）与高胎次母猪（$P>3$）相比，猪肺炎支原体流行率更高（Calsamiglia和Pijoan，2000）。断奶仔猪支原体检出率与母猪胎次存在显著相关性。断奶仔猪猪肺炎支原体的流行率也被证明是一个可以用于预测下游猪群支原体感染严重程度的指标（Fano等，2006a），尽管这种相关性在单点式一条龙猪场中并不存在（Vranckx等，2012a）。因此，这些发现确定了猪肺炎支原体控制的核心策略，必须减少母猪到仔猪的传播和仔猪断奶时支原体的定植（Pieters和Maes，2019）。

猪场中猪肺炎支原体持续感染的根源被认为在种猪群，因为连续引进后备母猪促成了猪肺炎支原体在感染母猪与易感母猪间的传播（Pieters和Fano等，2016）。此外，由于种猪群中易感猪群（如后备母猪和仔猪）的持续更新，猪肺炎支原体传播速度缓慢、感染持续时间长等特点，促进了其在猪场的循环。根据研究方法和支原体毒力的不同，猪肺炎支原体的Rn范围被估算在0.56 ~ 1.47（Meyns等，2004；Villarrea等，2011b；Roos等，2016）。

对于通过疫苗接种和抗菌治疗来调控猪肺炎支原体的传播，人们仍然知之甚少。Pieters等（2010）和Villarreal等（2011a）发现，与未接种疫苗的猪相比，断奶时接种疫苗并没有显著改变Rn值，但是需要更多研究来验证这个发现。虽然连续生产和全进全出等不同的猪群管理方式对支原体传播的影响尚未被量化，但猪肺炎支原体在不同日龄的同圈猪之间发生群内传播也已被证实（Marois等，2007；Nathues等，2016）。Morris等（1995）发现，同处一个空间内的猪通过直接接触造成的感染风险比间接接触的猪高7倍。

猪肺炎支原体通过传染性呼吸道分泌物的扩散来排出。然而，有研究显示猪肺炎支原体可以直接通过空气传播（Goodwin，1985；Jorsal和Thomsen，1988）。Cardonal等（2003）在一个体外的研究中，在感染猪舍外150m的空气中的颗粒物中用实时荧光PCR检测到猪肺炎支原体。Stark等（1998）发现在80%以上有急性临床呼吸症状的猪场中，一个或者更多的空气样本中用套式PCR可以检测到肺炎支原体，而在低流行率和临床症状不明显的猪场中没有检测到。在一个地理区域内，通过收集空气样本和生物学测定，从一个猪肺炎支原体阳性猪场外9.2km的地方检测到支原体，并通过在现场进行评估确认其传染性（Otake等，2010）。值得注意的是，Otake（2010）的研究是在平坦的地域完成的，特定地区内的不同地貌情况可能对猪肺炎支原体的空气传播产生影响。尽管已经有猪肺炎支原体通过空气传播的报道，最近Yeske（2017b）表明，在美国养猪场密度高的地区，只有不到8%的农场发生了猪肺炎支原体的水平传播。这些数据的确令人鼓舞，因为我们都知道猪场所在的位置是那些难以改变的可能导致临床疾病发生的因素之一。值得注意的是，猪肺炎支原体的传播能力可能不如其他呼吸道病原体，这可能是对疾病实施全面控制的一个优势。

此外，气候条件也可能会影响猪肺炎支原体的传播。西班牙的一项研究表明，降水率越高，鼻拭子中猪肺炎支原体套式PCR阳性率的概率越高，而温度越低，猪肺炎支原体的血清阳性率越高（Segalés等，2012）。Vangroenweghe等（2015b）的研究表明，在比利时和荷兰的田间条件下，断奶猪感染猪肺炎支原体的概率在秋季最高，在夏季最低。

4.5 猪肺炎支原体感染的风险因子

与猪肺炎支原体血清阳性率（Maes等，1999a；2000）或者上市猪屠宰时的肺部病变（Maes等，2001；Meyns等，2011）相关的风险指标，已经通过在不同类型的养猪场的横向研究中进行了识别定性和量化。与其他猪场或生猪屠宰工厂的距离过近也是猪肺炎支原体感染的风险因素（Goodwin等，1985；Maes等，2000；Otakel等，2010）。然而，最近的数据（Yeske，2017b）也表明，即使是在猪饲养密度高的地区，生长育肥猪的感染率也不一定高。

生物安全措施虽然通常是针对猪肺炎支原体以外的呼吸道病原体而设计和实施的，但也适用于防控猪肺炎支原体。在北美，猪场往往安装空气过滤系统，但是目前还没有比较空气过滤的猪场和没有空气过滤的猪场间猪肺炎支原体感染率的具体数据。Batista等（2004）表明，基本的生物安全措施（不包括淋浴）的应用足以避免研究人员在接触了肺炎支原体感染猪后，再接触阴性猪而造成其感染。

猪肺炎支原体是一种猪的病原体，目前尚未发现它能感染其他宿主。但是，利用PCR技术曾在与感染猪接触的人的鼻腔中检测到了该菌（Nathues等，2013a）。然而，尚未评估该病原体从人传播回猪的可能性。

通常认为猪肺炎支原体在环境中存活的时间是非常短的，多年来一直未被看成是阴性猪的一个潜在感染源。然而，关于环境中猪肺炎支原体的传染性潜力的报道很少。研究表明，在夏季，猪肺炎支原体对紫外线和干燥环境非常敏感（Jorsal和Thomsen，1988），而在2 ~ 7℃的水温下可能至少存活31d（Goodwin，1985）。一般而言，病媒和环境污染物在该病的传播中起的作用并不大（或根本不起任何作用）。Browne等（2017）的一项研究对猪肺炎支原体缺乏环境生存能力的普遍看法提出了质疑，并提出需要对其在猪场环境表面保持活性的能力重新进行评估。在这项体外研究中，Browne等（2017）发现，有些猪肺炎支原体菌株能够在4℃的灰尘中存活8d。

猪的引进和运输仍然是导致阴性猪群感染猪肺炎支原体的最重要因素。在世界各国，商品种猪场的后备母猪更替率通常在40% ~ 60%，这意味着许多猪场和生产体系经常引入大量的母猪。如果从阴性种猪场购买后备母猪，更新用的后备母猪的健康状况往往不错，这些猪没有感染过最主要的呼吸道病原体，包括猪肺炎支原体。然而，欧洲有很大比例的猪场是从阳性种猪场购买后备母猪（Garza-Moreno等，2017）。将健康状况良好的猪引入农场似乎是控制疾病的最佳方案。然而，诊断方法存在很大的局限性，对细菌定植的状态无法进行检测确认，这就意味着，每次引入其他来源的猪时，猪场都有可能受到带入感染的风险。

同样，引种的方式以及运输过程，也是造成猪肺炎支原体以及其他病原感染的另一个潜在风险。兽医已多次确认过运输过程是一个关键因素，并指出特定的疾病暴发可能是在运输事件之后发生。

已有研究证明胎次结构、哺乳母猪的猪肺炎支原体流行率、交叉寄养、非批次产仔和较长的哺乳期，是造成仔猪在断奶前后感染猪肺炎支原体的危险因素（Nathues等，2013a；Pieters等，2014；Vangroenweghe等，2015b）。

当然，确定猪肺炎支原体感染的来源仍然是一项困难的工作（Vangroenweghe等，2018），而且在许多案例中，能够支持假设验证的信息太少。然而，在基因组水平上鉴定细菌的技术非常有助于阐明疾病暴发的原因以及深入了解特定的感染模式（Anderson等，2017）。

4.6 分子流行病学

猪肺炎支原体不同菌种的流行表明了其潜在的变异。目前已针对核酸扩增、基因组测序以及表面黏附素基因位点的可变数目串联重复序列（VNTR）差异的鉴定，开发出了若干种技术，旨在从分子水平对该微生物进行鉴定。目前部分基因组（Mayor等，2007；Bogema等，2012）或全基因组测序（Minion等，20074）以及分型法，如多位点可变数目串联重复序列分型（MLVA；de Castro等，2006；Vranckx等，2011；Dos Santos等，2015a），已经被广泛使用，因为这些方法具有重复性好、可操作性强、鉴别能力好等优点。由于猪肺炎支原体的生长条件苛刻，很难获得细菌分离株，这些技术可以通过临床标本直接进行验证。到目前为止，这些分子方法主要用于研究，不过也被用于协助监测和疫情调查（Anderson等，2017）。

通过MLVA的建立，在多个国家和个别地区内已经确认了猪肺炎支原体VNTR类型的广泛传播（Vranckx等，2011；Dos Santos等，2015a；Takeuti等，2017b）。此外，已经发现在封闭的感染猪群甚至单个猪存在几种VNTR型猪肺炎支原体（Nathues等，2011；Michiels等，2017）。虽然基因组异质性已经在不同的种群动态中被确定，但这种分子差异性的潜在来源和驱动因素还没有得到充分的探索。Michiels等（2017）观察到，存在多个猪肺炎支原体 VNTR 类型感染的猪群，肺炎严重程度会增加。其他研究没有观察到不同的猪肺炎支原体基因组分支与肺部病变严重程度之间的关系（Charlebois等，2014）。从临床来看，不同的猪肺炎支原体菌株导致感染猪的临床症状和疾病的严重程度存在差异。因此，进一步研究猪肺炎支原体感染的分子流行病学可能为控制该病原提供依据。

总的来说，猪肺炎支原体的流行病学在最近几年没有发生太大的变化，但是对它的认识却有所深入。更新且更准确的技术和模型的出现，使疾病感染过程的特点得以进一步研究。然而，迄今为止还没有哪一种诊断技术或方法可以预测支原体的毒力或疫苗的保护程度。

第 5 章

猪支原体肺炎的临床症状和大体肺部病变及监测

John Carr[1]
Marina Sibila[2]
Joaquim Segalés[3]

1 澳大利亚昆士兰州,詹姆斯库克大学,公共卫生、医学和兽医学院
2 西班牙巴塞罗那，巴塞罗那自治大学,雷尔卡农业技术研究所（IRTA），雷尔卡动物研究中心（CReSA）
3 西班牙巴塞罗那，巴塞罗那自治大学，雷尔卡农业技术研究所（IRTA），雷尔卡动物研究中心（CReSA），兽医学院（巴塞罗那自治大学）

5.1 引言

猪肺炎支原体（*M. hyopneumoniae*）是一种感染猪呼吸道的病原体，因此，该菌与猪鼻咽/支气管内微生物群以及动物生存环境之间的关系是理解该病临床表现的关键。重要的是，在一群受感染的猪群中，每个个体的免疫刺激状态、感染的阶段和时间都不尽相同。对少数几头猪的检查最多只能为整体临床病理情况提供简要信息。此外，与猪肺炎支原体相关的临床表现总会受鼻咽和上呼吸道其他病原感染的影响而变得复杂，因此需要了解这一复杂的环境（表5.1）。

猪肺炎支原体感染可能呈现出临床或亚临床表现。事实上，在大多数猪场中，多数成年猪都会感染这种病原体而没有表现出明显的猪肺炎支原体相关的临床症状（Maes等，2018）。

猪肺炎支原体有3种主要临床、病理表现，这取决于共感染的病原体。由猪肺炎支原体单独感染引起的呼吸道疾病被称为猪支原体病（Porcine mycoplasmosis，PM）。相比之下，当有其他继发性细菌病原混合感染猪时，该病被称为地方性肺炎（Enzootic pneumonia，EP）。在这种多病原菌感染的情况下，最常见的细菌病原有多杀性巴氏杆菌、胸膜肺炎放线杆菌、副猪嗜血杆菌和猪链球菌等（Sibila等，2009）。寄生虫，如猪蛔虫和圆线虫属也可能对整个呼吸系统有影响。最后，当与病毒性病原体（例如猪圆环病毒2型、猪繁殖与呼吸综合征病毒、伪狂犬病病毒和其他病毒）混合感染导致呼吸道疾病暴发时，被称为猪呼吸道病综合征（PRDC）。然而，这一术语也可用于描述没有猪肺炎支原体参与的多病原混合感染暴发的呼吸道疾病（Opriessnig等，2011a；Maes等，2018）。猪肺炎支原体与其他呼吸道和/或系统性病原体的相互作用在第7章中进行了修订。

表5.1　猪鼻咽部可能存在的病原体和共生菌

细菌	病毒	后生动物
胸膜肺炎放线杆菌	非洲猪瘟病毒	猪蛔虫
猪放线杆菌	伪狂犬病病毒	野猪后圆线虫
支气管败血波氏杆菌	猪瘟病毒	
副猪嗜血杆菌	猪圆环病毒1、2、3型	
絮状支原体	猪巨细胞病毒	
猪肺炎支原体	猪繁殖与呼吸综合征病毒	
猪鼻支原体	猪呼吸道冠状病毒	
多杀性巴氏杆菌	猪甲型流感病毒	
链球菌属		
化脓隐秘杆菌		

5.2 临床症状

猪肺炎支原体感染后临床症状的严重程度取决于上述提及的临床病理状态。

猪支原体病的特征是轻度的干咳，对平均日增重（ADWG）和其他生产参数的影响很小。这和实验室人工接种猪肺炎支原体的结果一致。在实验条件下，血清阴性的动物单独感染高剂量的猪肺炎支原体（10^7 ~ 10^8个变色单位/头）时，预计在感染后1 ~ 2周可出现轻度干咳（Marois等，2007；Vicca等，2007；Wolley等，2012）。咳嗽可能会持续数周，在感染后4 ~ 5周最为严重（Kobisch等，1993；Villarreal等，2009；García-Morante等，2016b，2017b）。然而，在商业化生产条件下很少观察到猪肺炎支原体的单独感染，因为猪肺炎支原体常常伴随着其他病原体的混合感染。

猪支原体肺炎主要影响生长育肥猪，表现为不同严重程度和持续时间的干咳、轻度发热和生产性能下降（Pieters和Maes，2019）。在田间，由于平均日增重（ADWG）的下降，饲料转化率（FCR）增加以及出栏天数的延长，这种发病率较高但死亡率较低的慢性呼吸道疾病（取决于共感染细菌的类型）造成了重大的经济损失（见第7章）。

最后，PRDC是一种猪肺炎支原体参与的、复杂的、由多种微生物和多种因素导致的疾病，猪肺炎支原体也参与其中（Opriessnig等，2011a）。因此，在有猪肺炎支原体参与的情况下，临床症状类似于一种或多种病毒并发感染的地方性肺炎（EP）。在多种病原体作用下，临床症状可能会恶化，这取决于并发病原体的影响，通常能观察到呼吸困难、发热、厌食、生长迟缓和死亡率升高（Maes等，2018）。

在自然条件下，猪肺炎支原体（包括最终混合感染的病原）感染和临床症状出现的时间间隔取决于许多因素，包括环境条件、猪肺炎支原体和其他病原的毒力、动物的免疫状态和感染压力（Garcia-Morante等，2012）。这种变化意味着在猪场可以观察到猪肺炎支原体感染后的不同临床症状。

5.2.1 阴性猪场（猪群中所有猪猪肺炎支原体血清抗体均阴性的猪场）

这种猪场类型被认为是对猪肺炎支原体无特定病原体（SPF）猪群。这种猪场没有出现与猪肺炎支原体感染相符的临床症状，也没有接种疫苗。这种阴性状态必须基于对不同参数（相符的临床症状、病变、血清学和病原检测）的连续监测。

5.2.2 发生感染猪场

发生感染猪场如果存在生物安全漏洞，阴性猪场可能会传入猪肺炎支原体，导致疾病的流行（Thacker和Minion，2012）。在传入约1周后，猪开始出现咳嗽和呼吸困难，这可能会影响所有年龄段的猪。咳嗽可在数周内逐渐蔓延至整个猪场。发病率可达100%。在生长、育肥猪中，呼吸困难可能持续2个月左右，随后，进入该区域的猪群也会被感染。通常需要2 ~ 5个月过渡到地方流行的形式。猪场中的成年猪可能更易感。由此导致的发热可能会引发流产风暴，从而严重影响猪的生产流程。猪场中的公猪可能会因为发热而出现一段时间的不育，这种不育可持续数周或数月。这也可能导致猪生产流程的中断，从而导致存栏不足和生产成本的增加。

5.2.3 感染流行猪场

尽管早在泌乳期已经可以检测到病原，但6周龄之前的猪很少表现出临床症状（Sibila等，

2009)。16 ～ 18周龄，或约2月龄时，许多猪能够表现出可识别的临床症状。这些临床症状包括急性呼吸窘迫、干咳和呼吸困难，并伴有体温轻度升高（40℃），体温升高可通过红外热成像（图5.1）或直肠温度计检查。咳嗽通常因活动、晨起、来回走动或受惊起身而加剧。尽管发病率很高，但无并发症病例的死亡率仍然相对较低（<2%）。猪群的采食量、平均日增重（ADWG）以及批次均匀度也有所降低（增加了屠宰猪日龄的差异）。值得注意的是，许多被感染的猪可能没有明显的临床症状，但生产性能较差（Regula等，2000）。

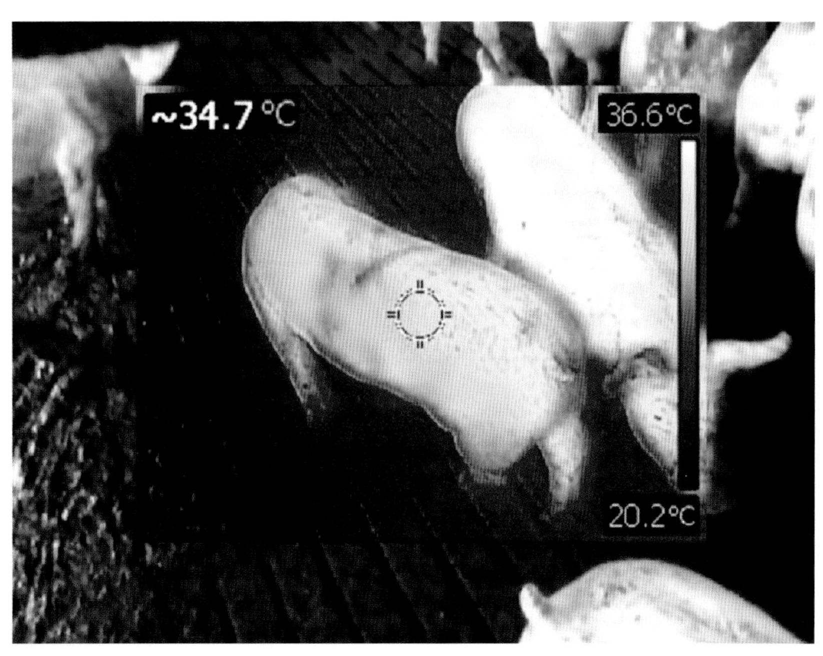

图5.1　通过红外热成像测得的猪皮肤温度升高。正常的皮肤温度在33℃左右（来源：J. Carr）

在实际情况下，在受到地方流行性影响的猪场，也可能会出现流行性暴发。这种情况主要是由于将猪肺炎支原体阴性猪引入感染猪群，却没有采取合适的驯化措施引起的（Pieters和Fano，2016；Garza-Moreno等，2018）。咳嗽和发热可能会扰乱后备母猪的发情和配种计划。有关猪肺炎支原体驯化策略的更多信息，请参阅第9章。

猪肺炎支原体感染的临床鉴别依据应包括传染性和非传染性因素引起的咳嗽、呼吸困难和呼吸窘迫（Ramirez，2019）。猪流感可能是最重要的一种，但影响支气管和细支气管的细菌性呼吸道感染（支气管败血波氏杆菌、多杀性巴氏杆菌和胸膜肺炎放线杆菌等）和环境污染物也必须在鉴别诊断的范围之内（Pieters和Maes，2019）。

5.3 大体肺部病变

猪肺炎支原体感染的病变局限于呼吸道。双侧（一般情况）的颅腹侧肺实变（CVPC）包括尖叶、中间叶、副叶和膈叶的前缘（图5.2）。因为副支气管是细菌进入的第一个门户，所以右尖叶是病变发生率最高的地方。在感染的早期，肺部持续肿胀并伴有从红色到粉色的实变区。由于肺部病变是动态的，因此可在4 ～ 5周内愈合恢复，并不显示大体病变；但是，在慢性阶段，实变区域可能看起来从紫色到灰色不等，并发展到疤痕形成和组织收缩（图5.3）。正常充气的区域能浮在水面上，而完全实变的病肺块组织会沉入水中（图5.4）。但在病变早期，受损组织未完全发生肺实变的情况下，病肺仍可以漂浮在水中。

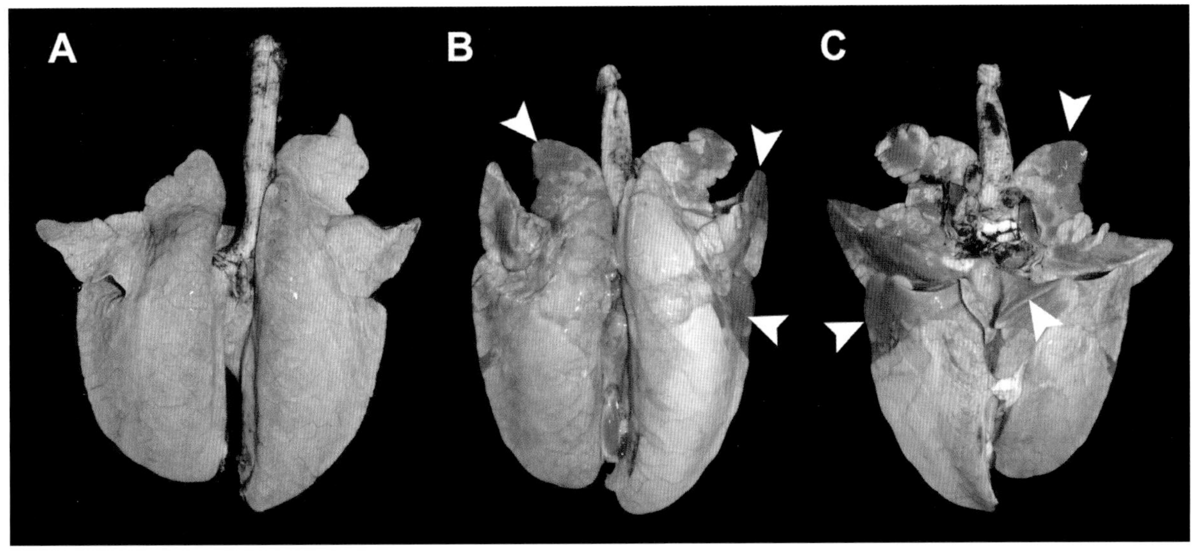

图5.2 正常肺（A）。由猪肺炎支原体感染引起颅腹侧肺实变（CVPC）的肺的背面（B）和腹侧面（C）（白色箭头）（来源：CReSA-IRTA）

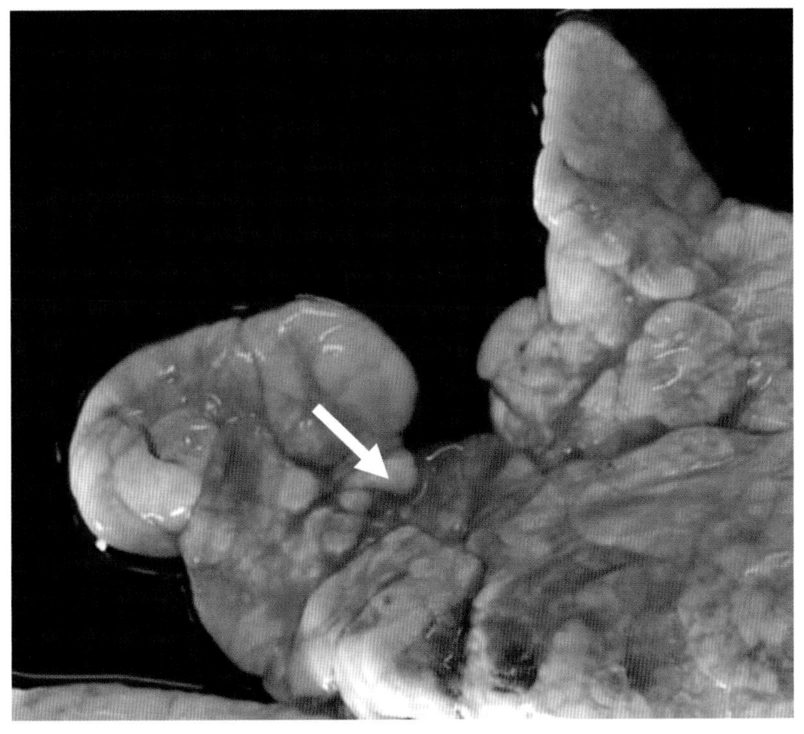

图5.3 肺部显示疤痕和组织收缩（白色箭头），与猪肺炎支原体感染引起的慢性颅腹侧肺实变（CVPC）一致（来源：CReSA-IRTA）

图5.4 实变后的病肺组织块通常会沉入水中，而正常的充气的肺组织块会漂浮在水上（来源：J. Carr）

在实验条件下，猪肺炎支原体引起的病变最早可在感染后7～10d内出现（Underahl等，1980；Kobisch等，1993），这取决于接种菌株、接种途径和使用剂量以及受试动物的来源和免疫状态（García- Morante等，2017b）；并在接种后3～4周蔓延最广、程度最严重（Villarreal等，2009；Garcia-Morante等，2016b）。

在田间条件下，感染动物常继发细菌的混合感染，可观察到化脓性支气管肺炎（图5.5A）。在这种情况下，卡他性脓性渗出物可在压力下从支气管树中挤出（图5.5B）。卡他性脓性渗出物能导

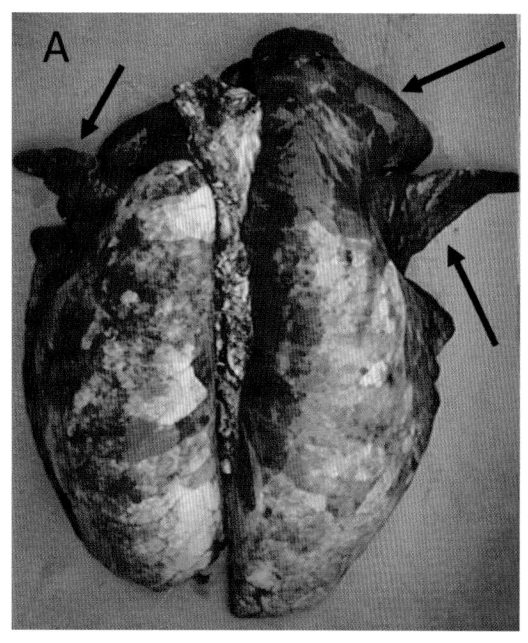

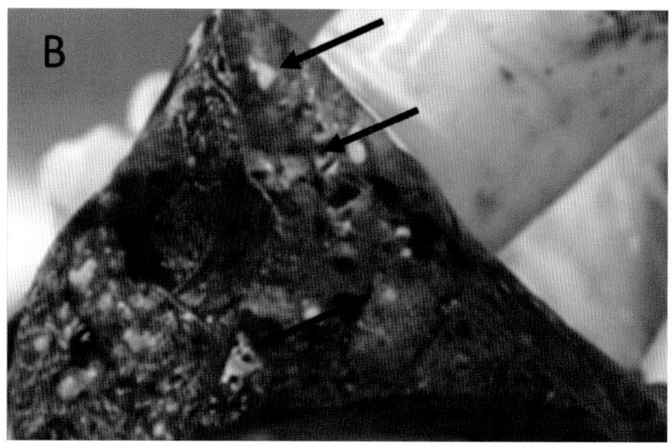

图5.5 （A）育肥猪的肺部显示肺颅腹侧实变（箭头所示）和化脓性支气管肺炎样病变。（B）卡他性脓性渗出物从支气管气道切口流出（箭头所示）（来源：J. Carr）

致肺部组织完全实变，从而沉入水中。猪群患呼吸道病综合征（PRDC）后，除了颅腹侧肺实变（CVPC）外，受感染猪还表现出间质性肺炎，其特征是肺部肿大但不塌陷，呈橡胶状，有时伴有间质性水肿（图5.6）。此外，也经常发生气管支气管淋巴结肿大（Pieters 和Maes，2019）。

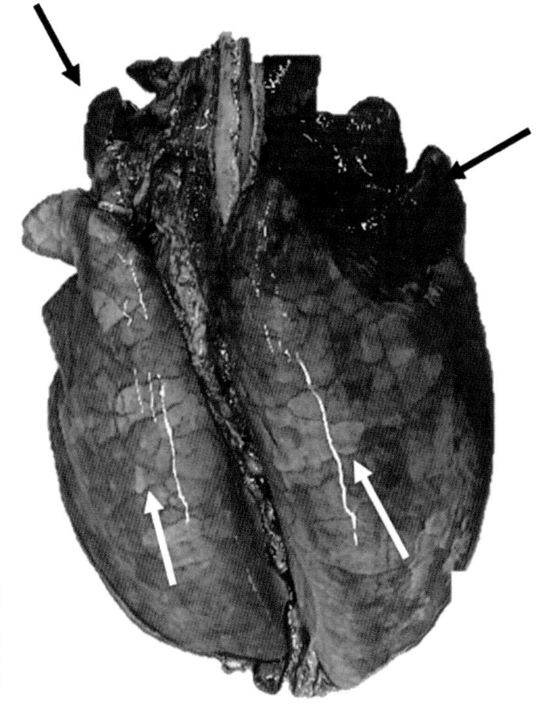

图5.6 肺显示出颅腹侧实变区域（黑色箭头）以及间质性肺炎样病变（肺部不塌陷、间质性水肿和褐色斑点区，白色箭头）（来源：CReSA-IRTA）

5.4 临床病理监测

监测猪肺炎支原体潜在感染应包括临床和病理评估。

养殖者可以通过每天的肉眼观察评估猪群是否存在呼吸道临床症状，其中咳嗽是最明显、最有指示性的临床症状。可以通过录制可能是咳嗽的声音来帮助养殖者进行评估。但是，临床评估的诊断价值有限，因为许多传染性和非传染性因素都能导致这种临床症状（Michiels等，2015），并且容易忽略亚临床感染的猪。因此，要确认这些临床症状与猪肺炎支原体感染之间的相关性，尤其是原先为阴性的猪群，需要实验室确诊（Nathues等，2012）（请参阅第8章）。

从病理学角度来看，兽医也可以通过肉眼观察屠宰猪（图5.7）或剖检猪，并评估是否存在猪肺炎支原体样大体病变。然而，肺部病理检查不适用于病因诊断。好在已开发了各种肺部病变评分系统，以支持对猪支原体肺炎（MP）和地方性肺炎（EP）的临床诊断。文献中描述了几种肺部病变的评分系统，以评估此类大体病变的流行率和蔓延程度。几乎所有这些方法都是基于可视化和触诊来估测受颅腹侧肺实变（CVPC）影响的肺组织面积。这些数据可以通过每个肺叶的大小或相对重量进行标准化。同行评审文献中使用的主要肺部病变评分系统的结果显示它们之间存在很好的相关性（García-Morante等，2016a）（图5.8）。值得注意的是，并发症如纤维蛋白性胸膜炎可能会影响对CVPC的观察和评分（图5.9）。由于记录困难，屠宰场检查是一项具有挑战性的工作。因此，根据屠宰流水线的速度制订的快速评分系统是首选方法。使用声控录音设备可以大大简化记录过程，且允许手工对脏器进行操作。这样得到的照片可能非常理想，但之后需要进行审查，这就使得该过程很耗时，并且屠宰场可能不允许带照相机进入。在屠宰流水线上，从猪体内取出肺脏，并且保证观察人员能够确定受检肺的来源，这一点至关重要。同样重要的是，临床兽医需检查猪场中一定数

图5.7　在屠宰链中检查猪肺部无（A）和有（B）颅腹侧肺实变（CVPC）（来源：J. Carr）

文献	欧洲药典	Morrison等（1985）	Straw等（1986）	Christensen等（1999）
评分系统				
最高分值	100%	100%	100%	100%
方法	Goodwin等（1969）	Madec和Kobisch（1982）	Hannan等（1982）	Sibila等（2014）
评分系统				
最高分值	55分	28分	35分	100%

图5.8　颅腹侧肺实变检测法简述（改编自 Garcia Morante等，2016）

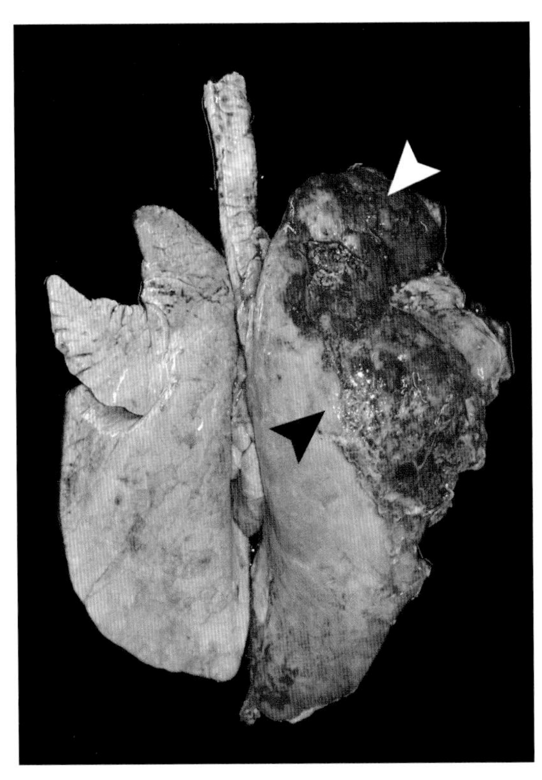

图5.9 右肺尖叶和中间叶的颅腹侧肺实变（白色箭头）和纤维蛋白性胸膜炎病变（黑色箭头）。这种情况下，无法评估右肺的颅腹侧肺实变（来源：CReSA-IRTA）

量的代表性猪肺，猪肺的数量需满足具有统计学意义。在地方性肺炎（EP）阳性猪场，对这些猪场屠宰的猪的肺进行评估可以将猪群的咳嗽程度与肺实变的程度联系起来。然而，由于大多数感染猪场都接种了猪肺炎支原体疫苗，咳嗽和屠宰场检查结果会受到免疫接种的影响。临床病理监测的意义重大，因为它可以帮助获悉猪肺炎支原体感染的严重程度。但是，监测评估必须与实验室的细菌学检查或血清转化结果（请参阅第8章）结合起来，以确认具体病因。

第 6 章
猪的支原体的抗感染免疫应答

Artur Summerfield[1]

1 瑞士，伯尔尼大学，兽医学院，病毒学和免疫学研究所

6.1 前言

抗支原体感染的免疫应答在清除感染方面效力相对较低，并且有形成慢性感染的趋势。然而，支原体感染与强烈的炎症反应相关，由于免疫应答效力较低，在猪的支原体导致的临床疾病中容易引起慢性炎症，甚至可能参与疾病的病理过程（Dobbs等，2009；Jones和Simecka，2003）。在上皮层，可以观察到上皮细胞增生、血管周围和细支气管周围单核细胞聚集。此外，支原体似乎会引起纤毛停滞和纤毛损伤，从而严重影响第一道免疫防御屏障（DeBey和Ross，1994）。支原体引起的肺部感染与大量淋巴细胞的浸润有关，特别是辅助性T细胞，这些细胞似乎具有致病作用（Jones和Simecka，2003；Dobbs等，2009）。此外，自然感染似乎赋予了对再次感染的抵抗力，这表明存在保护性适应性免疫应答（Kobisch和Friis，1996）。然而，在一项试验研究中发现低毒力猪肺炎支原体的初次感染没有保护作用，甚至观察到疾病恶化的迹象（Villarreal等，2009）。造成这种差异的原因尚不清楚，可能是低毒力菌株的免疫原性较差，或与此次试验的攻毒时机相关。早期对具有适应性免疫应答缺陷小鼠的研究表明，固有免疫在控制肺支原体方面起着重要作用（Cartner等，1998）。支原体感染的一个中心主题是：应根据有益应答和疾病病理过程之间的平衡来看待保护性免疫应答。重要的是，这些可能是相同的免疫机制（Hickman-Davis，2002；Hodge和Simecka，2002；Dobbs等，2009）。

本章将通过整合其他支原体感染（包括小鼠模型）的知识，对已有的猪肺炎支原体免疫应答的知识进行概述。

6.2 固有免疫应答

6.2.1 固有免疫应答概述

在适应性免疫应答被诱导之前，固有免疫是机体的第一道防线，它对于预防或控制早期病原复制是绝对必要的。对于像猪肺炎支原体这样定植在呼吸道上皮细胞的病原，相关的免疫应答开始于呼吸道表面，包括黏液对上皮细胞的物理保护，局部生成调理素（如凝集素）、抗菌肽，以及通过纤毛活性物理性清除黏附的细菌（Abbas等，2016），可能还有多反应性免疫球蛋白（Ig）A的分泌（Mouquet和Nussenzweig，2012）。第二道防线是在支原体与上皮细胞和免疫系统细胞接触后启动的，这些免疫系统细胞存在于气管、上皮细胞、黏膜固有层或更深的黏膜下层区域。这些免疫细胞可能是巨噬细胞、中性粒细胞和树突状细胞（DC），它们在固有免疫应答中发挥不同的作用。巨噬细胞在组织自稳和免疫应答调节中发挥重要作用，也具有极强的吞噬能力，并在活化后具有强大的抗菌活性。相反，中性粒细胞通常在炎症过程中大量聚集。这些细胞是固有免疫应答抗菌绝对必要的成分。它们也具有高效的吞噬能力，且拥有更多的对抗细菌的“武器”，包括大量的酶和活性氧。最后，DC代表诱导初始T细胞反应所需的专职抗原提呈细胞。它们还通过对病原体入侵强大的感知能力和对一系列不同细胞因子和趋化因子的应答来参与固有免疫防御。它们在引导免疫应答类型方面起着重要作用。当支原体与这些细胞接触时，细胞可通过其特定的模式识别受体识别微生物相关分子模式（MAMPs）被激活，并导致促炎介质释放。在这方面，重要的是要了解对细菌感染的固有免疫应答中，最重要的部分是炎症（Abbas等，2016）。这种炎症对于控制细菌感染和诱导适应性免疫应答是绝对必要的。它会引导适应性免疫应答的类型。固有免疫应答的直接效应功能是：(i) 吞噬作用：通过活性亚硝酸盐、活性氧代谢物和酶破坏吞噬体中的病原体；(ii) 补体介导的杀菌作用；(iii) 通过释放抗菌肽和其他产物，如蛋白酶和活性氧杀灭细菌（Abbas等，2016）。

6.2.2 猪肺炎支原体感染后的炎症反应

在实验条件下感染猪，接种后（DPI）第7天可在支气管和细支气管上皮细胞管腔表面首次检测到猪肺炎支原体。感染后，猪肺炎支原体能黏附于肺泡巨噬细胞、肺间质的巨噬细胞以及I型肺泡上皮细胞（Kwon等，2002）。猪肺炎支原体在下呼吸道的定植伴随着强烈的炎症反应，诱导产生许多促炎细胞因子和趋化因子，如白细胞介素（IL）-1、IL-6、IL-8、肿瘤坏死因子（TNF）、IL-10和前列腺素E2，这些因子都可以在支气管肺泡灌洗液（Asai等，1993；Asai等，1994；Harding等，1997）和肺组织（Choi等，2006；Ahn等，2009；Woolley等，2013）中检测到。另一项研究也表明环氧合酶-2表达的显著增加与前列腺素介导的强烈的炎症反应相关（Andrada等，2014）。部分固有免疫应答如图6.1所示。炎症和细胞因子应答与肺部病变及细支气管周围淋巴细胞围管性浸润有关（Harding等，1997；Kwon等，2002；Choi等，2006；Lorenzo等，2006）。支气管肺泡渗出液中除了促炎介质外，还可检测到IL-2、IL-4等T细胞细胞因子。免疫组化结果显示，在感染1周后，细胞因子与肺泡隔的单核细胞以及支气管相关淋巴组织（BALT）的巨噬细胞和淋巴细胞相关（Lorenzo等，2006）。这些反应通常与强烈的淋巴组织增生有关（Rodriguez等，2004），其特征是炎性肺组织的BALT中表达IgG和IgA的浆细胞、$CD4^+$ T细胞、巨噬细胞和DC聚集（Sarradell等，2003）。

考虑到支原体感染后的致病性，上述反应似乎令人担忧，但对小鼠的研究表明固有免疫应答具有显著的保护作用。这些研究采用高易感性的C57BL/6和不易感的C3H/He小鼠，两者都伴有重症联合免疫缺陷（SCID），这种联合免疫缺陷与高缺陷性适应性免疫应答有关。尽管缺乏适应性免疫，C3H/He SCID小鼠仍能控制肺支原体感染（Cartner等，1998）。

6.2.3 固有免疫系统对支原体的识别

只有当固有免疫系统通过特异性受体-配体相互作用感应到入侵的支原体时，才能诱导上述固有免疫应答和炎症反应。固有免疫系统的受体称为模式识别受体（PRR），分为5个家族：Toll样受体（TLR）、核苷酸结合寡聚化结构域（NOD）样受体（NLR）、C型凝集素样受体（CLR）、核酸感应型胞质维甲酸诱导基因-I（RIG-I）样受体（RLR）和胞质DNA传感器（CDS）（Abbas等，2016）。TLR2被证明在支原体感应中发挥重要作用（Lien等，1999）。TLR2如果与TLR6结合形成异源二聚体可识别细菌脂蛋白（Takeda等，2002；Takeuchi和Akira，2007）。这些在小鼠体内的研究已被猪肺炎支原体和猪源TLR2和TLR6的体外结果证实（Muneta等，2003）。此外，脂肽FSL-1还是TLR2/TLR6的配体（Okusawa等，2004）。TLR1可以与TLR6形成异源二聚体参与肺炎支原体中的二棕榈酰化脂蛋白的识别（Shimizu等，2005）。肺炎支原体还通过TLR4、自噬和NLR（如

NLRP3）调节的炎症复合物的毒素依赖性激活来引发炎症反应（Shimizu，2016）。这种炎症复合物激活导致了感染后IL-1β和IL-18的分泌（Khare等，2012；Segovia等，2018），并且在感染猪肺炎支原体的猪中也能观察到（Muneta等，2006）。

虽然这些炎症反应会导致疾病和肺部病变，但它们也具有重要的保护作用。在肺支原体的小鼠模型中，发现TLR2在固有抵抗力方面有重要作用（Love等，2010）。在MyD88缺陷小鼠中，TLR2信号缺失（Lai等，2010年）。TLR2介导的感应可能对激活固有免疫防御非常重要，如髓样细胞浸润（第6.2.4章）或抗菌肽释放（第2.6章）。此外，研究发现肺炎支原体激活TLR2后形成的黏蛋白可阻止支原体黏附于上皮细胞（Chu等，2005）。

6.2.4 髓样细胞的作用

在小鼠模型中，抗肺支原体的固有保护依赖于巨噬细胞（Lai等，2010）。事实上，支原体会激活肺泡巨噬细胞，使之产生上述几种促炎细胞因子。在小鼠模型中确定一氧化氮对巨噬细胞杀灭支原体十分重要（Hickman-Davis，2002），但猪巨噬细胞似乎无法产生一氧化氮（Sautter等，2018），有趣的是，猪肺炎支原体似乎可以逃避肺泡巨噬细胞的吞噬摄取，至少在体外如此（Deeney等，2019）。

关于中性粒细胞在保护中所起的作用，只有少数几项相互矛盾的报道。Lai等（2010）报道，在小鼠模型中，肺支原体依赖于巨噬细胞而非中性粒细胞。另一方面，研究表明，Th17应答（见6.4.2）在中性粒细胞依赖的情况下具有保护作用（Mize等，2018；Sieve等，2009）。考虑到中性粒细胞对于控制细菌感染的重要作用，特别是它们能通过较高的吞噬活性将细菌与储存在其颗粒中活跃的抗菌酶库相结合，其保护作用是可以预见的。此外，中性粒细胞通过释放活性氧发挥很强的抗菌活性，并且在多种支原体中得到证实（Peterhans等，1984；Alabdullah等，2015；Di Teodoro等，2018）。这种活性氧迸发可由支原体脂蛋白诱导，导致中性粒细胞胞外诱捕网（neutrophil extracellular traps，NET）的形成，即DNA与抗菌肽和蛋白酶形成复合物以诱捕和杀死细菌。在感染无乳支原体的绵羊乳腺中检测到了这种情况（Cacciotto等，2016）。有趣的是，牛支原体有一种核酸酶，可以降解这些中性粒细胞胞外诱捕网（Gondaira等，2017；Mitiku等，2018）。考虑到猪巨噬细胞中缺少有强效抗菌活性的一氧化氮，未来的研究应着眼于中性粒细胞对猪肺炎支原体的固有免疫应答，这一点可能很重要。髓样细胞的作用如图6.1所示。

6.2.5 补体和其他调理素

之前的研究表明，支原体似乎在激活补体旁路途径方面效率相对较低（Howard，1980），并且可能无法通过攻膜复合物杀死支原体（Webster等，1988）。这或许是一种重要的免疫逃逸策略，也可能因为支原体能在没有任何补体或其他调理素的情况下在体外抵抗吞噬作用（Hickman-Davis，2002）。

凝集素是一种能识别微生物碳水化合物的多聚蛋白质。它们存在于血浆中，在发生炎症时产生，某些会分泌在黏膜表面。它们作为调理素，通过与甘露糖和N-乙酰葡糖胺等微生物结构结合

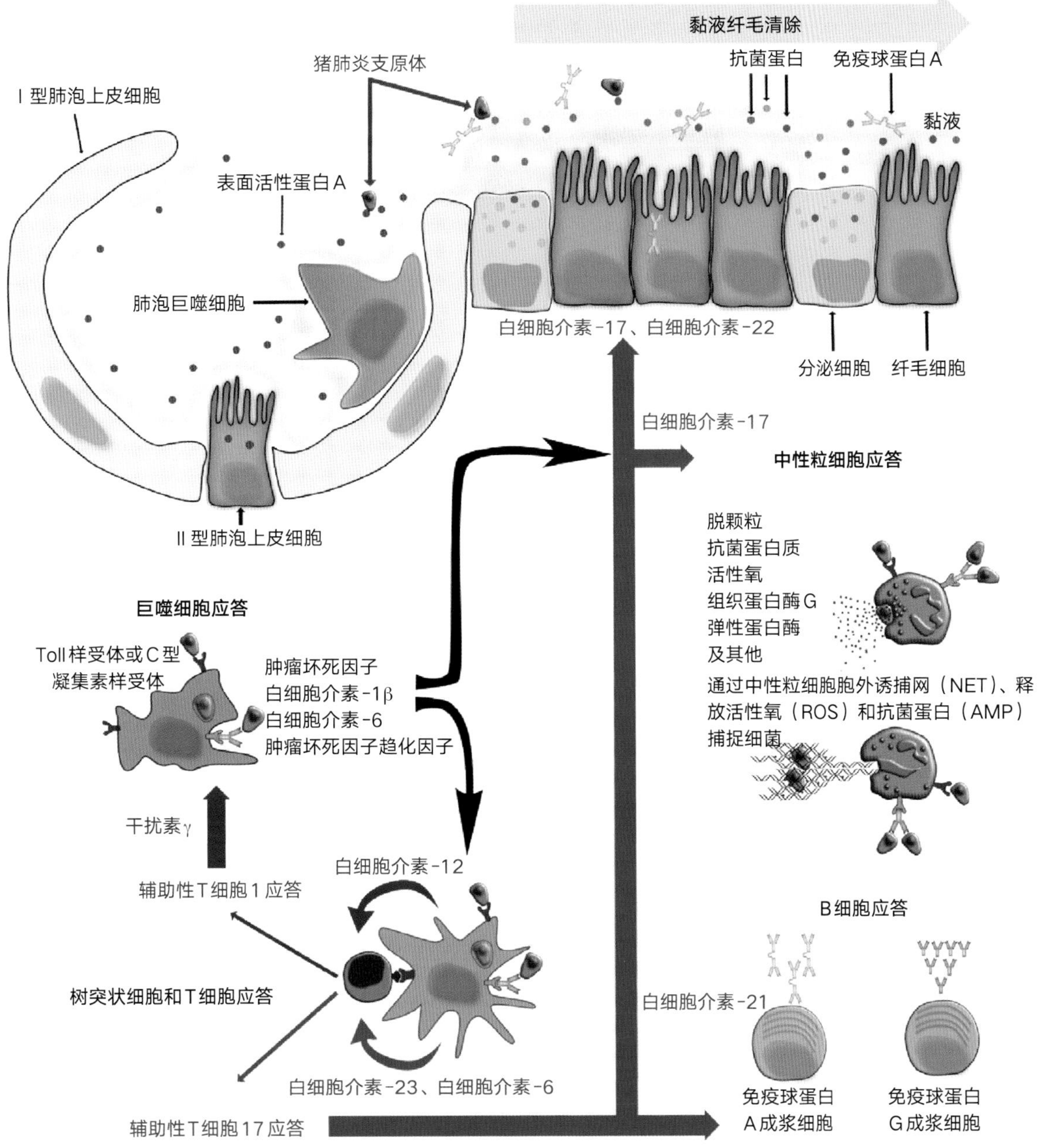

图6.1 抗猪肺炎支原体保护性免疫应答图示。在上皮细胞应答水平上，重要的保护成分包括黏液纤毛、上皮分泌细胞产生的黏液和抗菌蛋白（AMP）、II 型肺泡上皮细胞产生的表面活性蛋白A（SP-A）以及通过上皮细胞进行胞吞转运的分泌型IgA（sIgA）。猪肺炎支原体将激活肺泡、固有层和黏膜下层的巨噬细胞，使它们产生促炎细胞因子和趋化因子。这将激活内皮细胞并募集中性粒细胞，以增强炎症反应并清除感染。树突状细胞（DC）也会被募集、激活，并将抗原移至淋巴结，递呈给T细胞。中性粒细胞的抗菌应答包括分泌抗菌蛋白、释放活性氧（ROS）和脱颗粒后释放颗粒酶。此外，中性粒细胞胞外诱捕网（NET）可能会参与到抗支原体应答中。引流淋巴结中的T细胞应答开始后，被激活的Th1和Th17将会移至炎症部位。Th1应答的一个主要部分是由IFN-γ介导的巨噬细胞活化，这种活化会极大地增强它们的抗菌活性；而Th17应答则会提升上皮细胞、中性粒细胞和IgA应答的上述功能。尽管尚未得到证实，黏膜中的IgG可能通过调理作用增强吞噬作用或补体活化来参与抗支原体应答（来源：A.Summerfield）

发挥重要作用。特别是已经将表面活性蛋白SP-A作为小鼠模型中控制肺支原体的一个重要因素进行了研究（Hickman-Davis，2002），并且确定其可以抑制肺炎支原体的生长（Piboonpocanun等，2005）。

遗憾的是，目前还没有补体或其他调理素在支原体感染猪中作用的研究。当然，特异性抗体IgG代表了一种强大的调理素，能够导致巨噬细胞吞噬支原体，但它只在适应性免疫应答阶段有效。尽管如此，有报道称支原体可与多反应性抗体结合（Ben-Aissa-Fennira等，1998），表明动物生命早期表达的部分天然抗体库也可以介导细菌的调理作用（Gunti和Notkins，2015）。

6.2.6 抗菌肽

HG1和LL-37等阳离子抗菌肽，具有抗肺支原体活性（Park等，2013）。同样，与人cathelicidin LL-37相似的小鼠cathelicidin，即cathelin相关抗菌肽（CRAMP）对肺炎支原体具有强大的抗菌活性。在支原体感染小鼠的支气管肺泡灌洗液中检测到了抗菌肽，与支原体接触的中性粒细胞中也能释放该物质（Tani等，2011）。除cathelicidin外，人β-防御素-2和人β-防御素-3也对肺炎支原体有较强的抗菌活性（Kuwano等，2006）。此外，还没有关于猪肺炎支原体的抗菌肽信息。

6.3 猪肺炎支原体的抗体应答

6.3.1 抗支原体抗体应答的总体评价

在动物感染或接种疫苗期间，可诱导产生抗体，抵抗任何非自身抗原，因此抗体本身并不一定参与保护性免疫应答。对于后一种情况，需要考虑抗体的功能。对于支原体感染，在黏膜表面以分泌型IgA形式存在的抗体可能已经在第一道免疫防线起作用。理想情况下，这种IgA可以阻断细菌黏附在上皮细胞，并抑制细菌在呼吸道定植。重要的是，分泌型IgA通常不是由胃肠道外疫苗接种诱导的，而是需要将疫苗接种在黏膜表面。然而，黏膜表面的抗原通常不具有免疫原性，除非使用强效佐剂或具有一定致病性的可增殖复制的活菌。

除了分泌型IgA，同型抗体IgM、IgG和IgA也会出现在肺间质组织中，这些抗体可以在支气管相关淋巴组织（BALT）生发中心产生，也可以从血液扩散到组织中。这些抗体不能阻止支原体在上皮表面纤毛顶端的黏附，但它们在巨噬细胞和中性粒细胞吞噬细菌时有重要的调理作用。这些细胞可表达与抗体Fc部位相结合的Fc受体，由此产生吞噬作用、破坏病原体并活化髓样细胞。抗体的第二个重要效应功能是激活经典的补体级联作用，从而使髓样细胞释放非常有效的趋化因子，并通过代表攻膜复合物的补体级联反应的最终产物杀死细菌（Abbas等，2016）。

6.3.2 猪肺炎支原体感染后的抗体应答动力学

经剖宫产获得的SPF仔猪在感染猪肺炎支原体后3 ~ 4周产生抗体，11 ~ 12周时达到峰值。二次感染后检测到复强反应（更高的抗体水平），而这些猪能够抵御肺炎（Kobisch等，1993），这表

6

明适应性免疫应答可以起到保护作用。然而，另一项研究发现，仔猪感染低毒力猪肺炎支原体菌株后，用强毒菌株进行二次攻击，未发现任何保护作用（Villarreal等，2009）。这两项研究之间存在差异的一个可能原因是第一次和第二次感染的时间间隔不同，前者为4个月，后者为1个月。

抗体应答的动力学还取决于接种途径。例如，静脉接种后，所有动物在10d左右出现血清转阳；腹腔接种13d后仅有24%的猪发生血清转阳；皮下接种后在第21d有29%的猪发生血清转阳；鼻内接种后第14天首次检测到应答反应，并且所有猪发生血清转阳（Lloyd等，1987）。另一项研究比较了对猪进行气管内接种、鼻内接种和气溶胶接种的情况，发现气管内接种在诱导猪肺炎支原体肺部定植、血清转阳和黏膜IgA方面最为有效（Garcia-Morante等，2016b）。健康猪与携带猪肺炎支原体的猪接触后，首先会引起肺炎，平均在27d时血清中出现抗体（Lloyd等，1987）。在另一项研究中，感染超过60d之后才观察到血清转阳（Gomes-Neto等，2014）。值得注意的是，血清转阳的动力学和速率很大程度上取决于猪肺炎支原体的菌株、猪接种时的日龄、与猪的其他病原体的混合感染和猪群来源。此外，同组之中并非所有的猪都发生血清转阳（Garcia-Morante等，2017a）。

在猪感染猪肺炎支原体的试验中，观察了咽和支气管淋巴结、肺组织和鼻黏膜中Ig^{+}细胞和浆细胞的分化，感染2周后，淋巴结和肺组织中的抗原特异性浆细胞以及气管支气管分泌物中的抗体显著增加，随后淋巴结和肺组织中表达Ig的细胞显著增加（Suter等，1985）。作者讨论了猪支原体肺炎发病机制中的自身免疫应答数据，这是以前提出的一种构想（Baumgartner和Nicolet，1984；Biberfeld，1979；Roberts和Little，1970），但后来这种有关猪肺炎支原体的假设的文献再未见后续报道。这些反应可能是由感染后诱导产生的多反应性抗体引起的。至少在体外，我们发现猪肺炎支原体可激活猪的固有样B细胞产生多反应性抗体（Trueeb、Braun、Auray、Kuhnert和Summerfield，数据未公布）。最近，这种现象在猪体内同样被发现（Braun等，2017）。很明显，猪肺炎支原体对体内的B细胞有很强的影响，因为在感染后28d，肺实质中的B细胞数量增加了25倍（Walker等，1996）。用猪肺炎支原体在体外刺激外周血单核细胞来分析抗体的产生水平，发现在初次免疫后7d可检测到猪肺炎支原体特异性B细胞，1周后达到最高水平（Wallgren等，1992）。

在实验条件下，通过上呼吸道感染，抗体应答水平和动力学取决于支原体在呼吸道定植和引起病变的能力。例如，接种了絮状支原体后的猪不出现任何病变，仅感染后6 ~ 8周检测到了微弱的抗体应答。这与猪肺炎支原体感染的猪形成对比。后者在感染后4 ~ 5周便发生血清转阳，并且抗体应答更强（Strasser等，1992）。对于在实验条件和野外条件下感染猪肺炎支原体的猪，抗体（全身和局部）的存在与肺部病变之间呈正相关（Garcia-Morante等，2016b；Garcia-Morante等，2017b）。

6.3.3 抗体对支原体的保护作用

早期研究表明，抗体在肺支原体感染的小鼠模型中有重要作用，因为注射免疫小鼠血清具有保护作用，而注射脾细胞对肺部病变有负面影响（Cartner等，1998）。对于猪肺炎支原体感染，尚无接种抗体的公开数据；但1969年发表的数据指出抗体不具有保护性（Goodwin等，1969）。事实上，在疫苗接种后未发现抗体水平与肺部病变减少有相关性，也未观察到接种疫苗母猪所产的仔猪得到免疫保护。后来其他试验也证明了这一点（Djordjevic等，1997；Thacker等，1998）。此外，一项对

8个慢性感染猪群中825头猪的纵向研究，未发现平均日增重与猪肺炎支原体血清应答之间的相关性（Andreasen等，2001）。

然而，已有研究证明，IgG抗体可以调理对支原体的吞噬和杀灭作用。在牛巨噬细胞与牛支原体的互作中发现，IgG抗体可以促进牛肺泡巨噬细胞对牛支原体的杀灭作用（Howard等，1984），这对牛感染后的康复很重要（Howard等，1987）。这与不易受调理素作用（Deeney等，2019）或不易激活补体旁路途径（见6.2.5）的支原体很难被吞噬相一致（见6.2.5）。此外，如下一节所述，有证据表明通过抗体介导的母源性免疫可以保护仔猪。

6.3.4 母源抗体

如果仔猪摄入含猪肺炎支原体特异性抗体的初乳，那么这些母源抗体（MDA）在9周龄前仔猪的血液均可检测到（Wallgren等，1998）。关于MDA两个非常重要的问题存在相互矛盾的报道：一个是MDA的保护价值，另一个是MDA是否干扰仔猪疫苗接种。一项研究发现，7日龄的仔猪接种疫苗，MDA对疫苗诱导的抗体应答影响很小或没有影响（Martelli等，2006）；而其他研究则证明存在干扰（Hodgins等，2004；Grosse Beilage和Schreiber，2005；Bandrick等，2014a）。这并不奇怪，因为MDA干扰取决于疫苗类型、佐剂、抗原剂量以及疫苗接种时母源抗体的水平。当存在母源抗体时，给仔猪接种疫苗可诱导保护性免疫，母源抗体的干扰可能与抗体应答无关（Wilson等，2013）。

另一个重要问题——母源抗体是否有保护性，也还没有明确的答案。虽然已经有研究报道了母猪接种疫苗的好处（Sibiba等，2008；Arsenakis等，2019），但尚不清楚这是由抗体介导还是由细胞介导的免疫，因为对猪肺炎支原体具有特异性的功能性母源淋巴细胞是经初乳转移的（Bandrick等，2014b）。

6.3.5 黏膜抗体应答

在小鼠模型中，已证明局部免疫应答在控制支原体方面比系统免疫应答更有效（Hodge和Simecka，2002）。考虑到支原体感染的发病机理，这似乎是合乎逻辑的，并且可能也适用于猪肺炎支原体。实际上，猪肺炎支原体黏附在纤毛上皮细胞上，这种黏附可以被稀释的低浓度康复期血清所抑制（Zielinski和Ross，1993）。然而，作者发现含有猪肺炎支原体特异性IgA的灌洗液却没有效果，这可能是由于浓度太低（Zielinski和Ross，1993）。猪群被猪肺炎支原体感染后，IgG和IgA同种型的特异性黏膜抗体主要存在于猪肺炎支原体大量定植和有肺部病变的猪中，这表明黏膜抗体的诱导可能需要相对较高的抗原载量和呼吸道屏障功能的破坏（Garcia-Morante等，2017b）。考虑到猪肺炎支原体是慢性感染，这表明一旦感染发生，局部产生的抗体在清除感染上相对低效。尽管如此，一项较早的研究表明，肺炎的消退似乎与抗体应答有关（Messier等，1990）。用疫苗进行肠道外免疫接种不会诱导这种局部的抗体反应，但似乎可以在感染后刺激免疫系统在呼吸道激发更高水平的IgG和IgA应答（Djordjevic等，1997）。这可能是由支原体特异的记忆性Th细胞引导的，但是仍缺少黏膜T细胞对猪肺炎支原体应答的信息。显然，仍需要进一步的研究来探索这一重要领域。

6.4 T细胞介导的支原体免疫应答

6.4.1 支原体的T细胞免疫应答的总体评价

T细胞有两个主要亚群——$CD4^+$辅助性T细胞（Th）和$CD8^+$细胞毒性T细胞（Tc）。人们认为只有Th细胞对于支原体免疫起重要作用。这是因为在Ⅰ类主要组织相容性复合体（MHC）帮助下，通过抗原肽呈递，Tc参与识别和杀死被胞内病原体感染的宿主细胞。相反，在Ⅱ类MHC协助下，抗原提呈细胞通过细胞内吞或吞噬细胞外抗原后提呈抗原肽给Th细胞。树突状细胞是激活初始T细胞所需的专职抗原提呈细胞，而巨噬细胞和B细胞通常在免疫应答的效应期或诱导记忆应答时提呈抗原。巨噬细胞与Th细胞之间的相互作用引起巨噬细胞的活化，这是许多抗菌应答的关键。同样，B细胞对Th细胞的抗原提呈为B细胞提供了非常强的信号，介导了抗体产生、Ig同种型转换和亲和性成熟。这是Th细胞在抗菌免疫中起重要作用的两个最关键原因。

与抗体相比，T细胞具有更强的引起免疫病理作用的潜力。对于Th细胞，主要是通过释放细胞因子和趋化因子间接诱导的，这些因子会强烈增强固有免疫细胞的炎症反应。因此，T细胞生理性应答必须受到细胞和宿主因子的严格调控，以防止过度活化。这个过程称为免疫调节，涉及抗炎细胞因子如IL-10和转化生长因子-β，以及代表专门抑制免疫应答的T细胞亚群的所谓调节性T细胞（T-reg）（Abbas等，2016）。

在过去30年的免疫学研究中，研究人员已经描述了Th细胞的几个亚群。最初，仅分为Th1和Th2细胞亚群，后来人们意识到这种分类不足以描述和理解免疫应答。在大多数免疫学教科书中，人们会发现关于4个Th细胞亚群的描述：Th1、Th2、Th17和前述的T-reg。考虑到T-reg在免疫调节中具有“特殊”功能，对病原体的免疫应答可分为3部分，现在通常称为“1型”“2型”和“3型”免疫。1型免疫通常由细胞内病原诱导，如病毒和胞内菌。这些应答以Th1型应答为主，IFN-γ是关键的细胞因子。2型免疫通常由寄生虫感染诱导，对应以IL-4和IL-13为关键T细胞细胞因子的Th2型应答。3型免疫主要由胞外微生物诱导，如细菌和真菌。已知这些应答与强烈的Th17应答有关，其中IL-17家族细胞因子和IL-22是关键的细胞因子。3型免疫对于保护黏膜表面免受细胞外病原体的侵害尤为重要，因为它能极大地促进上皮细胞再生、黏液蛋白和抗菌蛋白的产生和释放，以及中性粒细胞的募集。

6.4.2 T细胞免疫保护在抗支原体感染中的作用

有文献报道，T细胞在控制支原体感染中不起重要作用，甚至导致病情恶化。例如，肺炎支原体不会在有T细胞缺陷的病人中引起更严重的肺炎（Hickman-Davis，2002）。此外，在仓鼠实验模型中，T细胞缺失导致肺炎支原体感染后感染情况较轻（Taylor等，1974）。对胸腺被切除的猪进行研究表明，猪肺炎支原体感染后，T细胞参与了肺部病变的形成（Tajima等，1984）。实际上，支原体的肺部感染通常与淋巴细胞的大量浸润有关，特别是Th细胞，似乎具有致病作用（Jones和Simecka，2003；Dobbs等，2009）。感染猪肺炎支原体的猪也表现出淋巴增生（Sarradell等，2003；

Rodriguez等，2004）。

但是，小鼠试验的研究表明，在肺支原体感染之前用单克隆抗体清除各种T细胞亚群，Th细胞确实在抵抗病原体方面也起着重要作用。Th细胞从免疫小鼠到空白小鼠的过继转移证实了这一点（Jones等，2002；Dobbs等，2009）。对于感染猪肺炎支原体的猪，肺炎消退与淋巴细胞致敏性增强有相关性，而且与肺中的IgG也相关（Messier等，1990）。有趣的是，从免疫猪肺炎支原体的猪中分离的淋巴细胞与猪鼻支原体和絮状支原体有交叉反应，但对猪肺炎支原体的再刺激效果更好（Kishima等，1985）。

6.4.3 不同类型T细胞应答的作用

使用IL-4和IFN-γ基因敲除小鼠，证明IFN而非IL-4对肺支原体感染具有保护作用，至少与下呼吸道的致病作用有关（Woolard等，2004）。总的来说，在小鼠模型的研究表明，Th1应答是免疫保护所必需的，尽管它们也参与致病过程（Dobbs等，2009）。已知Th1应答与显著的促炎能力相关，Th1反应在这类致病反应中发挥重要作用的观点也被一项缺失T-reg的研究证实，这导致肺支原体感染小鼠的疾病急剧恶化。有趣的是，疾病的恶化与体液免疫应答增强、Th1和Th17应答增强有关，但对病原载量没有影响；这表明在控制支原体感染的免疫应答中，为了不引起呼吸道组织损伤，需要一种微妙的平衡（Dobbs等，2009；Odeh和Simecka，2016）。有趣的是，在肺支原体感染的小鼠模型中，$CD8^+$ T细胞也可以抑制过度的炎症反应（Dobbs等，2009）。IFN激活巨噬细胞后具有很强的抗菌活性，这是Th1型应答抗支原体感染的一个最关键的机制。

毫不奇怪的是，Th17应答在支原体感染中也起着重要作用。肺炎支原体小鼠模型显示，肺部产生的局部Th17应答可能引起肺部炎症和病理损伤（Kurata等，2014）。这一点在被肺炎支原体感染的儿童中得到了证实。该研究表明，Th17应答与清除肺炎支原体感染有关，但也可以导致免疫病理损伤（Wang等，2016b）。但是，用IL-17A抗体治疗感染肺支原体的小鼠或在IL-17受体敲除的小鼠模型中，表明了IL-17的保护作用，并且证明该功能依赖于中性粒细胞（Mize等，2018；Sieve等，2009）。此类Th17应答的启动可能是由来源于细胞膜的脂蛋白介导，这些脂蛋白能够诱导DC中IL-17促IL-23的产生（Goret等，2017）。

研究人员对2个品系的猪进行免疫学比较，发表了许多有趣的研究结果。其中一个品系对猪肺炎支原体感染后产生肺部病变具有更高的免疫抗性。这些猪血清中的IL-17、IFN-γ和IL-10水平更高，但接种疫苗后的抗体应答较低。它们还具有比淋巴细胞数量更多的循环粒细胞（Borjigin等，2016a，2016b；Sato等，2016；Shimazu等，2013；Shimazu等，2014）。这些研究支持了Th1和Th17应答在猪抗猪肺炎支原体感染的保护性适应性免疫应答中的重要作用，在小鼠模型也得到类似的结果。我们最近开发了一种颗粒疫苗，该疫苗不诱导抗体产生或Th1免疫应答，但诱导Th17免疫应答。该疫苗能提供良好的保护，再次证明靶向Th17应答对控制猪肺炎支原体是一种很有前途的方法（Matthijs等，2019b）。

6

6.5 结论

尽管能够找到有关猪肺炎支原体免疫应答的信息，但仍然存在许多空白，阻碍了对猪支原体肺炎致病机理的理解和更合理疫苗的设计。显然，固有免疫系统能有效地识别猪肺炎支原体，导致强烈的促炎反应，但尚不清楚该反应是更具保护性还是更具致病性。此外，关于固有免疫直接抑菌作用机制的信息很少或完全没有，如关于巨噬细胞和中性粒细胞的吞噬作用和破坏途径、补体和其他可溶性调理素及抗菌肽等信息。有关猪感染支原体以及来自小鼠模型的文献表明，抗猪肺炎支原体感染的适应性免疫应答十分复杂，在致病性和保护性Th细胞应答之间呈现出一种脆弱的平衡。尽管进行了多年的研究，但我们才刚刚开始了解抗体的作用和不同Th细胞亚群对猪肺炎支原体保护性免疫的作用。对支原体感染的抗体应答发展相当缓慢，似乎需要支原体在呼吸道和肺部定植，而这又与炎症和病理损伤相关。总的来说，全身性抗体与保护作用无关。黏膜抗体在保护中的作用还有待证明。母源免疫已有报道，但尚不清楚这是由母源抗体还是由母体淋巴细胞转移介导。目前文献支持的观点是Th1，甚至更多的是Th17应答在控制猪肺炎支原体感染中具有重要作用。

综上所述，未来的研究需要填补重要的知识空白，但是尽管如此，我们应当利用积累的有关猪肺炎支原体感染的免疫学知识来开发更好的疫苗。这包括开发更好的佐剂和疫苗递送系统，还包括开发一种通过黏膜途径直接促进IgA介导的保护黏膜作用的减毒活疫苗。

第 7 章

猪肺炎支原体与其他病原的相互作用及经济影响

Corinne Marois-Créhan[1]
Joaquim Segalés[2]
Derald Holtkamp[3]
Chanhee Chae[4]
Céline Deblanc[5]
Tanja Opriessnig[3, 6]
Christelle Fablet[7]

1 法国，普卢费拉冈，食品、环境与职业健康安全局（Anses）
2 西班牙，贝拉特拉，巴塞罗那自治大学，雷尔卡农业技术研究所（IRTA），雷尔卡动物研究中心（CReSA），兽医学院
3 美国，圣保罗，明尼苏达大学，兽医学院
4 韩国，首尔，首尔大学，兽医学院
5 法国，普卢费拉冈，食品、环境与职业健康安全局（Anses）
6 英国，爱丁堡大学，罗斯林研究所与皇家（迪克）兽医学院
7 法国，普卢费拉冈，食品、环境与职业健康安全局（Anses）

7.1 引言

田间条件下，特定时间内多种病原在猪群中反复存在非常常见，从而导致共感染或继发感染，这些混合感染为病原体相互作用提供了机会。在呼吸系统中，猪肺炎支原体可与多种损伤呼吸道的传染性病原体相互作用，包括细菌、病毒或寄生虫。“猪呼吸道病综合征（PRDC）”这一术语通常用来描述多种病原引起的混合型呼吸道感染，其中猪肺炎支原体被认为是关键病原之一。

从诊断角度来看，鉴别出PRDC中引发呼吸道病的特定原发病原非常重要，而随后的临床表现本质上是多病原继发感染造成的（Sibila等，2009；Opriessnig等，2011a）。在引发PRDC的多种细菌和病毒中，研究表明猪肺炎支原体和猪繁殖与呼吸综合征病毒（PRRSV）是最重要的原发病原（Thacker等，1999），而其他呼吸道病原体，如猪甲型流感病毒（IAV-S）、猪圆环病毒2型（PCV2）、胸膜肺炎放线杆菌和多杀性巴氏杆菌也会共同导致PRDC（Opriessnig等，2011a）。事实上，每个猪群的感染常是特定病原体和非传染性危险因素的特定组合。

单一病原引起特定的呼吸道疾病。病毒主要通过破坏呼吸道黏膜纤毛，影响肺泡巨噬细胞和血管内巨噬细胞的功能或数量；而细菌则是通过增加细胞因子应答，募集炎性细胞引起损伤。

PRDC中多种病原的混合感染可能会在组织水平上引起叠加效应或协同效应。然而，文献中这种病原间相互作用而增强临床症状与病变的机制还缺乏可靠的数据支撑，这对于在猪肺炎支原体与病毒、细菌和寄生虫相互作用的背景下，设计正确的PRDC防控策略至关重要。

本章目的在于探讨猪肺炎支原体与呼吸道细菌、病毒、寄生虫感染和霉菌毒素的相互作用及其对经济的影响。文中还详细介绍了这些微生物组合对临床结果的影响，以及相互作用的潜在机制。

7.2 猪肺炎支原体与其他病原体相互作用对生产和经济效益的影响

猪肺炎支原体引起的经济损失主要发生在猪“断奶到育肥”的生产阶段。造成经济损失的原因包括生产性能下降、高昂的保健成本以及生长速度差异。生产性能的损失包括生长速度降低，料肉比上升，死亡率和淘汰率升高。在田间条件下，已有多种方法用于评估猪肺炎支原体感染造成的生产性能损失和其他经济影响。Dykhuis-Haden等（2012）根据美国中西部一家大型生产公司的历史生产数据发现，常规诊断数据提示猪群暴露于多种呼吸道病原体。将所有猪按感染类型进行分组，只感染猪肺炎支原体的猪群死亡率增加了2.2%，同时日增重减少18g。猪肺炎支原体和猪繁殖与呼吸综合征病毒（PRRSV）混合感染以及与甲型流感病毒（IAV-S）混合感染组的死亡率分别增加了5.4%和3.5%，日增重分别下降64g和82g。就仅感染猪肺炎支原体的分组而言，经济损失为0.63美元/头，而对于混合感染PRRSV与IAV-S的猪只分组而言，经济损失则分别达到9.69 美元/头和10.12 美元/头。Silva等（2019）对猪肺炎支原体阳性母猪场和猪肺炎支原体净化的阴性母猪场的育肥猪进行了比较。与阴性母猪场的猪相比，来源于阳性母猪场的猪日增重减少36g（即减少4.2%），料肉比增加0.018（即提高0.6%），死亡率增加1.26%（即升高24.3%）。此外，与阴性母猪场的猪相比，每头上市猪的抗菌药物治疗费用高出1.21美元，并且每头猪接种猪肺炎支原体疫苗又额外增加了0.25美元。据估计，生产效率降低、抗菌治疗和疫苗成本增加使猪肺炎支原体阳性母猪场的每头上市猪的平均生产成本增加了7.00美元。Rautiainen等（2000）采用不同的方法，根据猪的血清学状态和屠宰时肺病变情况，比较了组内个体猪的症状；感染猪肺炎支原体的猪与未被感染的猪相比，日增重减少了75 ～ 176g（即减少10.2%～ 17.5%）。同样，Regula等（2000）报道猪肺炎支原体血清阳性的猪平均日增重比阴性的猪减少38g。

7.3 猪肺炎支原体和引起肺部疾病的细菌的相互作用

猪肺部病灶（肺炎病灶、胸膜炎病灶、脓肿病灶）中可以检测到多种细菌，由于这些细菌在肺组织中共处，可能与猪肺炎支原体发生相互作用。它们是原发性还是继发性病原，取决于它们是否能够自行损害肺组织，或者是否需要其他共同感染的病原体或辅助因子来诱发呼吸道实质性病变。猪肺炎支原体和胸膜肺炎放线杆菌被认为是两种主要的原发性致病菌（Fraile等，2010）。支气管败血波氏杆菌（*B. bronchiseptica*）也被认为是引起PRDC的原发性病原体。其他细菌被认为是继发性或机会性呼吸道病原，主要包括多杀性巴氏杆菌、猪鼻支原体、副猪嗜血杆菌、甲型溶血性链球菌（包括猪链球菌）、猪放线杆菌、化脓隐秘杆菌、猪霍乱沙门氏菌和鼠伤寒沙门氏菌。最近，Oliveira Filho等（2018）建议将多杀性巴氏杆菌归为原发性病原体，因为它们可以在猪体内没有任何其他公认的辅助病原感染的情况下，引起坏死性支气管肺炎及弥漫性纤维蛋白性胸膜炎和心包炎。不过，关于这些判断的最终结果有待后续研究来证实。

7.3.1 与胸膜肺炎放线杆菌的相互作用

胸膜肺炎放线杆菌是猪胸膜肺炎的病原（Gottschalk，2012a）。毒性最强形式的胸膜肺炎放线杆菌可在所有年龄段的阴性猪中尤其是在生长猪中，引起严重的、迅速致死的、纤维素性出血性胸膜肺炎和坏死性胸膜肺炎。胸膜肺炎放线杆菌感染可从无表现的慢性或亚临床感染状态突然暴发，或维持无症状的亚临床感染状态。这种细菌可在猪体组织中持续存在，尤其是存在于扁桃体隐窝和隔离的坏死性肺叶内。胸膜肺炎放线杆菌有15种血清型，其流行率和毒力因地区而异：血清2型和9型在欧洲国家尤其是法国最为普遍，而血清1型和5型在北美最为常见（Gottschalk，2012a）。Frey介绍了参与定植（Ⅳ型菌毛，脂多糖）和肺泡上皮细胞裂解（4种外毒素：ApxⅠ、Ⅱ、Ⅲ和Ⅳ）的毒力因子（Frey，1995；Gottschalk，2012a）。毒素ApxⅠ、Ⅱ和Ⅲ除了裂解呼吸道上皮细胞外，对参与先天性免疫应答的巨噬细胞和中性粒细胞也具有裂解活性（Dom等，1992；Cullen和Rycroft，1994）。当毒素浓度降低时，其裂解特性丧失；然而，这些低浓度的毒素以及胸膜肺炎放线杆菌荚膜多糖仍然可以改变巨噬细胞的趋化活性和吞噬功能（Inzana等，1988；Tarigan等，1994）。猪免疫球蛋白IgA和IgG也可被胸膜肺炎放线杆菌产生的蛋白酶降解（Negrete-Abascal等，1994；Negrete-Abascal等，1998）。被感染的宿主在较长时间内仍具有传染性的可通过这些免疫应答调节机制来解释，故将胸膜肺炎放线杆菌描述为一种“长周期”的病原体（如同猪肺炎支原体）。

猪肺炎支原体和胸膜肺炎放线杆菌的混合感染是引起PRDC的常见原因（Thacker，2006）。例如，在法国125个猪群的3 731只猪肺脏中，检测到猪肺炎支原体和胸膜肺炎的比例分别为69.3%和20.7%，并且猪肺炎支原体和胸膜肺炎放线杆菌的PCR阳性结果之间存在显著关联性（Fablet等，2012a）。实验研究表明，猪肺炎支原体的共感染可能会加重猪胸膜肺炎放线杆菌的病变程度（Yagihashi等，1984；Marois等，1989a, b；Marois等，2009年；Lee等，2014）。猪在实验条件下感染猪肺炎支原体后7d、16d或28d再感染胸膜肺炎放线杆菌，表现出严重的临床症状（体温过高、咳嗽和死亡）、肺部病变（对应于两种细菌菌株组合诱导的病变）和生长减缓（Yagihashi等，1984；Marois等, 1989a, b；Marois等, 2009）。猪肺炎支原体-胸膜肺炎放线杆菌混合感染可调节免疫应答：猪肺炎支原体可能影响吞噬反应，尤其是在继发感染胸膜肺炎放线杆菌的猪中，例如通过降低巨噬细胞的吞噬能力，使胸膜肺炎放线杆菌对组织造成更严重的损伤。(Caruso和Ross，1990；Ciprián等，1994)。

7.3.2 与支气管败血波氏杆菌的相互作用

支气管败血波氏杆菌广泛存在，在呼吸道疾病中扮演多重角色。它不仅造成非进行性萎缩性鼻炎，也可促进产毒性多杀性巴氏杆菌在鼻腔的定植（导致严重的进行性萎缩性鼻炎），也是引起小猪支气管肺炎和大猪PRDC的主要病因之一（Palzer等，2008；Brockmeier等，2012）。然而，支气管败血波氏杆菌和猪肺炎支原体在猪场的混合感染的频率以及对呼吸道的影响尚不清楚。很少有涉及这两种病原体的流行病学的研究文献，目前也缺少实验室共感染研究数据。在美国，猪肺炎支原体是临床呼吸道病例中继多杀性巴氏杆菌之后第二常见的微生物（Opriessnig等，2011a），但支气管败血波氏杆菌在诊断报告中的流行率相对较低，表明潜在互作的案例很少。近期奥地利的一些研究发现，在患间质性肺炎或肺孢子虫感染的阳性病例肺样本中，支气管败血波氏杆菌的检出率也相对较低（Kureljušić等，2016；Weissenbacher Lang，2016）。在这些研究中，猪肺炎支原体也是第二常见的病原体。关于猪肺炎支原体与支气管败血波氏杆菌体外细胞共感染的机制未见报道。然而，有报道描述了支气管败血波氏杆菌对巨噬细胞的体外细胞毒性作用，这可能对该病原体也可能包括其他呼吸道病原体（如猪肺炎支原体）的定植和持续存在起着重要作用（Brockmeier和Register，2007；Brockmeier等，2012）。2017年Yim等发现支气管败血波氏杆菌抗原可促进猪肺炎支原体抗原特异性抗体的产生，这为支气管败血波氏杆菌抗原用作疫苗佐剂或疫苗抗原开启了新思路。

7.3.3 与多杀性巴氏杆菌的相互作用

多杀性巴氏杆菌是导致肺炎型巴氏杆菌病的病原，通常出现在地方性肺炎或PRDC的最后阶段。在重度病例中可观察到败血性巴氏杆菌病、胸膜炎和脓肿（Register等，2012；Oliveira Filhoetal等2018）。多杀性巴氏杆菌不仅能引起肺炎，还可因产毒素多杀性巴氏杆菌和支气管败血波氏杆菌的联合作用造成进行性萎缩性鼻炎，因此对全球猪健康具有显著威胁（Register等，2012；Parket等2016b）。皮肤坏死性毒素在肺炎性巴氏杆菌病中的作用仍存在争议（Pijoan等，1984；Register等，2012）。由多杀性巴氏杆菌感染引起的化脓性支气管肺炎可导致颅腹侧肺实变，在显微镜下的特征为支气管和肺泡间隙的中性粒细胞浸润，间质增厚（Register等，2012）。在法国，36.9%的肺病变组织中可检测到多杀性巴氏杆菌，并与猪个体水平和群体水平的肺炎发生均相关联。此外，多杀性巴氏杆菌的PCR阳性结果与猪肺炎支原体的DNA检测之间也存在显著相关性（Fablet等，2012a）。德国也报告了类似的结果（Palzer等，2008）。

多杀性巴氏杆菌有5个荚膜血清型（A、B、D、E和F型），大多猪分离菌是A和D型（Register等，2012）。血清A型最常见于炎性肺组织，而大多数进行性萎缩性鼻炎病例分离株为血清D型，但两种情况都可分离出任何一种血清型（Register等，2012）。

科学家们进行了实验研究以验证多杀性巴氏杆菌作为次级病原时的作用（Ciprián等，1988；Amass等，1994；Andreasen等，2000；Stipkovits等，2001；Eamens等，2012；Tocqueville等，2017）。所有研究表明，相较于单独感染多杀性巴氏杆菌，猪感染猪肺炎支原体后再感染多杀性巴氏杆菌，会表现出更严重的临床症状（咳嗽、高热）和肺部病变。猪肺炎支原体感染引起纤毛上皮细胞受损和免疫抑制可能是继发多杀性巴氏杆菌感染的主要原因。同时，多杀性巴氏杆菌具有A型多糖荚膜，有助于抵抗吞噬作用。猪肺炎支原体和多杀性巴氏杆菌同时或继发感染的发病机制尚不清楚。尽管如此，最近的一项研究表明，猪肺炎支原体改变了岩藻糖基糖复合物的原位组成，以增强多杀性巴氏杆菌A型对支气管和支气管上皮细胞的黏附作用（Park等，2016b）。关于猪肺炎支原体和多杀性巴氏杆菌混合感染诱导免疫应答机制的研究未见报道。

7.3.4 与其他支原体的相互作用

猪肺中还可检测到其他两种支原体：猪鼻支原体和絮状支原体（Fourour等，2018）。猪鼻支原体于1955年发现，是第一种被发现的猪的支原体，其与猪的其他支原体种（包括猪肺炎支原体）相比，在培养基中生长相对较快，培养难度相对较低（Switzer，1955；Gois等，1968；Friis，1971a；Gois等，1971）。最初，猪鼻支原体被描述为呼吸系统的共生病原体，因为其存在与临床病症之间无整体相关性（Thacker和Minion，2012）。有研究证实一些感染可能是亚临床的，但是其他研究表明猪鼻支原体可能引起不同类型的病理变化，例如多发性浆膜炎（心包炎、胸膜炎、腹膜炎）、关节炎、耳部感染、结膜炎和败血症（Thacker和Minion，2012）。

对于猪鼻支原体在肺炎中的作用仍存在争议（Palzer等，2008；Hansen等，2010；Luehrs等，2017）。然而，猪鼻支原体参与PRDC的可能性比较大，因为相较于健康猪，猪鼻支原体更易在患肺炎的猪中检测到。

针对絮状支原体的研究和数据相对有限。大部分研究将絮状支原体作为猪场中常见的支原体，但未展开流行病学研究（Kobisch和Friis，1996；Thacker和Minion，2012）。絮状支原体通常被认为是呼吸系统的共生菌，在健康的肺部组织或者患肺炎的肺部组织中均可检测到，但无数据表明它与致病性直接相关。

猪肺炎支原体和絮状支原体混合感染似乎不影响疾病的临床或病理学症状（Strasser等，1992）。然而，在人工感染无特定病原体（SPF）猪时，能够观察到固有层中淋巴-组织细胞样细胞增殖和鼻黏膜或肺组织上皮层病变（Kobisch和Friis，1996）。最近Fourour等采用SPF猪进行了一项研究，先攻毒猪肺炎支原体，再攻毒猪鼻支原体或絮状支原体。与仅感染猪肺炎支原体的猪相比，同时感染猪肺炎支原体和猪鼻支原体或絮状支原体的猪在实验第3周表现出生长速度迟缓和较高的抗体水平。在感染猪肺炎支原体和猪鼻支原体的猪中，(i) 在支气管中检测到猪鼻支原体（单纯感染猪鼻支原体的猪中未检出），(ii) 在多发性浆膜炎病变部位中检测到猪肺炎支原体，(iii) 猪肺炎支原体特异性IgG抗体的产生略有延迟，肺炎程度无显著差异。这项试验表明，猪肺炎支原体和絮状支原体或猪鼻支原体的混合感染可能通过诱导猪炎症状态而加重，损伤免疫系统，导致猪健康状况整体恶化(Fourour等，2019b)。用猪肺炎支原体和猪鼻支原体或絮状支原体共刺激猪骨髓源树突状细胞（BM-DC），结果显示BM-DC产生的TNF-α减少（Fourour等，2019a）。此外，絮状支原体和猪肺炎支原体的共感染增加了BM-DC分泌IL-10的能力。因此，猪鼻支原体或絮状支原体与猪肺炎支原体的混合感染可能参与免疫应答的调节，并影响疾病的严重程度（Fourour等，2019a）。

7.3.5 与其他细菌的相互作用

副猪嗜血杆菌、猪链球菌、猪放线杆菌、化脓隐秘杆菌、猪霍乱沙门氏菌和鼠伤寒沙门氏菌可导致败血症，到达肺部，并在支气管肺炎中起作用（Palzer等，2008；Opriessnig等，2011a；Aragon等，2012；Carlson等，2012；Gottschalk，2012b；Taylor，2012；Jarosz等，2014；Maes等，2018）。关于这些病原与猪肺炎支原体的相关性研究尚无报道。化脓性隐秘杆菌和肠道沙门氏菌很少见。从表现呼吸道疾病临床症状的猪（来自德国93个农场）采集的239份支气管肺泡灌洗液中，α-溶血性链球菌是最常检出的细菌性病原。它们的存在与猪鼻支原体、多杀性巴氏杆菌和支气管败血波氏杆菌相关，并且在已经感染其他病原体的猪中更易检出（Palzer等，2008）。Palzer等提出了两种假设：①α-溶血性链球菌的增殖可能影响肺表面，使其更容易受其他继发性或条件致病菌的定植；②感染这些病原体后，链球菌的肺部定植能力增强（Palzer等，2008）。猪链球菌是一种猪致病性α-溶血性链球菌，可引起脑膜炎、关节炎、心包炎、多发性浆膜炎和败血症，并可能导致支气管肺炎(Gottschalk，2012b)。猪链球菌诱发肺炎的机制尚不清楚。在法国，猪肺中猪链球菌和副猪嗜血杆菌DNA的检出率低于猪肺炎支原体，三种病原在屠宰场采集的肺样本中的PCR阳性率分别为6.4%、0.99%和69.3%（Fablet等，2012a）。

然而，研究发现肺脏组织中猪肺炎支原体与副猪嗜血杆菌的DNA检出率呈显著正相关（Fablet等，2012a）。本节描述的猪肺炎支原体和条件致病菌混合感染的确切发病机制和宿主反应尚不清楚，这也对这些细菌病原（如副猪嗜血杆菌）在PRDC中的作用提出了质疑。

目前已知的关于猪肺炎支原体与细菌的相互作用影响见表7.1。

表7.1 猪肺炎支原体与细菌相互作用影响的主要结果概述

	临床症状		肺部病变	
与PRRSV的相互作用	协同效应	叠加效应	协同效应	叠加效应
胸膜肺炎放线杆菌		Yagihashi等，1984 Marois等，1989 Marois等，2009		Yagihashi等，1984 Marois等，1989 Marois等，2009
支气管败血波氏杆菌	未报道	未报道	未报道	未报道

（续）

	临床症状		肺部病变	
多杀性巴氏杆菌		Ciprìan等，1988 Amass等，1994 Andreasen等，2000 Stipkovits等，2001 Eamens等，2012 Tocqueville等，2017		Ciprìan等，1988 Amass等，1994 Andreasen等，2000 Stipkovits等，2001 Eamens等，2012 Tocqueville等，2017
猪鼻支原体		Fourour等，2019		
絮状支原体		Fourour等，2019		
与其他细菌的相互作用	未报道	未报道	未报道	未报道

7.4 猪肺炎支原体与肺部疾病相关病毒的相互作用

了解猪肺炎支原体和呼吸道病毒如何相互作用，对于控制PRDC（猪呼吸道病综合征）至关重要。下文主要介绍了猪肺炎支原体与呼吸道原发性病毒包括猪繁殖与呼吸道综合征病毒（PRRSV）、猪甲型流感病毒（IAV-S）、猪圆环病毒2型（PCV2）和伪狂犬病病毒（PRV）等的相互作用。

7.4.1 与PRRSV的相互作用

PRRSV是一种有囊膜的RNA病毒，对猪有种属特异性，属于动脉炎病毒科。PRRSV感染的特征是妊娠母猪繁殖障碍、子宫内感染仔猪断奶前死亡率高以及生长猪和育成猪的呼吸系统症状（Done等，1996；Kranker等，1998；Rossow，1998）。PRRSV可与其他传染性病原相互作用，通常与猪肺炎支原体同时感染，引发PRDC（Chae，2016）。

猪肺炎支原体与PRRSV在猪呼吸道中的相互作用较为复杂。实验条件下，当两种病原同时存在时，感染顺序不同，结果会有很大差异。感染猪肺炎支原体3周后再感染PRRSV，对PRRSV引起的肺炎有加重作用（图7.1A；Thacker等，1999）。另一方面，接种PRRSV10d后再接种猪肺炎支原体，对肺炎的严重程度无任何影响（图7.1B；Thacker等，1999）。研究显示猪在3周龄或6周龄同时感染猪肺炎支原体和PRRSV也未产生协同效应（图7.1C和7.1D；Van Alstine等，1996；Thacker等，1999；Bourry等，2015）。事实上，猪肺炎支原体和PRRSV双重感染猪表现出每种病原体的临床特征的组合，但致病性未显著恶化。两种病原体相互作用的可能机制目前尚不明确。实验研究表明，猪肺炎支原体对PRRSV肺炎的加重和延长病程的作用依靠的是支原体肺炎和PRRSV肺炎病程中诱发的炎症反应（Thanawongnuwech等，2001；Thanawongnuwech等，2004）。感染猪肺炎支原体后，巨噬细胞和淋巴细胞在肺实质中聚集可增加PRRSV易感细胞的数量，从而使肺炎加重和延长病毒性肺炎的病程（Opriessnig等，2011a）。此外，两种病原诱发的炎症反应可能会进一步削弱肺部免疫应答，降低对PRRSV的清除效率（Thanawongnuwech等，2001；Thanawongnuwech等，2004）。因此，猪肺炎支原体可能在炎症调节中通过诱导促炎性细胞因子和募集巨噬细胞发挥初始作用，从而使动物更易感染PRRSV。

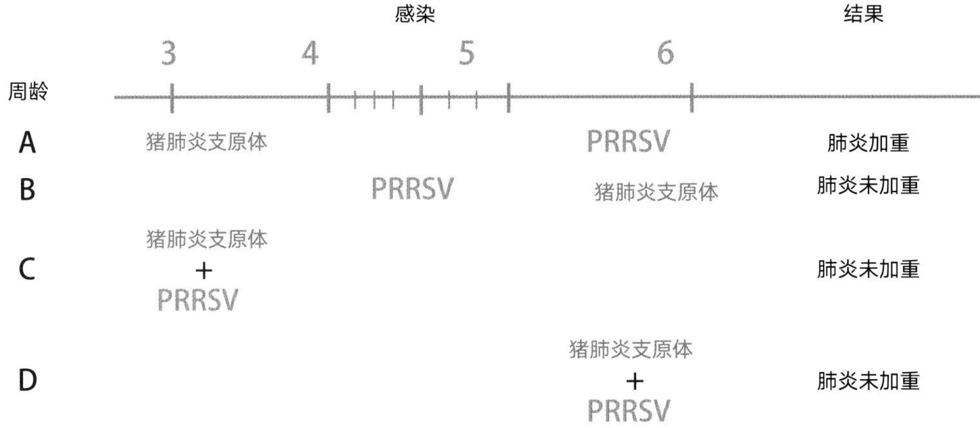

图7.1　猪肺炎支原体与PRRSV（猪繁殖与呼吸综合征病毒）的相互作用。猪肺炎支原体感染先于PRRSV感染，PRRSV引起的肺炎被加重（A），猪肺炎支原体感染发生在PRRSV感染之后（B），或者在3周龄（C）或6周龄（D）时同时感染，未观察到PRRSV诱导肺炎的加重（来源：Van Alstine等，1996；Thacker等，1999）

了解这种相互作用对于疫苗接种也很重要。由于先感染猪肺炎支原体会加重PRRSV引起的肺炎病变，单独接种猪肺炎支原体疫苗能够显著减轻这些症状（Thacker等，1999）。两项研究已证明这种效应，因为免疫接种猪肺炎支原体疫苗能够降低猪肺炎支原体对PRRSV感染的增强作用（Thacker等，2000b；Park等，2014）。这些结果也与田间研究一致，其中接种猪肺炎支原体的疫苗改善了猪肺炎支原体和PRRSV共感染猪的生长性能（Moreau等，2004）。总之，这些数据表明，如果猪同时感染猪肺炎支原体和PRRSV，那么接种猪肺炎支原体疫苗尤为重要（Chae，2016）。

在制订涉及这些病原的疫苗接种方案时，有几点值得注意：首先，先感染猪肺炎支原体会增加PRRSV诱导肺炎的严重程度。其次，单独接种猪肺炎支原体疫苗可能缓解PRRSV诱导肺炎的严重程度，因此，应优先接种猪肺炎支原体疫苗。

7.4.2　与PCV2的相互作用

PCV2是一种小型、无囊膜、单链DNA病毒，是现代养猪生产中可能造成经济损失的最重要的病毒之一。PCV2通常会造成感染猪的淋巴损伤和免疫抑制（Segalés等，2004），因而易与其他病原发生混合感染。早期研究表明，在猪圆环病毒病（PCVD）临床病例中，美国的猪肺炎支原体检出率为35.5%（Pallarés等，2002），韩国为31.4%（Kim等，2003）。此外，感染PCV2的猪同时感染猪肺炎支原体的可能性是PCV2阴性猪的3.77倍（Dorr等，2007），表明猪肺炎支原体对PCVD的发生起重要作用。

与PCV2一样，猪肺炎支原体感染通常与免疫调节相关（刺激或抑制；Kishima 和 Ross，1985；Kishima等，1985；Maes等，1996），同时猪肺炎支原体对猪淋巴细胞也有非特异性促分化作用（Messier 和 Ross，1991）或活化巨噬细胞分泌细胞因子（Messier和 Ross，1991；Asai等，1993；Thanawongnuwech等，2001），因此，猪肺炎支原体可通过这些途径增强PCV2感染。在使用PK-15细胞系的体外研究中，相较于提前感染或者同时感染猪肺炎支原体，感染PCV2后再按一定时间与剂量感染猪肺炎支原体可以增强PCV2的复制，这突显了体外和体内感染的重要动态差异（王海燕等，2016a）。为进一步研究PCV2和猪肺炎支原体的关系，在普通猪4周龄时用猪肺炎支原体进行人工感染，2周后用PCV2进行攻毒（Opriessnig等，2004）。双重感染的猪生长速率降低，出现中度呼吸困难。猪肺炎支原体加重了与PCV2相关的肺部和淋巴病变，增加了PCV2抗原的数量并延长了其存在时间，提高了猪的PCVD发病率（Opriessnig等，2004）。另一个研究团队使用相同的感染间隔也获得了相似的结果（Seo等，2014）。相比之下，同时混合感染PCV2和猪肺炎支原体不会增强猪的症状（Sibila等，2012）。猪肺炎支原体需要时间来建立感染并诱导淋巴增生，而淋巴增生一旦出现，便给PCV2的复制提供了第一个重要立足点。这可以解释同时感染PCV2和猪肺炎支原体的猪和感染猪肺炎支原体2周后再感染PCV2猪的结果差异。

猪肺炎支原体和PCV2共同感染除了影响幼龄猪外，对高度健康的繁殖种群和种公猪群，或新引进的对这些病原体免疫力不足的幼龄后备母猪和公猪也有很大影响。进入育种猪群或公猪圈的后备母猪或幼龄公猪，首次接触猪肺炎支原体或者PCV2等传染性病原，在受到多种含佐剂疫苗接种、运输或混群应激的情况下，非常容易出现猪肺炎支原体和PCV2混合感染的临床症状（Opriessnig等，2006）。为试验验证，对年轻公猪进行了2种病原的共感染攻毒，结果与之前在生长猪上得到的研究结果相同（Opriessnig等，2011b）。对同时感染PCV2和猪肺炎支原体的猪的气管－支气管淋巴结中的细胞因子和趋化因子mRNA表达谱进行研究，发现猪肺炎支原体通过提高IFN-γ（干扰素γ）和IL-10（白细胞介素10）的mRNA表达水平增强了PCV2感染（Zhang等，2011）。对于单独感染PCV2和双重感染的猪，干扰素γ和趋化因子的增加以及干扰素-α 的降低，与淋巴病变程度的加重以及PCV2抗原的存在相关。

7.4.3 与猪甲型流感病毒的相互作用

猪甲型流感病毒是有囊膜单链RNA病毒，属于正黏病毒科，是猪流感的病原体。猪流感是一种急性呼吸道疾病，特征为体温过高、食欲不振、嗜睡和呼吸问题。猪甲型流感病毒在世界各地猪密集地区呈地方性流行，当与其他病毒和（或）细菌共感染时，被认为是PRDC的主要病原体（Opriessnig等，2011a）。

IAV-S与其他病原体的共感染非常常见。例如，在美国，对从患有呼吸系统问题的猪采集的2 872个肺进行分析，结果显示在19%的病例中同时检测到IAV-S与其他呼吸道病原体，而只有3.1%的样本仅被IAV-S感染（Choi等，2003）。猪肺炎支原体与IAV-S的混合感染占混合感染病例的22.3%（即占总病例数的4.3%），是第二大常见的与IAV-S混合感染的疾病（最常见的混合感染是多杀性巴氏杆菌与IAV-S混合感染）。

研究人员对曾感染或未感染猪肺炎支原体的猪进行了几项实验研究，以探究支原体对后续IAV-S感染结果的影响，并探究这种相互作用的机制。两次感染之间的时间间隔似乎是影响猪流感恶化与否的一个重要因素。事实上，当接种病原体的间隔为21d而非7d时，猪肺炎支原体与IAV-S混合感染的猪的临床症状和肺部病变加重。此外，无论剖宫产－禁食初乳（CDCD）猪还是普通猪，研究结果都强调了在IAV-S感染时，呼吸道中必须已经存在支原体，才能增强IAV-S的感染。病毒亚型似乎也是影响PRDC发展的一个重要因素，猪肺炎支原体感染可加强后续H1N1甲型猪流感的严重程度，而对H1N2甲型猪流感的影响则不显著（Deblanc等，2012）。与仅感染H1N1甲型流感病毒的仔猪相比，混合感染猪肺炎支原体和H1N1甲型流感病毒的猪在感染IAV-S后4d内体重下降、高热时间延长且肺炎病变扩大。

流感加重的潜在机制尚未完全解析，但似乎猪肺炎支原体引起的一些改变可能是发病加重和恢复迟缓的根源。首先，研究表明支原体可诱导氧化应激，影响后续流感病毒感染的严重程度，且混合感染可诱导营养代谢的严重失调（Deblanc等，2013；Le Floc'h等，2014）。其次，猪肺炎支原体在感染后早期（2d，Deblanc等，2016）既不影响流感病毒复制，也不影响干扰素诱导的肺部抗病毒反应，但有利于病毒在肺部的持续存在。事实上，病毒基因组在H1N1甲型流感病毒感染7d后仍存在于混合感染猪的肺膈叶中，但仅感染H1N1甲型流感病毒的猪则没有这种情况（Deblanc等，2012）。考虑到猪肺炎支原体感染可导致吞噬细胞功能下降（Thacker和Minion，2012；Deeney等，2019），这可能是肺中病毒清除延缓的部分原因。最后，支原体感染使猪在感染H1N1甲型流感病毒后产生更强的炎症反应（Deblanc等，2016）。与仅感染H1N1甲型流感病毒的猪相比，共感染猪的促炎细胞因子（IL-6、IL-1β 和TNF-α）生成增加，肺部巨噬细胞和中性粒细胞浸润更多。这种明显的炎症状态在加剧H1N1甲型流感病毒感染后的组织损伤和临床症状以及延长病程中发挥重要作用。猪肺炎支原体感染导致的慢性肺部炎症在感染后21d达到峰值（Deblanc等，2016）。因此，研究人员认为对IAV-S感染的应答对已经存在的猪肺炎支原体引起的炎症具有附加效应，而不是协同效应。

7.4.4 与其他病毒的相互作用

猪肺炎支原体抗体能和其他多种病毒的抗体并存，如伪狂犬病病毒（PRV）、猪呼吸道冠状病毒（PRCV，在早期研究中被认为是传染性胃肠炎病毒）、血凝性脑脊髓炎病毒、肠道病毒和猪巨细胞病毒（PCMV）（Marois等，1989a，b；Maes等，1999b）。此外，在自然条件下，支原体还与PCMV（Hansen等，2010）和猪细环病毒（*Torque teno sus* viruse，TTSuV）（Rammohan等，2012；Weissenbacher-Lang等，2016）同时检出。然而，猪肺炎支原体和其他病毒或其抗体的同时存在并不意味着它们之间存在相互作用。

猪肺炎支原体和上述章节中提到的病毒实验性感染的相互作用已被较好地阐明，关于支原体与PRV、PRCV和猪腺病毒的相互作用也开展了一些研究。接种猪肺炎支原体1周后再接种PRV，结果显示与仅接种猪肺炎支原体组相比，双重攻毒组中猪肺部病变更广泛（颅腹侧肺实变），并且支气管肺泡灌洗液中支原体病原载量也更高。这些观察结果与猪肺炎支原体接种2周和4周后再接种PRV的效果一致（Shibata等，1998）。同样，与仅接种猪肺炎支原体组相比，支原体与PRCV同时接种导致猪肺部病变的严重程度加剧（Marois等，1989a，b）。与单独分别接种两种病原体相比，共感染猪肺炎支原体与猪腺病毒的无菌猪发生了更严重的病变（Kasza等，1969）。因此，目前有限的研究数据表明，PRV、PRCV和猪腺病毒与猪肺炎支原体在肺部病变扩展方面具有增强协同作用，尽管涉及的相互作用机制仍未知。关于猪肺炎支原体与其他病毒的混合感染尚无最新资料。

目前已知的猪肺炎支原体与病毒的相互作用影响见表7.2。

表7.2 猪肺炎支原体与病毒相互作用影响的研究结果概述

与PRRSV的相互作用	临床症状		肺部病变	
	协同效应	叠加效应	协同效应	叠加效应
PRRSV			Thacker等，1999	
PCV2*	Opriessnig等，2004		Opriessnig等，2004	Seo等，2014
与猪甲型流感病毒的相互作用		Thacker等，2001 Yazawa等，2004 Deblanc等，2012		Thacker等，2001 Yazawa等，2004 Deblanc等，2012 Deblanc等，2016
PRV				Scheidt等，1995
PRCV				Marois等，1989
腺病毒				Kasza等，1969

* 在Sibila等（2012）的研究中，同时感染PCV2和猪肺炎支原体的普通猪未产生任何协同或相加作用。

7.5 猪肺炎支原体与寄生虫感染及真菌毒素的相互作用

寄生虫感染或被真菌毒素污染的饲料会降低宿主呼吸道对感染性病原的免疫应答能力（Tjørnehøj等，1992；Oswald，2011）。Flesja和Ulvesaeter（1980）观察到肺炎的范围与迁移的猪蛔虫（*A. suum*）幼虫引起的肝脏白斑病变的存在显著相关。这项研究首次验证了寄生虫和肺炎感染性病原之间的假定关系。在本书后续关于疫苗接种的章节中探讨了猪蛔虫感染对猪肺炎支原体疫苗接种效果的影响（Steenhard等，2009）。

真菌毒素类有毒物质也会损害猪健康，影响感染后的免疫应答。真菌毒素由真菌产生，可能存在于各种常用的猪饲料原料中，污染的程度也具有较大的差异性。评估猪肺炎支原体与真菌毒素之间关系的研究很少，已有的研究结果表明，毒素对猪肺炎支原体感染的影响可能因毒素而异。暴露于人工污染伏马菌素B的饲料会加剧猪肺炎支原体感染过程和肺部病变（Posa等，2013；Posa等，2016），但与饲喂无污染饲料的猪相比，暴露于呕吐毒素（DON）污染的饲料不会增加猪肺炎支原体感染的严重程度（Michiels等，2018）。

7.6 结论

总之，猪肺炎支原体通常是原发性病原，其与一种或多种细菌和/或病毒的相互作用通常会导致更严重的疾病。这种相互作用对临床结果和肺部病变的影响取决于所涉及病原的菌株/毒株、感染剂量、感染时间、感染途径以及感染顺序。对几种病原微生物之间的相互作用、作用机理和效应的了解往往局限于所采用的实验方法，这些方法并不能反映感染的多样性和复杂性，以及真实自然感染中的相互作用。

然而，为了制定更有效的猪肺炎支原体感染防控策略，需要更好地识别每个特定病例中与肺部病变有关的所有病原，甚至包括那些微不足道的混合感染，并了解其病理生理学机制与宿主免疫应答。“组学”技术等新兴的实验室方法必将成为未来几年科学进步的一个重要来源。因此能够更好地厘清猪肺炎支原体与相关感染病原体之间的相互作用，减少呼吸道疾病引起的动物健康和福利问题及对生产性能的影响，进而降低对生猪生产者的经济影响。

第 8 章

猪肺炎支原体感染及其相关疾病的诊断

Chanhee Chae[1]
Joáo Carlos Gomes-Neto[2]
Joaquim Segalés[3]
Marina Sibila[4]

1 韩国，首尔，首尔大学，兽医学院
2 美国，内布拉斯加州-林肯大学，布拉斯加州创新校区
3 西班牙，巴塞罗那自治大学，雷尔卡农业技术研究所（IRTA），雷尔卡动物研究中心（CReSA），巴塞罗那自治大学兽医学院
4 西班牙，巴塞罗那自治大学，雷尔卡农业技术研究所（IRTA），雷尔卡动物研究中心（CReSA）

8.1 引言

猪肺炎支原体（*M. hyopneumoniae*）感染的活体诊断很困难，主要原因包括感染部位不可见，具有逃避宿主免疫系统的能力而导致血清阳转延迟，病原分离要求特殊。所有这些使得猪群中猪肺炎支原体的净化成为一项具有挑战性的工作。猪肺炎支原体感染引起支原体肺炎可能取决于许多因素，如：感染压力、暴露时间、混合感染以及相关菌株的数量和毒力，这些使得诊断更加困难。正因如此，猪肺炎支原体的感染进程也大有不同，在地方性流行猪群中可能呈亚临床感染，也可能导致轻微的呼吸系统疾病，但在阴性猪群中则表现为严重的流行性呼吸道疾病的暴发（Maes等，2018）。因此，诊断方法应根据检测的目的来选择，如：确定呼吸道疾病或病变是否由猪肺炎支原体引起，在净化项目中识别亚临床感染的猪，和/或确定后备猪群是否为阴性。本章对可用的不同诊断技术的优势和局限性进行了综述。

8.2 临床病理诊断

该病原体引起的呼吸道疾病的初期症状是观察到一定数量的生长猪和/或育肥猪表现出不同严重程度的间歇性干咳（见第5章）。这个临床症状的诊断价值有限，因为其可由其他传染性病原体引起，也可由许多环境因素诱导产生（Maes等，2018）。此外，如果仅根据临床呼吸道症状来诊断，就可能无法发现亚临床感染的猪。因此，这些临床症状与猪肺炎支原体的关联性需要通过病原体的分离和/或抗体检测等实验室检测方法来确认。Nathues等提出了一种对育肥猪咳嗽的定量评估方法（咳嗽指数：咳嗽发作的总次数/受检猪的数量 × 总观察时间）（Nathues等，2012），然而，由于其确定临床症状病因的能力较低，建议在培训区分干咳和湿咳之后采用这种方法，并结合ELISA抗体检测或PCR病原检测来确定（Nathues等，2012）。

猪肺炎支原体引起肺脏出现肉眼可见的红色至紫色的实变区域（颅腹侧肺实变，CVPC）。这些区域通常对称地分布在尖叶、心叶、中间叶和膈叶的顶部（Garcia-Morante等，2016a）（参见第5章）。在剖检或屠宰检查时，肺部病变评估经常被用于评估可能与猪肺炎支原体感染相关的病变严重程度，因为这通常与猪群群体层面上的临床症状的严重程度相关。肺部检查还可发现无临床症状但处于肺部病变初期（亚临床感染猪）或恢复期（慢性感染猪）的感染动物。更多有关猪肺炎支原体肺部病变的特征和评估方法的内容详见第5章。

如果希望或要求进行组织病理学分析，则应从不同肺叶的实变区域采集肺组织浸入10%福尔马林中作为样本。其组织学病变表现为伴有支气管相关淋巴组织（BALT）增生的支气管间质性肺炎（BIP）（图8.1B）。微观病变评估有助于区分于肺萎陷（肺不张）引起的肉眼病变，并可对支气管间质性肺炎病变的严重程度进行评分（Sibila等，2012）。此外，镜检分析还可以发现肉眼无法观察到的初期病变。淋巴细胞和浆细胞在气道周围间质中形成环细支气管和环血管的淋巴样结节，表明病变更为严重（Calsamiglia等，2000）（图8.1C）。当出现一些中性粒细胞时，往往伴随继发性细菌感染，并以化脓性支气管肺炎病变为主（图8.1B）。

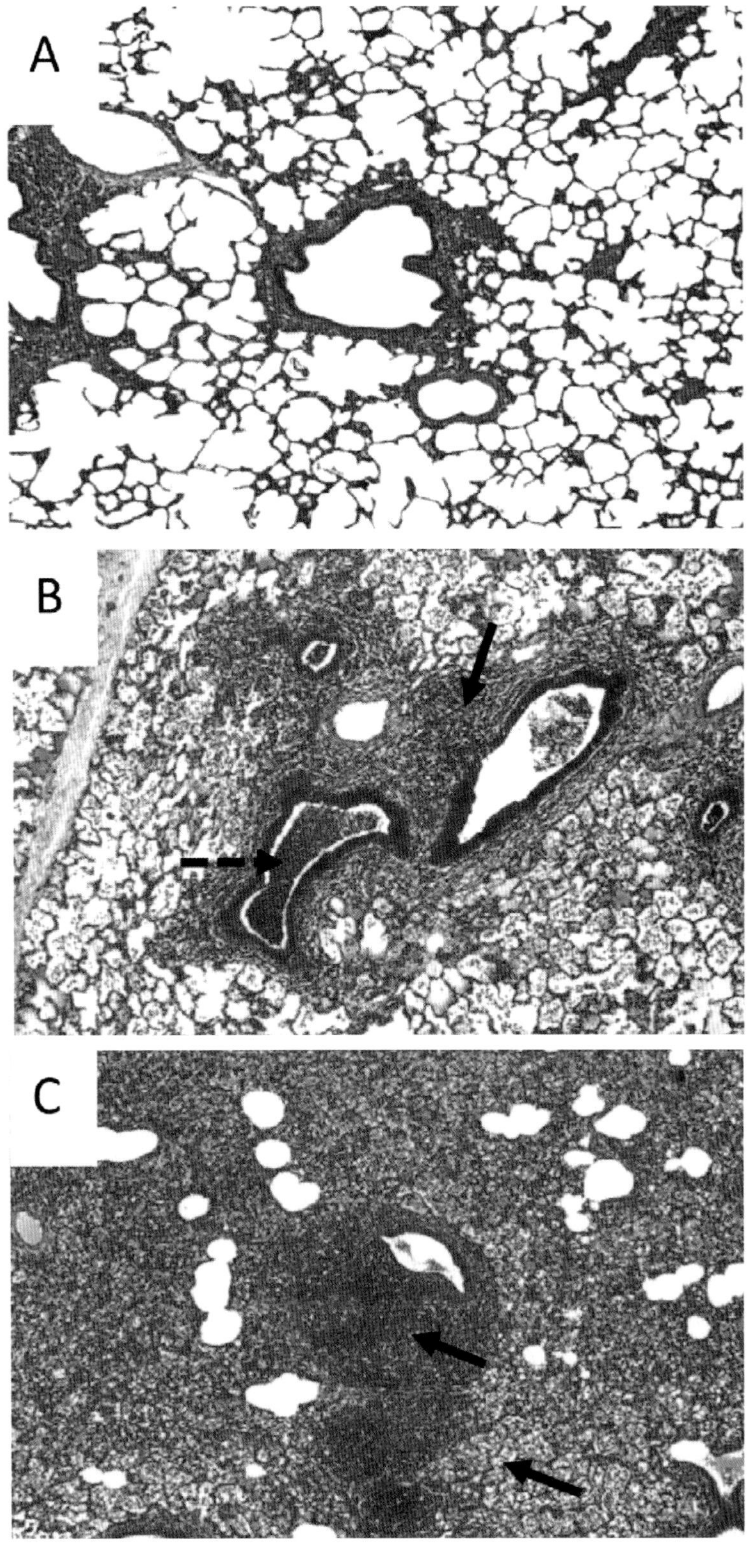

图8.1 （A）正常肺；（B）猪肺炎支原体感染引起的支气管间质性肺炎，伴有支气管相关淋巴组织（BALT）增生（黑色箭头）；肺部还伴有细菌感染引起的化脓性支气管肺炎（不连续的黑色箭头）；（C）淋巴滤泡增生伴有严重支气管相关淋巴组织增生的支气管间质性肺炎（黑色箭头）（来源：CReSA-IRTA）

8.2.1 鉴别诊断

重要的是，感染所导致的临床症状、宏观和微观病变并不是猪肺炎支原体所独有的。咳嗽和呼吸困难的所有潜在原因（感染性和非感染性）均应纳入临床鉴别诊断中（Ramirez，2019）。比如，猪肺炎支原体引起的肺实变（CVPC）可能类似于其他细菌［多杀性巴氏杆菌、支气管败血波氏杆菌、副猪嗜血杆菌、猪链球菌（*S. suis*）］或病毒［猪甲型流感病毒（IAV-S）］引起的病变（图8.2）。同样的，感染猪甲型流感病毒或被圆线虫属寄生虫寄生的动物也可显示支气管周围和血管周围淋巴组织增生。因此，病原的鉴别诊断最好应包括其他微生物，通过辅助诊断对这些病理表现进行确认。

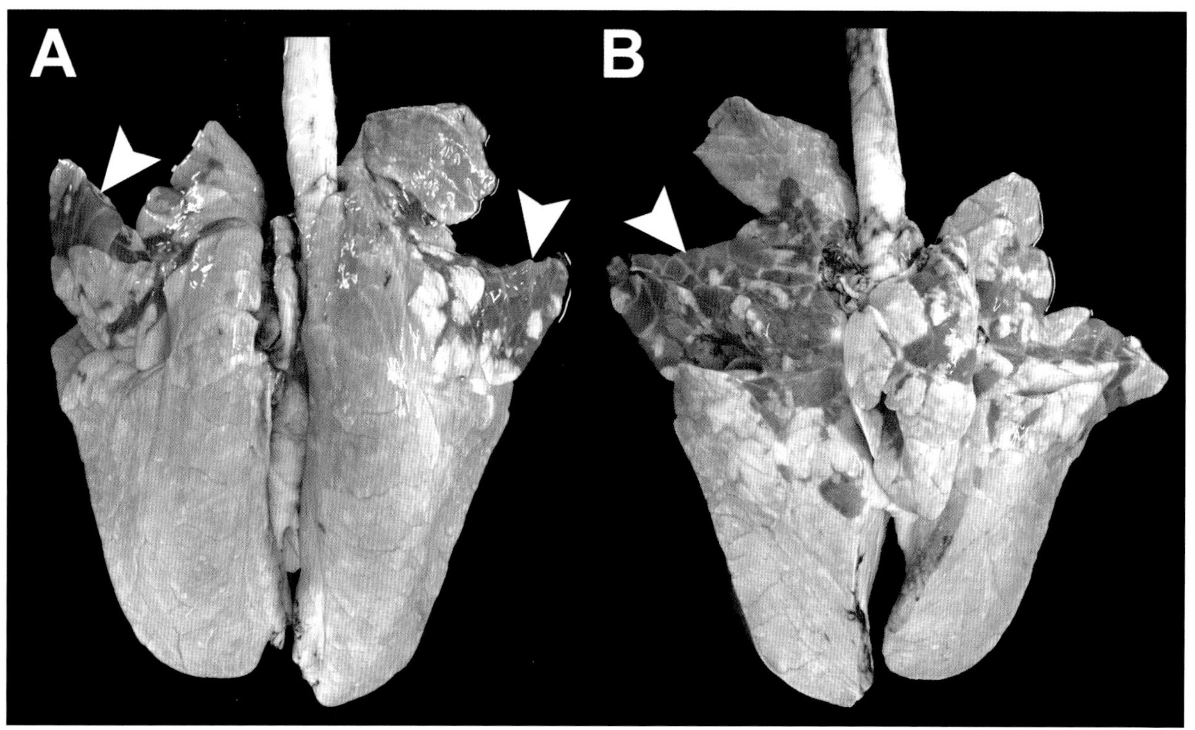

图8.2 **由猪甲型流感病毒攻毒实验引起的肺实变（CVPC）病变（白色箭头），图A和图B分别为肺的背侧视图和腹侧视图（来源：CReSA-IRTA）**

8.3 病原检测

8.3.1 分离和培养

传统上，细菌分离被认为是证明肺组织存在猪肺炎支原体的“金标准”方法。然而，由于特定的营养需求和苛刻的培养条件，使这种微生物的培养操作费时费力。这意味着阴性培养结果并非最终检测结论。此外，猪鼻支原体污染相当常见。它是猪呼吸道中一种对营养不太挑剔、生长更快和常见的寄居菌。因此，很少将猪肺炎支原体分离作为一种诊断方法。该技术通常仅在需要分离菌株时使用（Pieters和Maes，2019）。

支原体的基因组包含的基因数量有限，这意味着它需要从外部环境中获取一些必需的营养物质。在实验室条件下，通过在营养丰富的培养基中补充血清来克服支原体在体外难以培养的限制（Beier等，2018）。Niels Friis（1975）开发出培养支原体的最常用培养基，也是目前一些改良型培养基开发改进的基础。此外，市面上可购买到的还有其他猪肺炎支原体培养基，但它们的详细配方大多并未公开（Cook等，2016）。Friis培养基除基本成分外，还含有新鲜酵母提取物、脑心浸液肉汤、醋酸铊、酚红（作为pH指示剂）以及猪和马血清（Amstrong等，1994）。Friis培养基以及大多数从临床样本中分离猪肺炎支原体菌株所用的改良型培养基，均为液体肉汤培养基。一般来说，猪肺炎支原体在固体琼脂培养基中的生长非常困难，通常需要在液体培养基中多次传代数周后，才能在固体琼脂培养基上形成菌落。在固体培养基中生长受限与琼脂纯度及其抑制生长或保留一些营养物质的能力有关（Cook等，2016）。

为防止猪鼻支原体污染，Friis建议添加5%的抗猪鼻支原体高免血清和500μg/mL的环丝氨酸（Kobisch和Friis，1996）。最近，Cook等（2016）报道了一种猪肺炎支原体的选择性培养基，可通过添加卡那霉素来抑制猪鼻支原体的生长。

用于猪肺炎支原体分离的首选样本来自急性感染期感染猪的肺组织，以及支气管拭子或气管肺泡灌洗液。慢性病例中的猪肺炎支原体细菌载量是较低的。最好从健康组织和病变组织之间的过渡区域采集组织样本进行分离（Amstrong等，1994）。为了避免受到其他细菌的污染，建议将悬浮液通过0.45 μm的滤器进行过滤（A. Pérezde Rozas，个人经验）。这种过滤后的悬浮液应用肉汤培养基进行稀释，并在有氧环境中于37℃培养数天至数周（Pieters和Maes，2019）。培养时间通常由酚红指示剂的颜色变化来确定。培养中液体培养基不应出现浑浊的情况。使用相差显微镜在固态琼脂培养基中观察到猪肺炎支原体菌落可能需要数天至数周的时间（Cook等，2016；García-Morante等，2018）。因此，还是建议通过猪肺炎支原体特异性PCR鉴定菌落（Pieters和Maes，2019）。对于这种微生物，菌落形成单位（CFU）法通常不是一种合适的计量方法。相较之下，变色单位（CCU）测定是最常用的计量方法，然而，这种10倍稀释测定方法是一种间接、主观且准确度低的方法（Calus等,2010）。ATP光度测定法、流式细胞法和/或qPCR检测技术可为CCU测定提供支持（Calus等，2010；assonção等，2005a；García-Morante等，2018）。

8.3.2 猪肺炎支原体在组织中的检测和定位

组织中猪肺炎支原体的常见检测方法有免疫荧光测定法（IFA）、免疫组织化学法（IHC）和原位杂交法（ISH）（Doster和Lin，1988；Kwon等，2002；Opriessnig等，2004；Sarradell等，2003）。IFA和IHC都是检测特异性靶蛋白的方法，而ISH是检测靶DNA。组织样本应进行冷冻后用于IFA或固定后用于IHC和ISH。标准固定方法是使用福尔马林浸泡后，将组织样本包埋在石蜡中。福尔马林固定样本通常是病理学实验室诊断唯一可用的样本，因为来源于临床病例的新鲜和冷冻组织样本很少能够保存很长时间。通过IHC和ISH检测福尔马林固定的样本（图8.3），可确定猪肺炎支原体的定植程度和组织定位。对于冷冻组织样本，通常用IFA来确定猪肺炎支原体的组织定位。值得注意的是，由于气道中支原体定植后并不是到肺组织的所有部分都均匀分布，各种检测方法都需要选择感染活动期的动物肺组织进行采样。否则，即使使用灵敏的检测方法去检测感染动物样本仍可

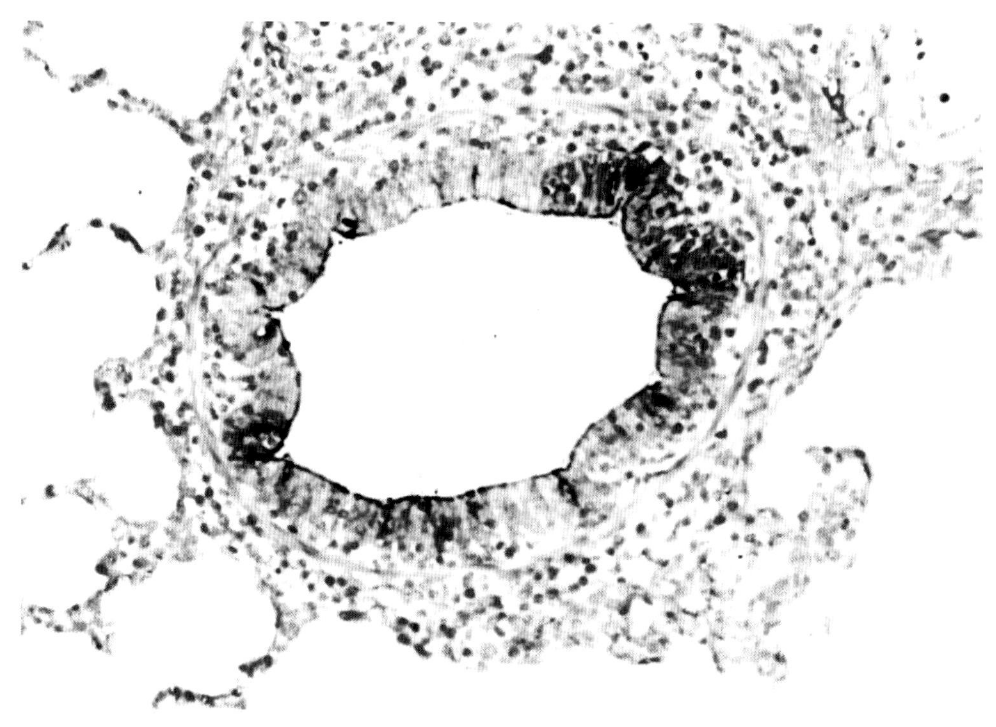

图8.3 细支气管上皮细胞管腔表面的猪肺炎支原体DNA（紫色反应），原位杂交法（来源：C. Chae）

能为阴性。

IFA和IHC的特异性和敏感性在很大程度上取决于所用抗体的质量。单克隆抗体和多克隆抗体已经用于检测福尔马林固定、石蜡包埋组织中的猪肺炎支原体（Doster和Lin，1988；Opriessnig等，2004；Sarradell等，2003）。通常，由于单克隆抗体靶向单个表位，因此，它比多克隆抗体具有更高的特异性（Haines和Chelack，1991）。然而，由于表位的大小和位置，单抗结合也可能受到限制，导致信号降低。由于多克隆抗体可能与免疫后血清中产生的其他抗体存在非特异性结合，因此，多克隆抗体的特异性较低。但是，它们具有较高的敏感性，因为它们能靶向更多的表位，从而增加了结合力和整体信号。敏感性的增加，是使基于多克隆抗体的IHC成为检测组织中猪肺炎支原体更实用的常规诊断方法的原因。

原位杂交法是一种能够检测少量猪肺炎支原体DNA的方法（Kwon，等，2002）。ISH比IHC更实用，因为通过PCR制备猪肺炎支原体特异性DNA探针比制备单克隆或多克隆抗体更容易。探针和序列数据库可用性的提高也使得该过程耗时更少，使该技术更适用于诊断和研究领域。

然而，值得注意的是，检测组织中的猪肺炎支原体的方法均不是完美的。上述所有方法都有各自的优点和缺点。IFA和IHC的局限性在于猪肺炎支原体与絮状支原体和猪鼻支原体具有相同的抗原决定簇，可导致假阳性（Armstrong等，1983；Bolske等，1987）。通过ISH使用猪肺炎支原体特异性DNA探针可以避免这种交叉反应性（Kwon等，2002）。但是，原位杂交法（ISH）在某些诊断实验室作为常规方法来使用可能有难度，因为与免疫组织化学法（IHC）相比，该方法在技术上更复杂、繁琐和昂贵。另外，使用地高辛标记的非放射性探针有助于已采用IHC的诊断实验室使用ISH。

8.3.3 PCR检测病原体

8

8.3.3.1 样本选择

猪肺炎支原体附着在气管、支气管和较大细支气管的纤毛上皮细胞上。因此，可在沿呼吸道采集的不同标本中检测其DNA。常用于评估猪肺炎支原体感染的样本包括：呼吸道拭子（鼻、扁桃体、喉部、气管和/或支气管拭子）、口咽刷取物、气管支气管黏液（TBM）、灌洗液（气管支气管或支气管肺泡组织）、肺组织（匀浆）和口腔液（棉绳采集）(Kurth等，2002；Sibila等，2004a；Fablet等，2010；Vangroenweghe等，2015a；Hernandez-García等，2017；Pieters等，2017)。

据研究报道，从同一头猪身上采集的不同类型的样本中，其猪肺炎支原体DNA的检出率不同（Kurth等，2002年；Sibila等，2004c；Fablet等，2010年；Vangroenweghe等，2015a；Pieters等，2017年)。经比较，结果显示，用PCR检测自然感染（濒死）活猪是否感染猪肺炎支原体最敏感的样本分别是喉拭子（Pieters等，2017)、气管支气管拭子/清洗液（Kurth等，2002；Fablet等，2010)、深层气管导管抽洗液（Sponheim等，2019）和/或TBM（Vangroenweghe等，2015a)。虽然鼻拭子最初也被拟定为监测猪肺炎支原体感染的合适样本（Calsamiglia等，1999)，但在随后不同的研究中均描述了其敏感性有限的问题（Kurth等，2002；Sibila等，2004c；Marois等，2007)。相比之下，尸检样本应取自CVPC影响的区域（存在时)，最常用的是气管或支气管拭子和/或肺匀浆(Burrough等，2018；Rawal等，2018)。值得注意的是，与支气管拭子相比，肺组织在某些情况下可能会出现假阴性结果或更高的循环阈值（Ct）(Burrough等，2018；M. Pieters个人经验)。采样用的材料也会影响PCR获得的结果。根据Takeuti等（2017a）的研究，与人造丝拭子相比，尼龙植绒拭子表现出更高的吸收能力和检出率，不过，二者之间Ct值的差异仅为0.5 ～ 1.7。

关于猪肺炎支原体诊断中的样品合并策略研究还很少。替代单个样本的途径包括单个样本的混合样或富集样本（例如口腔液)。现已公开的数据表明，在采用实时PCR对12 ～ 25日龄的仔猪进行检测时，从每窝中选取5头猪的TBM样本进行合并比合并10份样本的敏感性更高（Vangroenweghe等，2015a)。但关于合并样品对于猪肺炎支原体载量评估的影响仍然缺乏研究。口腔液的采集方法虽然具有非侵入性的优势，但其检测猪肺炎支原体DNA的敏感性较低，一致性也有限（Hernandez-García等，2017；Pieters等，2017；Arsenakis等，2019)，还需要进一步优化程序。

除呼吸道样本外，在实验室条件下，偶尔还会从不同类型的非呼吸道样本，如脾脏、肾脏和/或肝脏等内部器官中检测到猪肺炎支原体DNA（Buttenschøn等，1997；Marois等，2007；Woolley等，2012)。在自然感染猪中，这些发现的生物学意义和发生率在很大程度上是未知的。此外，在仔猪去势和断尾的处理液中也检出了猪肺炎支原体DNA（Vilalta等，2019)。这些类型的样本在猪肺炎支原体感染诊断或监测中的有用性和可应用性仍在研究中，尚未得到证实。

8.3.3.2 DNA的提取、扩增和定量

关于DNA提取方法对猪肺炎支原体PCR检测结果的影响，几乎没有公开的信息。仅有一项研究报道了对TBM样本提取DNA进行检测得到的Ct值的差异来自提取方法的不同（Vangroenweghe等，2015a)，这些结果鼓励人们进一步研究最佳提取方法，尤其是在猪肺炎支原体载量低的感染初发期。

首批猪肺炎支原体PCR检测方法建立于20世纪90年代初期，均为常规PCR方法。几年后，基

于两次扩增程序的套式PCR（nPCR）的出现显著增加了检测的灵敏度和特异性（Sibila等，2009），但这些一步或两步终点PCR检测法都具有局限性，例如样本之间的交叉污染（扩增处理和/或产物分析）、只能定性（存在/不存在）、目测来判定结果的阴阳性等。为了克服以上不足，研究人员开发了几种实时/定量PCR（rt-PCR/qPCR）检测法（Dubosson等，2004；Strait等，2008；Marois等，2010；Sibila等，2012）。这些基于荧光的检测方法无须后处理步骤即可实时监测扩增反应动力学。此外，这些方法使用参考基因作为内部对照，对提取和扩增步骤进行数据标准化。这种实时扩增的结果可以用Ct值或依据标准曲线（用已知浓度的阳性对照的log10倍比稀释构建）计算的拷贝数表示。这种最新的技术被用于分析定量检测的敏感性。研究表明，1fg的DNA相当于978kb。猪肺炎支原体基因组大小为897 405nt，在检测靶标是非重复单元的情况下，1fg猪肺炎支原体DNA将对应于1个基因组当量（geq）（Kurthetal，2002；Strait等，2008；Fourour等，2018）。

尽管大多数PCR检测方法是设计检测一种靶标（单重PCR），但也有一些是设计可区别检测猪肺炎支原体的多个靶标（Caron，等，2000；Marois等，2010）或多种不同病原（Stakenborg等，2006a；Lung等，2017；Fourour等，2018）。针对不同种类猪的支原体的多重PCR可以用在病原分离中（Stakenborg等，2006a）或地方性肺炎相关的肺部病变的评估中检测猪的不同支原体（Fourour等，2018）。类似地，Lung等（2017）报道了多重PCR可同时快速检测猪呼吸系统综合征中常见的几种病原菌。

所有这些PCR检测法及其衍生方法的敏感性存在很大差异，这可能取决于提取方法、检测类型、引物靶标和待处理样本的来源等。此外，人们经常用不同单位（CFU、CCU、细胞、fg或geq）来表述敏感度，这使得检测方法之间的比较变得更为复杂。PCR检测的特异性被认为非常高，在大多数报道的方法中均为100%。然而，当检测一组不同的猪肺炎支原体菌株时，仍会出现一些假阴性结果（未能检出一些猪肺炎支原体菌株）（Dubosson等，2004；Strait等，2008；Marois等，2010；Sibila等，2012），这种情况可能是由于所选的检测靶标不同。一些检测方法针对的靶标是非常保守的区域，例如16S rRNA（Sibila等，2009），但另一些的检测靶标则定位于高度可变的基因，例如黏附素P97（Mhp183）（Strait等，2008；Marois等，2010）。实际上，在后一种情况下，检测方法的特异性取决于基因内靶向区域的特异性。例如，据报道，在J株和不同的田间分离菌株中都发现了P97基因上有一个缺失的区域（R2）（Marois等，2010）。相反，文献中未报道PCR检测假阳性结果（检出猪肺炎支原体以外的支原体）。尽管如此，对于靶向非常保守区域的检测方法，仍不能完全排除这种可能性，除非把大量的甚至全部的不同种类支原体以及相关的流行率未知的无胆甾原体都进行特异性检测（Strait等，2008）。

除了同行评议文献中报道的这些基于PCR的各种检测猪肺炎支原体DNA的方法之外，在市场上也可以买到若干种猪肺炎支原体特异性检测商业试剂盒/试剂。这些产品中有部分是基于前面提到的PCR/qPCR，而有的则使用专有的引物和探针序列。此外，某些产品仅适用于研究目的。

8.4 猪肺炎支原体感染抗体的检测

在全球现代养猪生产体系中，猪肺炎支原体一般被认为是一种无处不在的细菌，因此，仅将诊断数据和疾病发生数据结合起来进行直接和定向的解读可能会受到多种因素的干扰（Gomes-Neto

8

等，2014年；Maes等，2018年）。抗体应答诊断的局限性部分来自在接种疫苗或不接种疫苗的情况下猪群受到自然感染时，抗体应答无法重复而可靠地绘制出引起抗体可见变化事件的时间轴。尽管如此，基于抗体的检测方法一直是有用的，并且将继续有用，当与其他分子工具结合用于研究该病原体的传播和流行时，将更加体现它的价值。

在自然感染状态下，抗猪肺炎支原体的血清抗体阳转时间差异很大，因为猪群中的个体的感染时间可能不同。此外，与感染猪的身体接触距离可能会与暴露时间、被动免疫力（Martelli等，2006；Bandrick等，2011）、菌株的传播能力以及菌株毒力等因素协同影响（Vicca等，2003），从而增加血清抗体阳性猪的比例及血清抗体阳转时间等指标变异度（即，直接和间接接触的猪）。相反，人工感染条件下的血清抗体阳转时间非常容易预测，因为所有猪在同一个时间点被感染。在人工感染试验中下，猪暴露200d以上仍可检测到猪肺炎支原体（Pieters等，2009），然而，血清抗体阳转可能会因与邻近排毒猪的直接或间接接触而延迟（Fano等，2005；Pieters等，2010）。

通常来说，商品化的ELISA试剂盒能够检测最常见的抗体种类，即抗猪肺炎支原体免疫球蛋白G（IgG）分子。尽管IgG的特异性可能有所不同，但这种免疫球蛋白的主要靶标之一是病原体产生的表面蛋白。通常采集猪血清评估IgG抗体应答，其最早可在感染后21d检测到（Pieters等，2017）。用于检测猪肺炎支原体暴露情况的其他种类的抗体包括IgM（在人工感染后9d可检测到，但很快下降）和IgA（即黏膜免疫激活的标志物）（Gomes-Neto等，2014；Pieters等，2017）。研究者用不同样本已对IgA抗体应答进行了评估，包括鼻拭子样本、猪圈中采集的口腔液样本、气管或支气管肺泡灌洗液样本（Garcia-Morante等，2017a；Pieters等，2017；白昀等，2018；Bjustrom-Kraft等，2018）。这些样本类型均有不同的优势和局限性，但考虑到不同研究获得的结果存在分歧，仍需进一步的工作来开发可靠的检测方案和方法。初乳也是一种已知的样本类型，除了对仔猪有被动免疫作用外，还可用于评估猪肺炎支原体的抗体及母猪在不同胎龄的暴露状况（Jenvey等，2015）。重要的是，量化不同水平的体液免疫应答，并不等效于预测保护性免疫（Zinkernagel，2012）。

到目前为止，还无法将自然感染猪肺炎支原体引起的抗体应答与商品化疫苗引起的抗体应答区分开来。可喜的是，最近发现IgA检测可在没有被动免疫明显干扰的情况下，区分出感染猪和免疫猪（Bai等，2018）。

间接或阻断ELISA试剂盒已经上市。两者均可检测猪血清或其他样本中存在的抗体，阻断ELISA试图通过防止与不良靶标的交叉反应来提高特异性。Gomes-Neto等（2014）还测试了不同ELISA商业试剂盒的性能，如以往的研究一样，这些试剂盒在不同的时间测试表现出不一致的结果（Erlandson等，2005；Fano等，2012；Gomes-Neto等，2014），某些检测方法在血清学水平上存在与其他支原体的交叉反应。但是，采用猪栏为单位采集的口腔液样本进行检测时未观察到非特异性问题。有必要指出的是，该次研究采用的样本量偏小（Gomes-Neto等，2014）。尽管与其他支原体的交叉反应性是一个有待解决的问题，但研发出针对表面蛋白的特异性更好的检测方法是可能的（Petersen等，2016，2019）。目前，由于采样问题（如样本量）和确定猪只属于真正的阳性状态有一定难度，因此，对于任何试图评估基于抗体的检测方法的特异性或敏感性的做法都是有瑕疵的。重要的是，支原体之间交叉反应的程度，可能受到肺炎支原体之外的其他支原体的不同菌株间免疫原性/抗原性变化的影响，这一问题还有待继续研究。

同样，对于猪肺炎支原体的遗传多样性是否会影响ELISA检测的总体准确性和预测价值也缺乏了解。也许某些类型的抗体不太容易产生这种混淆不清的结果，也许所有菌株中普遍存在某些抗原/免疫原，从而可防止这一诊断问题。尽管如此，不同猪群中猪肺炎支原体的种群结构仍存在明显差异（Michiels等，2017；Garza-Moreno等，2019b）。其他流行病学因素也可能导致抗体应答的变异度，例如疫苗产生的交叉反应（Bai等，2018）、宿主基因组的影响（Ruiz等，2002），亦或猪肠道微生物组分的影响（Schachtschneider等，2013）。在试图研究该病原体引起的体液免疫反应动力学时，应考虑所有这些因素。

8.5 选择充足的样本量

样本的数量和类型取决于诊断目的。如果目标是确定临床疾病的病因，则应采集急性和未经治疗的（如果可能）感染动物（正在咳嗽）的呼吸道样本。体内诊断主要采用PCR方法对呼吸道样本进行检测，而尸检应从下呼吸道采样（观察到CVPC的肺部区域），用PCR或IHC/ISH进行检测。如果是出于监控或监测目的，样本量应根据所选择的实验室检测技术（敏感性和特异性）、预估的猪群感染率和期望的置信水平来确定（Burrough等，2019）。具体的感染率取决于不同的因素，如动物的年龄、感染阶段（亚临床、急性或慢性）和/或疫病流行情况。例如，与临床监测相比，执行疾病根除或后备种猪的选留项目时需要采取更密集的监测力度和可检测到更少量病原体的技术。因此，为了计算出具有合理的置信水平的正确的样本数量，应采用统计学方法（Burrough等，2019）。

8.6 结论

猪肺炎支原体感染在世界范围内的猪群中普遍存在。因此，确认猪肺炎支原体感染/血清抗体转阳并不意味着会观察到或者存在临床症状和/或肺部病变。同样，猪出现无痰干咳和/或肺部颅腹侧肺实变（CVPC）并不等同于猪肺炎支原体感染，与所观察到的呼吸系统问题也不一定有关。对于群体监测，抗体检测方法（通过ELISA检测）是最常用且经济的方法，但无法区分自然感染和接种疫苗的抗体反应。PCR方法可以在血清抗体阳转或临床症状出现之前检测到感染动物体内的DNA（来自活细菌或死细菌）。因此，应在鉴别诊断的框架下，使用多种检测方法来确定猪肺炎支原体在呼吸道疾病暴发中的影响。同样，在疾病根除或后备种猪的选留项目中，确认猪肺炎支原体感染猪群状态需要检测下呼吸道样本，并在可能的情况下，配合检测不同时间点采集的血清样本并在屠宰场评估肺部病变。由于在猪群水平上的猪肺炎支原体的诊断可能是含糊不清的，因此建议根据猪肺炎支原体的临床病理参数、感染（PCR检测）和血清抗体转阳状态对猪场进行分类（Garza Moreno等，2018）。由此，猪场可被分为阴性、暂时阴性和阳性三类。在阳性猪场中，又可被分为亚临床感染Ⅰ型、亚临床感染Ⅱ型和临床感染型（表8.1）。

总而言之，由于猪肺炎支原体感染的固有特性、影响疾病结果的协同因素和/或诊断技术的局限性，在猪群/猪只水平上诊断猪肺炎支原体感染可能是很复杂的。考虑到这一情况，不同诊断方法的组合可能可以涵盖所有这些方面。

8

表8.1　依据Garza-Moreno等2018建议的猪肺炎支原体感染状态的农场分类

分类		临床症状	肺部病变	酶联免疫吸附试验（ELISA）结果[a]	PCR结果
阴性		未观察到	未观察到	阴性	阴性
暂时阴性		未观察到	未观察到	阳性	阴性
阳性	亚临床感染Ⅰ型	未观察到	未观察到	阳性/阴性	阳性
	亚临床感染Ⅱ型	未观察到	观察到	阳性/阴性	阳性
	临床感染型	观察到	观察到	阳性/阴性	阳性

[a]ELISA结果（阴性/阳性）可能取决于农场中的感染模式和采样时间点。

第 9 章

猪肺炎支原体感染的总体控制措施

Enric Marco[1]
Paul Yeske[2]
Maria Pieters[3]

1 西班牙，巴塞罗那，Marco VetGrup SLP
2 美国，圣彼得，P.A.，猪兽医中心
3 美国，圣保罗，明尼苏达大学，兽医学院

9.1 引言

数十年来，控制猪肺炎支原体感染一直是靠抗生素化合物，20世纪90年代早期开始使用疫苗产品。使用抗生素控制疾病固然有效，但必须长期使用，最为常用的抗生素有四环素类、大环内酯类、截短侧耳素类和喹诺酮类等（del Pozo，2014）。然而，产生抗生素耐药性的风险日渐威胁到公共卫生安全，引起了各国各个领域的广泛关注。实际上，世界卫生组织推荐用其他策略来代替使用抗生素，特别是一些极为重要的抗生素（WHO，2015）。在这样的新情况下，包括疫苗接种在内的其他防控措施显得更加重要，对室内养殖和集约化生产而言尤为如此。饲养密度、猪群规模、气候和来源猪的健康状况差异对猪肺炎支原体感染的表现有显著影响。因此，通过调整生产体系、后备猪群驯化、猪群流向、猪群管理、气候和圈舍条件等主要因素，很可能能够降低猪肺炎支原体相关疾病的危害。此外，关于猪肺炎支原体病的防控，本章将重点讨论抗生素治疗和接种疫苗以外的因素，抗生素与疫苗将在第10章和第11章中加以探讨。

表9.1中列出了对猪肺炎支原体病的形成和临床表现影响最为显著的因素，本章各部分将对此进行详细讨论。

表9.1　影响猪肺炎支原体病的因素

因素		参考文献
生产体系		
猪群规模	小型猪场 vs. 大型猪场	Hurnik等，1994
	产床数量/产房 16或者更少	Nathues等，2013b
猪只来源的数量	单一健康来源	Hurnik等，1994
		Stärk，2000
猪流和批次	多点式生产 vs. 单点式或两点式生产	Sibila等，2004a
	5周批管理系统 vs. 4周批管理系统	Vangroenweghe等，2012
	除2周批和4周批外的批次管理系统	Nathues等，2013b
	分胎次饲养	Moore，2005
猪群更新		
后备母猪	低更新率	Nathues等，2013b
	猪肺炎支原体感染状况相似	Fano等，2006
管理		
断奶前	初乳摄入	Bandrick等，2008
	交叉寄养	van der Peet Schwering等，2008
	断奶日龄	Maes等，2008
		Pieters等，2014
全进/全出	全进/全出	Scheidt等，1995
存栏密度	自然通风猪舍内的密度	Pointon等，1995
存栏率	空间容量	Hyun等，1998 Jang等，2017

（续）

因素		参考文献
猪群规模	猪只数量/独立空间	Tielen等，1978
	猪只数量/保育栏	Stärk等，1998
其他疾病管理	控制包括寄生虫在内的其他病原体	Maes等，2008
	饲料中的霉菌毒素	Taranu等，2005 Pierron等，2016
气候和圈舍条件		
季节性	一年中某个季节	Stärk等，1992 Elbers等，1992 Maes等，2001 Segalés等，2012 Scollo等，2017 Vangroenweghe等，2015b
温度条件	温度和湿度	Gordon，1963
	温度	Geers等，1989
	风速	Scheepens，1996
空气污染物	空气污染物水平	Donham，1991
		Cargill等，1998
		Jolie等，1999

9.2 生产体系

在过去的40年里，随着养猪生产企业规模扩大，不同类型的多点式养猪模式被广泛采用，养猪体系已经变得越来越复杂。在复杂的养猪生产体系中，有些因素会增加猪肺炎支原体引起呼吸道疾病的风险，而一些常规的管理策略能够起到预防作用。

9.2.1 猪群规模

集约化养猪已成为大多数养猪国家的普遍趋势，旨在当利润变动时维持生产效率、优化投资或改进操作管理。生产越密集往往意味着猪群规模越大。然而，猪群规模增大往往会造成呼吸道疾病风险升高（Aaland等，1976）。在所引述的研究中，猪只生产数量连续3年逐步增多，屠宰时发现呼吸系统病变率升高的风险也逐渐加大（表9.2）。

表9.2 与生产猪只的数量对应的呼吸道疾病的风险（Aalund等，1976）

生猪产量	未校正的比值比（OR）
＜500	1
500～800	10.5
800～1 200	13.5

注：OR值的全称是odds ratio（比值比），对于发病率很低的疾病，OR值即是相对危险度的精确估计值，等于1表示该因素对疾病的发生不起作用；大于1，表示该因素是危险因素；小于1，表示该因素是保护因素。

其他作者也提供了证据，表明大型养猪场患地方性肺炎（EP）（猪肺炎支原体感染）的风险往往较高。在爱德华王子岛（加拿大）对69个养猪场进行的风险分析表明，与其他五种类型的养猪场相比，自己生产饲料且靠近其他养猪场的大型养猪场患EP的风险更高，比值比（OR值）为2.31（Hurnik等，1994），这恰是该岛养猪生产的特点。

在德国进行的一项研究（Nathues等,2013b）表明，当一个隔间内产床数量大于16（OR值为3.3）时，断奶日龄的仔猪感染猪肺炎支原体的风险显著增加。根据这些结果可以推测，大型猪群为便于管理，分娩间往往更大，如果发生猪肺炎支原体感染，疾病控制将更加困难。此外，猪群规模大则意味着要引入大量（可能更频繁地进入）后备母猪，这是母猪场猪肺炎支原体病控制困难的另外一个因素。

9.2.2 仔猪来源

无论采用哪种生产系统，应尽量避免将不同来源的猪混合在一起。混合不同来源的猪会加剧该病的临床表现（Stärk，2000）。不论养猪场规模大小，按照屠宰时EP病变率超过10%的标准来比较，从不同来源买猪的猪场数大体是单一来源猪场数的2倍（OR为2.38；Hurnik等，1994）。因此，从市场上买猪时，建议从单一来源购买，减少与猪肺炎支原体相关的问题。

9.2.3 猪流和批次饲养

多点式生产体系利用隔离早期断奶来管控疾病和提高生长效率（Harris，2000）。保育阶段，在三点式生产体系中饲养的猪感染猪肺炎支原体的概率低于在单点式或两点式生产体系中饲养的猪（Sibila等，2004a）。

在单点式或两点式生产体系中，实施分批次分娩以保持每个批次完全隔离，可有效防控猪病。对于细胞内劳森菌、猪肺炎支原体和胸膜肺炎放线杆菌等病原体，猪群采取批次管理后，可观察到猪的健康状况得到改善。此外，与4周批管理系统相比，5周批管理系统能够更加一致和持续地改善猪病防控效果（Vangroenweghe等，2012）。在另一项研究中，Nathues等（2013b）表明，当母猪以2周或4周的节律（OR值为2.7）分批分娩时，哺乳仔猪更常被检测出猪肺炎支原体阳性。如果只比较分娩节律间隔为2周的和分娩节律为3周的猪群，这种差异更加明显（OR值为3.8）。

批次分娩对疾病防控的影响取决于各批次之间的间隔时间有多长和每批到保育舍的仔猪数量有多少。换言之，由于分批管理可按照猪只日龄不同分开饲养，因此会改变猪流，不同批次的猪饲养在不同栋舍，相互不直接接触，从而实现了仔猪的全进全出管理。然而，当猪的生长速度低于预期时，如果投放市场的猪体重较轻，可能会对猪群的盈利能力造成不利影响，但如果长时间将猪留在猪舍，不同批次的猪之间可能又会发生接触。通过出售一些断奶猪可以降低批次之间的接触概率，所以生产商的决策是能否充分利用批次的关键（Lurette等，2008）。然而，批次生产会遇到一些问题，当母猪的自然繁殖节律被打乱时，不能重新发情的母猪将不能留在批次之内（即不遵循1周或3周的节律）。分批次管理系统的另一个潜在缺点是，当处于生产高峰期时，设施使用效率较低或者难以调度劳动力，但是显然，养殖者们认为这种系统能够通过保持批次完整性，实现养猪场良好的卫生状态（Vermeulen等，2017）。

9.2.4 一胎次母猪vs.多胎次母猪

研究表明，年轻母猪所产断奶仔猪的猪肺炎支原体感染率比中高胎次母猪的更高，年轻母猪具有更大的垂直传播风险（Fano等，2006a）。分胎次饲养被认为是一种可能有效的疾病控制策略。分胎次饲养是指将后备母猪和一胎次母猪（P1）与二胎次及以上母猪（P2+）进行空间上的隔离。一胎次母猪的隔离可在母猪第一窝仔猪断奶后和下一次分娩（成为P2母猪）之前的任何时候进行。目的是将第一胎后代与所有其他胎次母猪的后代完全隔离（图9.1）。通过把猪群分成两个不同的流向，二胎以上母猪的后代将得到保护，并表现出更高的生产力。Moore（2005）发现，在不使用猪肺炎支原体疫苗的情况下，屠宰时发现P2+的后代的EP肺部病变减少了3倍。

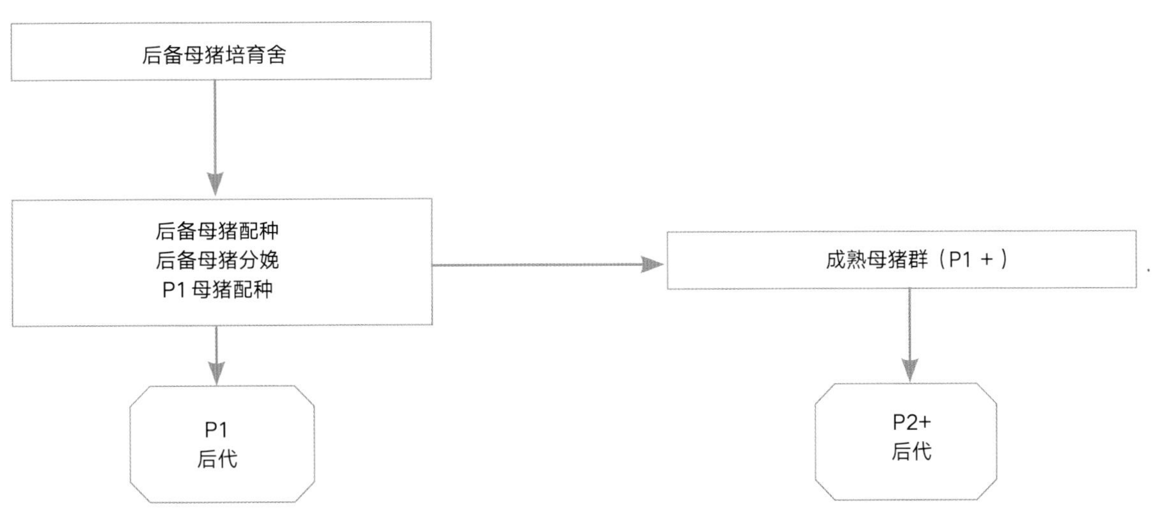

图9.1 分胎次饲养是指将猪群中的后备母猪和一胎次母猪与多胎次母猪隔离饲养（来源：E. Marco，P. Yeske，M. Pieters）

9.3 后备母猪驯化

更新后备母猪对猪肺炎支原体阳性猪场的稳定性具有重要意义（Pieters和Fano，2016）。增加阴性来源后备母猪的比例会带来不稳定影响，导致出现临床症状，甚至在接种疫苗后也会出现这种情况（Fano等，2006b）。在德国进行的一项横断面临床研究显示，当每年购买的后备母猪总数超过120头（OR值为5.8）时，猪群中的仔猪感染猪肺炎支原体的风险会增加（Nathues等，2013b）。

最近对欧洲养猪场的调查（Garza-Moreno等，2017）发现，对后备母猪进行猪肺炎支原体驯化最常用的方法是只接种疫苗（58%），在驯化期间接种1次或者2次疫苗最为常见。欧洲养猪场使用的另一种驯化策略是将接种疫苗与自然接触潜在感染的猪相结合。在接受后备母猪驯化的调查对象中，只有25%左右验证了驯化效果，最常用的验证方法是将ELISA与PCR试验相结合。与欧洲相比，美国生产者似乎更重视对后备母猪的驯化，这很可能是因为美国引入阴性后备母猪的猪群比例很高。因此，在有些地方，接种疫苗可能是驯化后备母猪的主要策略（Garza-Moreno等，2018）。

然而，目前的趋势（尤其是北美）是主动将后备母猪暴露于病原菌（Robbins等，2019）。

从长期来看，控制猪肺炎支原体阳性猪群需要一种好的方法，确保后备母猪暴露于病原，形成良好的免疫力，在分娩前降低猪肺炎支原体的排毒水平，并使断奶时被猪肺炎支原体定植的仔猪保持较低比例（Pieters和Fano，2016）。根据猪肺炎支原体的持续感染时间，有文献提出后备母猪停止排毒所需时间估计为暴露后240d（Pieters等，2009）。

如果引入猪肺炎支原体阴性来源的后备母猪，确保其尽早、安全暴露于支原体病原是非常重要的，即便引入阳性来源的后备母猪，这一点也不容忽视。为了确定暴露日龄，需要根据分娩时间倒推，此时后备母猪应该尽可能地稳定，不向或尽可能少地向仔猪排出猪肺炎支原体。假设妊娠期为114d，那么后备母猪需要在配种前126d时暴露。如果后备母猪约在7月龄时配种，那么就需要在84日龄时完成暴露。此外，还需要为暴露与感染的发生额外预留出时间。如果这个过程需要30d，那么后备母猪应在54日龄时开始暴露。因此，为确保在后备母猪引进母猪群前有充足时间与空间完成该过程，搭建后备培育舍是至关重要的。

一直以来，暴露是通过与群内其他猪接触来使新入群的猪接触病原体。用支原体感染猪作为接触猪（散毒猪）可能存在问题，因为让所有的后备母猪接触到病原需要时间，确认后备母猪是否都被及时地感染了也是一个能力上的挑战。尽管这在阳性猪群（作为散毒猪的感染猪所占比例更高）和连续生产模式的后备培育舍中可能取得很好的效果，但在引入阴性后备母猪和实施全进全出的后备培育舍中（使用诊断方法来监测后备母猪群是否暴露）则会很难实施。例如，Takeuti等（2017c）研究显示，在支原体呈地方流行性感染的猪场中，自留后备母猪中存在阴性亚群。持续进行中的感染似乎并非在所有情况下都能成功，结果导致断奶猪暴露时间晚且不稳定，而且育肥阶段出现更多临床问题。

最近，有研究将阳性猪肺组织匀浆应用于阳性猪群，作为一种建立群体暴露的有效方法（Robbins等，2019）。为此，采用喉拭子或深部气管拭子对猪进行采样，确保检测到猪肺炎支原体和较高的细菌载量（通过种属特异性实时PCR检测，*Ct*值＜30）。一旦诊断确认肺脏呈现猪肺炎支原体阳性，就在现场（猪场）处理肺脏组织，以避免任何潜在的污染。可以通过以下几种方式进行猪群暴露：①使用接触猪（散毒猪模式），通过气管内接种使一小部分后备母猪感染（即散毒猪；与在实验条件下操作相同），目的是感染猪群中剩余的后备母猪；②对所有后备母猪采用气管内接种以确保暴露；③使后备母猪通过气溶胶（雾化）暴露。

结合使用猪肺炎支原体阳性肺匀浆和气溶胶暴露可加快暴露过程，并提高所有后备母猪在相近时间暴露的概率（Toohill，2017；Yeske，2017a）。

采用气管内接种猪肺炎支原体肺匀浆以进行猪只暴露的做法（尤其在研究环境下）在文献中已有详细记载（Garcia-Morante等，2016a）。然而，极难在整个猪群中采取气管内接种的暴露方法。气溶胶暴露法最初用于在密闭空间的猪只暴露。其他方法包括在运输拖车上暴露，以及在更加封闭和受控的环境、装卸室或任何其他可用的较小独立空间暴露。最近，气溶胶暴露法已被用于传统后备母猪舍，同样有效（Yeske，个人经验）。简单地说，这种方法是在通风条件下使用飓风雾化器进行肺匀浆的气溶胶暴露，时间为20 ～ 30min，然后关闭雾化器并密切监测环境条件，20 ～ 30min后重启系统，再次暴露。最近，北美越来越多的猪场采用猪肺炎支原体阳性肺匀浆气溶胶暴露，因为已经证明这种方法在现场条件下是非常有效和可靠的，能够在短时间内（约30d）使后备母猪得到有效暴露。尽管这种暴露法在北美养猪业中的使用率越来越高，但为了优化这种方法并确保其安全性，还需要进行更多的研究。目前尚不清楚其他暴露后备母猪的方法是否能有效地使后备母猪感染猪肺炎支原体，例如，在后备母猪驯化区使用阳性保育猪的棉绳。Schleper等（2019）的一项实验研究显示，通过棉绳暴露的后备母猪较少感染猪肺炎支原体。然而这还需要进一步研究。

为确保猪群持续具有免疫力以及仔猪断奶时被定植（感染）的比例低，猪肺炎支原体暴露的确认是重要一环。通常在暴露后3 ～ 4周收集诊断样本，以证实后备母猪确实被感染。之所以提出该时间范围，是由于在实验条件下，猪肺炎支原体的排毒高峰显示为暴露后4周（Roos等，2016）。喉拭子和深部气管导管被经常用于确认暴露情况，因为其在感染急性期的诊断敏感性高（Fablet等，2010；Pieters等，2017；Sponheim等，2019）。深部气管导管采样由于敏感性较高，近来使用率越来越高（Sponheim等，2019）。然而，这种采样技术需要对技术人员进行充分培训，才能够正确采集样本。

9.4 管理

9.4.1 断奶前管理

近几十年来，母猪的繁殖率显著提高，主要是由于母猪产仔能力提高。1981—2017年，欧洲各国养猪场窝产活仔数增加，母猪的繁殖率提高了30%以上（Babot等，2017）。目前，平均窝产活仔数大于16头的猪群并不罕见。然而，窝产仔数高带来的第一个挑战是如何确保所有仔猪都能吮吸到足量的初乳。初乳可为仔猪抵御病原体提供被动免疫力，为体温调节、生存和身体生长提供必需的能量，并为刺激肠道生长和成熟提供生长因子（Quesnel，2011）。窝产仔数高会导致出生体重低（Boyd，2012），出生体重低的仔猪初乳摄入量也低（Devillers等，2007）。而摄入充足初乳对于出生体重低的仔猪尤为重要（Declerck等，2016）。对于出生体重低的仔猪，商业养猪场通常采取的措施是在其出生后不久进行交叉寄养。摄取足够的亲生母猪初乳可使仔猪吸收功能性抗原特异性T细胞，经（体外）证明，这些细胞参与了新生仔猪对猪肺炎支原体的免疫应答。交叉寄养的时间点可能会限制由初乳转移给新生仔猪的细胞数目，并可能妨碍这些仔猪的免疫发育。另外，（虽然不建议这样做，）许多养殖场不仅在母猪分娩后不久就进行交叉寄养，而且在整个泌乳期都是如此操作的。当仔猪吮吸PCR检测呈阳性的母猪的母乳时（Pieters等，2014），仔猪被定植的概率增加，交叉寄养会增加仔猪断奶前被定植的风险，并有可能将细菌传播给其他窝的仔猪。断奶仔猪定植率与屠宰时猪肺炎支原体引起的肺炎严重程度呈正相关（Fano等，2007）。因此，在控制支原体肺炎时应考虑减少交叉寄养。荷兰进行的一项实验（van der Peet-Schwering等，2008）只允许在仔猪出生后3d内且只在两窝之间进行交叉寄养（保持原本的窝仔结构），与混合寄养的对照组相比，患支原体肺炎的屠宰猪比例下降了40%以上。

哺乳期仔猪被猪肺炎支原体定植的概率在20日龄后迅速升高（Pieters等，2014），这表明哺乳期短（尤其是3周龄以内）有助于降低断奶时的仔猪定植。然而，这样做可能仅适用于一些地方的生产体系，因为地方政府可能会采取限制性举措（如欧盟法律），禁止提早断奶。

9.4.2 全进/全出

管理对于猪场的生物安全非常重要。所有有助于减少猪肺炎支原体在猪场内传播的做法都应被视为疾病控制措施。其中最重要的就是全进全出。对比连续生产系统与全进全出系统的效果，如果猪在生长育成期感染猪肺炎支原体和多杀性巴氏杆菌，实施全进全出可获得重大效益（Scheidt等，1995；图9.2）。在全进全出系统中，屠宰时肺部病变的严重程度从15%降低到3%，屠宰时的肺部病变流行率从95%降低到41%，并且猪没有出现咳嗽的迹象。与连续生产系统相比，全进全出系统的生产参数也得到了改善：平均日采食量增加，平均日增重增加，料肉比降低。因此，改进养殖场设施或建设新场以实施全进全出的生产方式，是降低呼吸道疾病对养猪生产经济影响的良好管理手段。

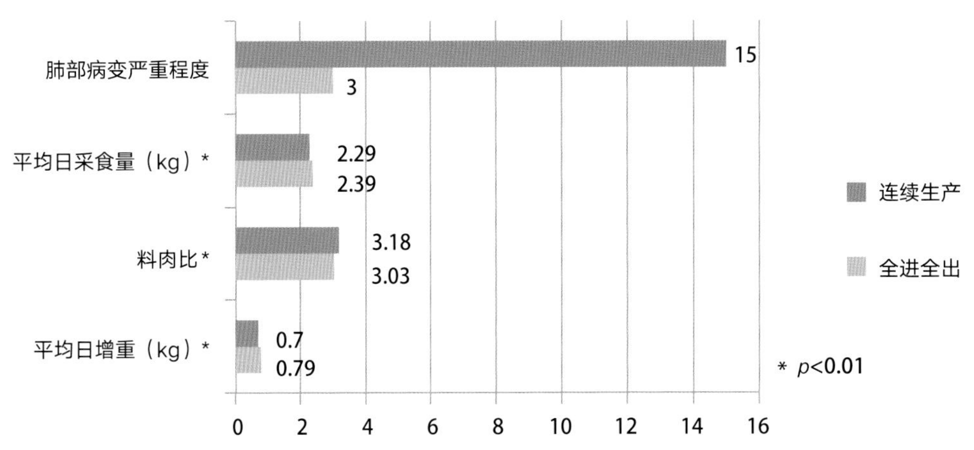

图9.2 全进全出（AI-AO）与连续生产（CF）系统对生长育肥猪健康和性能的影响对比。（肺部病变严重程度以受感染表面积的百分比表示）（来源：E. Marco、P. Yeske、M. Pieters；摘自Scheidt等，1995）

9.4.3 存栏密度

猪群密度用每立方米生猪的千克数（与每平方米的猪体重千克数或猪的数量相对应）来衡量，与猪只健康状况和空气污染物的相关性最高（Donham，1991）。降低存栏密度可能会对生产成本造成重大影响。因此，在多数情况下，调整存栏密度是在保障猪的最佳健康状态和经济可承受性之间的折中做法。在自然通风的猪场中，建议每头猪的空间大于3m^3（体重约为100kg时出售），或者每立方米空间饲养的猪不超过33.3kg；这样的密度可以降低猪地方性肺炎（EP）对阳性猪群的影响（Pointon等，1995）。在自然通风的猪场中，保持适当的猪舍规模并限制饲养数量，有助于改善空气质量并降低呼吸道疾病对猪群的影响，也有助于降低猪场员工的职业健康风险（Murphy等，2000）。

9.4.4 存栏率

每平方米生猪数量（存栏率）的增加与肺炎严重程度的加剧没有直接关系，但是拥挤和混群被认为是应激因素，会持续抑制猪的生长并改变猪正常的采食行为（Hyun等，1998）。在育肥后期，猪只饲养空间的减小可导致猪只平均日增重（ADG）、平均日采食量和体重降低，血清皮质醇浓度增加和免疫球蛋白G水平降低（Jang等，2017）。如果生长猪暴露于多个并发的应激源，如循环高温（从18℃到34℃）、饲养空间狭小（0.56或0.25m²/头）和重新混群（研究进行的第1周和第3周），那么猪都会出现一些轻微的血液参数（作为应激指标）变化和行为变化。当应激源从0增加到3个时，猪只躺卧增多，站立活动减少，表明猪处于应激状态时会减少身体活动，站立时间减少，躺卧时间增加（Hyun等，2005）。在应激状态下，免疫系统的正常功能可能降低，这可能导致疾病的流行率升高，进而导致生产成本增加和生产力下降（Martínez-Miró等，2016 ）。为了实现生长性能和生产效率最大化，建议在生长-育肥生产系统中，猪只的饲养空间应大于0.80m²/头（Jang等，2017）。欧洲和美国的猪只饲养空间（取决于猪的重量）见表9.3。

表9.3 欧盟和美国生长育肥猪的最低建议饲养密度

地区/国家	活重（kg）	饲养空间（m^2/头）
欧洲[1]	<10	0.15
	10 ~ 20	0.20
	20 ~ 30	0.30
	30 ~ 50	0.40
	50 ~ 85	0.55
	85 ~ 110	0.65
	>110	1.00
美国[2]	5.4 ~ 13.6（12 ~ 30lb）	0.15 ~ 0.23（1.7 ~ 2.5ft^2）
	13.6 ~ 27.2（30 ~ 60lb）	0.27 ~ 0.37（2 ~ 4ft^2）
	27.2 ~ 45.6（60 ~ 100lb）	0.46（5ft^2）
	45.6 ~ 68（100 ~ 150lb）	0.55（6ft^2）
	68至出栏（150lb至出栏）	0.74（8ft^2）

1 欧盟立法要求的饲养空间（理事会指令91/630/EEC）。
2 http://livestocktrail.illinois.edu/porknet/。

9.4.5 猪群规模

数十年前的研究表明：在育肥期，如果在同一空间的猪舍内饲养超过300头猪，并且该空间的地面全部铺设漏粪地板，或一间猪舍有4排以上的猪栏，猪只的肺部病变将增加（Tielen等，1978）。新西兰进行了一项通过调查肺部病变和呼吸系统疾病风险因素来确定哪些猪场管理做法有重大影响的研究，也得出了类似的结果。每个保育圈栏饲养15头以上的猪，地面全部铺设漏粪地板，与其他日龄组的猪（保育猪）共享空间，以及环境脏乱，这些都被认定是屠宰猪出现猪地方性肺炎（EP）肺部病变的风险因素（Stärk等，1998）。猪群规模增加导致与带菌猪接触更密切的概率升高。

9.4.6 其他疾病管理

呼吸道疾病可能是由多种呼吸道病原体引发的，这为多种相互作用提供了充足的机会。病毒、细菌和不良管理条件的相互作用会引起猪呼吸道病综合征（PRDC；Brockmeier等，2002）。因此，通过药物治疗、疫苗接种和良好的管理措施来控制猪场可能存在的包括寄生虫在内的其他病原体引发的疾病，有助于降低猪地方性肺炎（EP）的严重性（Maes等，2008）。

真菌毒素是真菌的次生代谢物，通常可在多种谷物中检测到。而谷物是猪饲料的主要成分，因此猪群极有可能在某个时候接触到真菌毒素。真菌毒素具有不同的毒性作用，可能会以免疫系统为靶向。猪摄入被真菌毒素污染的饲料之后，会增加其对传染性疾病的易感性、慢性感染复发和降低疫苗效力（Pierron等，2016）。如疫苗接种章节所述，据报道，摄入低剂量的真菌毒素——伏马菌素B_1会降低猪在肺炎支原体疫苗接种过程中的特异性抗体应答（Taranu等，2005）。然而，Michiels等（2018）研究发现：与食用未受污染的饲料相比，猪食用被真菌毒素——脱氧雪腐镰刀菌烯醇（DON）污染的饲料并未增加感染猪肺炎支原体的严重性。但无论如何，应通过改进种植、收获和储存方法，清除或稀释受污染饲料中的毒素，和/或使用吸附剂或酶产品来降低猪消化道中毒素的生物利用度，从而控制真菌毒素的潜在风险。

9.5 气候和圈养条件

9.5.1 季节性

猪肺炎支原体引起的肺炎严重程度会受到外部和内部气候条件的影响（Whittlestone，1976）。与一年中的其他时段相比，寒冷季节猪地方性肺炎（EP）的暴发率更高（Stärk等，1992）。在荷兰，研究者对超过55万头猪进行了肺部病变研究，发现1—2月肺炎病变发生率最高，7—8月最低（Elbers等，1992）。在西班牙，冬春季达到屠宰体重的猪感染猪肺炎支原体或猪肺炎支原体血清阳性的可能性最高（Segalés等，2012）。最近，意大利对727批大体重猪（活重约165kg，9月龄）进行了一项调查，也得出了类似的结果。夏季屠宰的猪出现严重病变的百分率和平均病变评分都最低（Scollo等，2017）。另一项研究表明，与夏季采样的猪相比，6 ~ 11周龄的猪秋季呈猪肺炎支原体阳性的概率显著较高（比值比即OR为20.9；Vangroenweghe等，2015b）。

在很多情况下，猪场建筑布局与设想的不一致，室外气候条件可能会对室内气候条件产生重要影响。如果猪场的气候条件不利，猪群就会受到气候应激，从而影响它们的健康（Scheepens，1996）。

9.5.2 体感温度（温度、风速和湿度）

不适宜的温度和贼风是主要的气候应激来源。猪间歇性暴露于贼风中，会增加打喷嚏和咳嗽的次数（Scheepens，1996）。猪的体感温度不仅取决于周围的空气温度，还取决于其他因素，如相对湿度和空气流速。温度和湿度对肺炎发病率影响的早期调查显示，湿热环境中肺炎的发病率较低，且病变较轻（Gordon，1963）。Geers等（1989）的研究同样证明了这种关系，猪在较高的温度下咳嗽较少。基于这些发现，英国养殖业在20世纪70年代和80年代提出了“发汗屋”的概念。在这种猪舍中饲养的猪，其肺部病变的发生率要低于常规猪舍中的猪。人们认为，在使用“发汗屋”的情况下，肺部疾病发病率降低的主要原因是大小在1 ~ 3μm以内的空气颗粒数减少了（Thomas，2013）。在室内稳定气候条件下策略性地提高室内温度和湿度是一个预防呼吸系统疾病的纠正措施，这一方法至今仍在世界上某些地区（例如日本）成功使用（H. Ishikawa，个人经验）。密闭猪舍应保证猪体表的风速不超过0.15m/s，环境温度应保证热中性（Scheepens，1996）。

9.5.3 空气污染物

集约化养猪场将大量生猪集中在狭小的空间内，这可能导致猪呼吸的空气质量差，如果减少空气交换，尤会如此。丹麦44个育肥猪场的测定结果表明，猪场的一些重要空气污染物含量很高（表9.4）。

表9.4 育肥猪场空气质量和污染物的测定结果（Baekbo，1990）

参数	最小值	平均值	最大值
粉尘（mg/m^3）	0.04	2.11	9.46
可吸入颗粒物（< 5μm）	0.01	0.49	1.87
氨（g/m^3）		8.7	21.0
内毒素（$\times 10^3$ EU/m^3）	1.0	38	240
总微生物数量（$\times 10^5$ CFU/m^3）	0.15	20.1	171
二氧化碳（g/m^3）	200	1 381	2 800

在研究了空气质量与猪呼吸道疾病的关系后，研究者观察到几种空气污染物（如灰尘、氨、二氧化碳和微生物）与剖检时检测到的猪肺炎和胸膜炎有关联（Donham，1991）。澳大利亚一项研究发现，在空气质量合格的猪舍中饲养的猪，剖检时发现其肺炎严重程度和胸膜炎流行率低于在空气质量差的猪舍中饲养的猪（Cargill等，1998）。同一猪场（肺炎患病率高）的猪被饲养在空气污染程度低于猪场环境的隔离设施后，未出现猪肺炎支原体感染导致的肉眼可见肺炎病变（Jolie等，1999）。

在空气污染物中，氨是封闭猪舍中检测到的浓度最高的空气污染物。氨是一种刺激性物质，因此，对氨的研究要多于其他空气污染物。如果猪幼龄时暴露于环境中的氨（$50g/m^3$或更高），呼吸道黏膜会出现炎症变化，并且肺部的除菌能力会下降（Drummond等，1978，1980）。接触非共生细菌（α-溶血球菌）和氨的混合物会逐步刺激免疫系统，而免疫刺激对采食和生长有直接影响，尽管这些影响仍停留在亚临床层面，但会导致饲料转化率降低（Murphy等，2012）。对颗粒物和氨同步影响育肥猪肺部病变和猪肺炎支原体的研究表明，它们与屠宰时发现的猪胸膜炎流行率呈正相关，但这仅仅是一种趋势，可导致育肥阶段猪肺炎支原体巢式PCR阳性猪数量的增加。对于猪肺炎和胸膜炎的流行率，颗粒物似乎比氨具有更大的影响（Michiels等，2015）。猪舍空气中的颗粒物来源于饲料、碎屑、粪便和猪本身，可能含有多种细菌和微生物（Zhang，2004）。

尽管尚未观察到猪肺炎支原体感染与空气中二氧化碳浓度之间的直接关系，但二氧化碳浓度可能是其他空气污染物的一个良好指标（Donham，1991）。猪舍空气中大部分的二氧化碳都是猪群产生的，二氧化碳水平（浓度）随着存栏密度和通风率以及猪群活动变化（Pedersen等，2002）。一般来说，二氧化碳浓度可作为通风水平的指标（Van't Klooster和Heitlager，1994）。所需的通风水平可根据每立方米猪的千克数来确定。二氧化碳浓度高（>2 000g/m^3）表示通风不足，也因此可能伴随着其他空气污染物和微生物载量的增加。空气污染物的最高安全浓度可根据其与猪只健康或人类健康的剂量–反应相关性来估算（表9.5）。

表9.5　猪舍中空气污染物的最高建议浓度（Donham，1991）

粉尘（mg/m^3）	2.4
氨（g/m^3）	7
内毒素（mg/m^3）	0.08
总微生物数量（CFU/m^3）	105
二氧化碳（g/m^3）	1 540

圈养条件会影响猪呼吸的空气质量，尤其是在自然通风的猪场中。在这种情况下，适当的存栏密度（每立方米猪体重<33.3kg）对于强化猪肺炎支原体的控制至关重要。但如果猪场采用机械通风，存栏密度就不那么重要了。利用机械通风系统可达到所期望的气候条件（温度、湿度和空气流速），并可通过这种方式换气，从而将污染物水平控制在合理的范围内（表9.5）。

9.5.4　改善空气质量

通风有助于减少空气中的氨浓度和粉尘，但这仅适用于能够维持高标准地面卫生且存栏率处于最佳水平的猪舍。在地面脏乱的猪舍里，通风无法弥补卫生条件不达标造成的不足（Banhazi等，2004）。如果能使猪保持良好的排粪模式，则可维持高水平的空气卫生。但是，存栏率（每平方米猪的体重千克数）提高、管道泄漏、气流以及地面维护欠佳，都很容易影响猪的排粪模式（Cargill等，2002）。如果实行全进全出的管理方式，在补栏前等待猪舍完全干燥，可能会对补栏后猪的排粪模式产生长达8周的影响（Murphy，2011）。良好的粪肥管理或粪浆处理系统能降低空气中氨的浓度。只要地面的固体部分保持干燥，配有深坑和部分铺设漏粪地板的猪舍在保持空气质量方面效果最佳（Murphy，2011）。可以通过增加湿度或在饲料中添加脂肪来降低粉尘浓度（Pedersen等，2000）。将油和水的混合物直接喷到猪舍的地面上，可显著降低可吸入性和呼吸性空气颗粒的浓度（Banhazi，2007）。

第10章

猪肺炎支原体感染的抗生素治疗

Anne V. Gautier-Bouchardon[1]

1 法国，普卢费拉冈，食品、环境与职业健康安全局（Anses）Ploufragan-Plouzané-Niort实验室

10.1 简介

猪肺炎支原体（*M. hyopneumoniae*）感染的防控主要基于以下手段：(i) 加强管理措施，确保生物安全，改善猪舍条件，从而减少该病原体的入侵和传播；(ii) 疫苗接种，这也是全球范围内广泛使用的方法（Maes等，2008；Simionato等，2013）。然而，接种疫苗只能提供部分保护，不能完全预防感染（Maes等，2008；Pieters等，2010）。在临床疾病暴发时，应用抗菌药物可以有效改善猪群健康和福利，降低由于细菌性感染造成的损失。四环素类、β-内酰胺类、磺胺类与甲氧苄啶和大环内酯类是治疗猪呼吸道感染最常用的抗生素类别（Chauvin等，2002；Timmerman等，2006）。支原体对β-内酰胺类和增强型磺胺类药物具有天然的耐药性，所以四环素类和大环内酯类抗菌药物成为治疗猪肺炎支原体感染的更专用药物（del Pozo-Sacristán，2014；Maes，2008；Gautier-Bouchardon，2018）。其他抗菌药物，如林可酰胺类、截短侧耳素类、酰胺醇类、氨基糖苷类、氨基环糖醇类和氟喹诺酮类等对猪肺炎支原体也具有潜在的抗菌活性（Gautier-Bouchardon，2018）。

抗菌药物在畜禽上的使用以及耐药菌的产生日益引起全球性关注（Collignon和McEwen，2019；Scott等，2019）。抗生素耐药性可能导致治疗失败，增加疾病的严重程度以及畜群感染的发生率和花费。因此，需要监测目标病原体对抗菌药物的敏感性水平。目前已经通过体外实验筛选到对泰乐菌素和土霉素敏感性降低的猪肺炎支原体菌株（Hannan等，1997b），通过人工体内感染筛选到对马波沙星敏感性降低的猪肺炎支原体菌株（LeCarrou等，2006）。临床发病案例中也分离到敏感性降低的菌株（Felde等，2018a；Inamoto等，1994；Klein等，2017；Qiu等，2018；Tavio等，2014；Thongkamkoon等，2013；Vicca等，2004）。

本章将对控制猪肺炎支原体感染的抗菌药物及其治疗方案进行总结，同时概述抗菌药物的体外/体内活性以及猪肺炎支原体对这些抗生素的耐药机制。

10.2 抗生素治疗

10.2.1 抗生素

猪肺炎支原体没有细胞壁，因此抑制细胞壁合成的抗菌药物，如β-内酰胺类、糖肽类和磷霉素等，对其没有效果。所有的支原体都对多黏菌素、磺胺类、甲氧苄啶、利福平和第一代喹诺酮类药物（如萘啶酸）具有天然的耐药性（Schultz等，2012；TaylorRobinson和Bebear，1997）。猪肺炎支原体对红霉素等14元环大环内酯类药物也不敏感（Gautier-Bouchardon，2018）。本章后续将详细描述这些天然耐药性机制。

治疗猪肺炎支原体感染最常用的抗菌药物是四环素类以及15和16元环大环内酯类。截短侧耳素类、酰胺醇类、氨基糖苷类和氨基环糖醇类、林可酰胺类抗生素和氟喹诺酮类药物使用较少，但亦可有效抑制猪肺炎支原体（del Pozo-Sacristán，2014；Gautier-Bouchardon，2018；Maes等，2008；Maes等，2018）。

10

10.2.1.1 四环素类抗生素（四环素、土霉素、强力霉素和金霉素）

四环素类抗生素代表抑菌抗生素中的一大类，它通过可逆结合核糖体的30S亚基，与转运RNA竞争相同结合位点，从而阻断蛋白质合成（Baietto等，2014；Brodersen等，2000）。这会阻止新蛋白质的合成，从而阻止细菌生长。四环素类抗生素具有广谱抗菌活性，对需氧和厌氧的革兰氏阴性和革兰氏阳性菌、支原体，甚至少数原虫均具有抑制活性，因此，被广泛应用于猪呼吸道感染的治疗（del Pozo Sacristán，2014；Vicca，2005）。

四环素、金霉素和土霉素是自然产生的第一代四环素类抗生素，而强力霉素是第二代半合成的类似物，具有改进的药代动力学和化学特性（Chopra和Roberts，2001）。四环素类抗生素在猪体内的口服生物利用度较低（3%～18%），采食会进一步降低四环素的口服生物利用度，禁食时药效更好（Nielsen和Gyrd-Hansen，1996），主要原因是四环素类抗生素与阳离子（钙、镁、铁和铝离子）物质形成复合物，导致猪肠道吸收率降低50%。与哺乳动物细胞不同，多数细菌可富集四环素类抗生素（Chopra和Roberts，2001）。四环素类抗生素在酸性条件下抑菌活性最强，可通过扩散轻松跨越生物屏障和细胞膜。四环素类抗生素的常见副作用是腹泻和光毒性增加，但由于没有较大副作用，四环素类被广泛用于猪的疾病治疗（Chopra和Roberts，2001；Karriker等，2012）。

10.2.1.2 大环内酯类（泰乐菌素、替米考星、泰万菌素、土拉霉素、泰地罗新和加米霉素）和林可酰胺类抗生素（林可霉素）

大环内酯类和林可酰胺类抗生素具有非常相似的抗菌活性。它们是抑菌型抗生素，通过与核糖体50S亚基的肽酰基转移酶可逆结合来抑制蛋白质合成，从而阻断新生肽链的延长（Leclercq，2002；Schwarz等，2016）。然而，也有研究报道某些大环内酯类药物具有杀菌活性（Tavio等，2014）。大环内酯类药物抗菌谱包括革兰氏阳性菌、部分革兰氏阴性菌、胞内细菌以及支原体（对哪几种支原体有效依据内酯环的大小）（Gautier-Bouchardon，2018；Leclercq，2002）。猪肺炎支原体对14元环大环内酯类药物（如红霉素）不敏感，原因是其23S rRNA的V型结构域发生突变（Gautier-Bouchardon，2018）。一些16元环大环内酯类（如泰乐菌素、替米考星和泰万菌素）或半合成大环内酯类（土拉霉素、泰地罗新和加米霉素）专门用于兽医临床。林可酰胺类抗生素作用的有效范围更为有限，主要作用于革兰氏阳性菌、支原体和部分革兰氏阴性厌氧菌，如劳森菌和短螺旋体（Gautier-Bouchardon，2018；Schwarz等，2016）。大环内酯类和林可酰胺类抗生素被推荐用于治疗猪肺炎支原体感染。大环内酯类药物也被用于治疗由其他细菌引起的猪呼吸道感染，如胸膜肺炎放线杆菌、支气管败血波氏杆菌、副猪嗜血杆菌和多杀性巴氏杆菌（del PozoSacristán，2014）。除了抗菌特性外，大环内酯类还具有抗炎作用（Crosbie和Woodhead，2009；Moges等，2018），这种免疫调节作用可以有效提高细菌性感染的治疗效果。

大环内酯类和林可酰胺类抗生素脂溶性高，其口服生物利用度高于四环素类抗生素，由于化学结构和剂型的不同，其在低pH条件下的稳定性不同，导致生物利用度的差异（Baietto等，2014；Fohner等，2017）。口服后，胃肠道吸收良好，组织分布广泛，包括脾脏、肝脏、肾脏等，特别是肺脏。大环内酯类和林可酰胺类抗生素可以在多种细胞内蓄积，包括巨噬细胞和中性粒细胞（Leclercq，2002），在这些细胞中，药物浓度可高于血浆药物浓度20倍以上（Baietto等，2014），主要由于它们都是弱碱性，而细胞内的pH低于细胞外的pH，因此它们在细胞内形成离子障（Maddison等，2008）。

大多数大环内酯类药物的毒性和副作用并不常见。口服给药后，有时会出现腹泻。某些大环内酯类注射给药后可能存在组织刺激导致的疼痛和炎症（Karriker等，2012；Giguère，2013）。替米考星对多种动物（包括猪）进行注射给药后可能造成心脏毒性（Papich，2017）。

10.2.1.3 截短侧耳素类（泰妙菌素、沃尼妙林）

截短侧耳素类是一类半合成抑菌型抗生素，直到最近才专门用于兽药。与大环内酯类抗生素类似，它们通过与核糖体50S亚基的肽酰基转移酶结合，抑制蛋白质合成（Paukner和Riedl，2017）。它们的抗菌谱与大环内酯类相近，特别是对厌氧细菌、支原体和革兰氏阳性菌（例如链球菌）抑制活性显著。泰妙菌素和沃尼妙林通常用于胸膜肺炎放线杆菌、猪肺炎支原体、短螺原体属和胞内劳森菌等引起的猪呼吸道感染（Schwarz等，2016）。在一些国家，短螺菌属对其他抗菌药物的耐药性已经很高，截短侧耳素类药物被专门推荐用于短螺菌属感染的治疗（vanDuijkeren等，2014；Card等，2018）。

截短侧耳素类具有口服吸收好、组织生物利用度高、在巨噬细胞中药物浓度高的特点（delPozoSacristán，2014；Paukner和Riedl，2017）。在极少数情况下，使用泰妙菌素后，猪可能出现皮肤红斑或轻度水肿等不良反应，但这些症状通常程度较轻并且持续时间较短（Karriker等，2012）。然而，在与离子载体类抗生素联合使用后，可能出现致命的副作用（Hampson，2012）。

10.2.1.4 氯霉素类（氟苯尼考）

氟苯尼考是甲砜霉素的一种氟化衍生物，属于兽用专用药（Schwarz等，2016）。这种抑菌抗菌剂能与50S核糖体亚基结合，从而抑制肽反应和细菌mRNA翻译。氟苯尼考是一种广谱抗菌剂，对革兰氏阳性和革兰氏阴性细菌以及支原体均有效（Shin等，2005）。其在猪体内的靶细菌为多杀性巴氏杆菌、胸膜肺炎放线杆菌、支气管败血波氏杆菌、猪链球菌和猪肺炎支原体（Ciprián等，2012；del PozoSacristán等，2012b；Priebe和Schwarz，2003）。氟苯尼考口服或注射给药后吸收快、分散快、分布组织广、代谢慢（Liu等，2003），但治疗期间可能出现直肠外翻和肛周水肿（Karriker等，2012）。

10.2.1.5 氟喹诺酮类药物（恩诺沙星、马波沙星）

氟喹诺酮类是由喹诺酮类合成衍生出的一类杀菌型药物（Baietto等，2014）。氟喹诺酮类药物对DNA促旋酶和/或拓扑异构酶Ⅳ（取决于是革兰氏阳性还是革兰氏阴性菌）有亲和力，通过结合DNA促旋酶或拓扑异构酶Ⅳ，阻断DNA复制过程中酶复合体的形成，而DNA复制又碰到停滞不前的酶复合体，会阻止细菌DNA的复制，最终导致细菌死亡（Hooper，2001）。氟喹诺酮类药物适用于猪呼吸道感染的临床治疗。但还是建议谨慎使用这些被列为极其重要抗生素的抗菌药物，以防止食品动物源耐药菌的产生（Collignon和McEwen，2019；Scott等，2019）。氟喹诺酮类药物可以经口服或非肠道途径给药，口服后吸收快且吸收率高，组织分布广，并且穿透生物屏障的能力强（Inui等，1998；Nielsen和Gyrd-Hansen，1997）。少数报道氟喹诺酮类药物注射后动物发生跛行，但通常认为在猪使用总体是安全的（Karriker等，2012）。

10.2.1.6 氨基糖苷类和氨基环糖醇类（壮观霉素）

氨基糖苷类和氨基环糖醇类都是杀菌型抗菌药物，主要作用于蛋白质合成途径，通过干扰30S核糖体亚基的校对过程，使合成错误率升高而导致过早终止和抑制核糖体易位。此外，它们还能破坏细菌细胞膜的完整性（Baietto等，2014；Brownand Riviere，1991）。氨基糖苷类和氨基环糖醇类对多种革兰氏阳性和革兰氏阴性需氧菌均有效，亦可用于猪肺炎支原体感染的治疗。

氨基糖苷类经注射给药后组织分布较差，其亲脂性低，极性太强，导致无法穿透哺乳动物的细胞膜，但能很好地扩散到腹膜、胸膜以及心包液和滑膜积液等细胞外液中（Brown和Riviere，1991年），也容易渗透至肺实质和支气管分泌物中（Goldstein等，2002）。由于胃肠道的吸收率低，因此在治疗呼吸道感染时，不建议口服给药（Baietto等，2014；Brown和Riviere，1991）。长期注射氨基糖苷类药物可能造成肾毒性（Karriker等，2012）。

10.2.2 用于治疗猪呼吸道疾病的抗生素的给药途径

为操作方便和有效起见，在集约化养殖中，抗菌药物常通过拌料或饮水进行群体给药，以达到预防（在高风险时期对健康猪进行预防，防止疾病暴发）或治疗（对于患病猪及同群的健康猪或亚临床感染猪进行群体给药）的目的（Burch，2012；del Pozo Sacristan，2014）。猪肺炎支原体传播的关键时期是在育肥早期，即10周龄的猪被转到育肥舍之后（Leon等，2001）。抗菌药物治疗地方流行性肺炎（EP）时常采用口服方式对所有感染猪给药，因为不像急性感染，此时对抗菌药物的快速扩散和发挥药效的要求不高。当抗菌药物用于治疗急性呼吸道感染的患病动物个体时，常通过注射给药（Vicca，2005）。2010年至2013年间法国的一项研究表明，猪用抗菌药物的给药途径主要是口服、拌料或饮水，而2013年注射给药仅占处方的8%（Hemonic等，2018），呼吸道疾病的治疗占了处方的23.7%。2010年比利时的另一项研究显示，98%的受访育肥猪群采用了群体预防给药，并证明治疗用药的比例大幅下降（Callens等，2012）。然而，这些结果不能外推至全球范围，因为抗菌药物的使用存在地区差异（Collignon和McEwen，2019）。

拌料是最常见的抗菌药物群体给药方法，但该方法存在以下缺陷：成本相对较高（因为患病猪和健康猪都要服用药物）、剂量准确性低（取决于采食量，尤其是患病猪）和药效作用慢（与注射给药相比）（del PozoSacristán，2014）。肺组织中达到足够高的抗菌药物浓度较为困难（某些抗菌药物吸收不良、生物利用度低或在组织中扩散不良），需要密切跟踪采食量，以达到理想治愈效果，避免因用药过量产生毒性作用，或治疗失败，或因剂量不足导致耐药性（Burch，2012；Vicca，2005）。

饮水给药也是群体给药的方式之一，比拌料药效产生更快、成本更低，适用于慢性和急性疾病（del Pozo Sacristan，2014）。主要不足是：浪费比例高（由于猪触玩水嘴水流而浪费或某些饮水系统导致），一些抗菌药物在水中不稳定或溶解性差，与水管材料发生反应（如四环素与铁发生反应），猪饮水量随季节变化（Vicca，2005）。

口服给药时，药物的摄入与吸收是间歇性的，并且在24h内是不规则的给药，常导致口服给药的摄入剂量不足（Callens等，2012），然而，有些药物在经过消化道时的吸收时间会延长，从而使血浆和肺部的药物浓度仍能相对稳定，达到正确的治疗剂量；相比之下，注射给药在更短的时间内能达到更高的浓度（Burch，2012）。治疗结果取决于使用的抗菌药物的作用方式（是时间依赖型药物还是浓度依赖型药物，是否具有抗生素后效应）。用于治疗猪肺炎支原体感染的几类抗菌药物（四环素类、大环内酯类、氟喹诺酮类和氨基糖苷类）主要为浓度依赖型，具有较长或者明显的抗生素后效应，其抗菌疗效更多取决于组织中药物浓度，而非给药时间（Levison和Levison，2009）。

脉冲给药是拌料或饮水给药的一种变化形式，短时间用药与长时间停药交替进行，促进产生有效的免疫应答（Kavanagh，1994；Le Grand和Kobisch，1996；Vicca，2005）。应避免采取长期的预防性给药，因为这会导致抗生素耐药风险增加。

注射给药可用于群体或个体治疗（del PozoSacristan，2014）。Callens等（2012）指出，比利时群体注射给药主要用于哺乳仔猪，使用新的长效和更强效的抗菌药物用于单次治疗。生长育肥猪采用注射给药的个体治疗常针对急性感染，一般在发病和临床症状的最初几天进行，随后可进行群体口服治疗（Vicca，2005）。注射给药常导致用药过量，多半是因为在给药时对体重评估不当或剂量计算不够准确（Callens等，2012）。

10.2.3 试验及临床条件下抗生素对猪肺炎支原体感染的治疗效果

用于预防和/或治疗猪肺炎支原体感染的常用抗菌药物在试验和临床条件下的使用效果总结见表10.1。由于各项研究试验设计（治疗起始时间和持续时间、用药剂量和给药方式、治疗后的观察期和衡量治疗效果所使用的参数）存在很大差异，因此很难对结果进行横向比较。例如，3个关于人工感染后通过拌料添加金霉素进行治疗的试验，其剂量不同（50 ~ 500mg/kg饲料），治疗开始于感染前3d或7d或感染后21d，持续给药时间为14d、18d或33 ~ 41d（表10.1）。

尽管如此，对于大多数被测试的抗菌药物，可以看到经济指标（平均日增重、饲料转化率）和临床参数（临床症状、肺部病变）均有改善（表10.1）。一些研究采用多重细菌感染模型或患有地方性肺炎或呼吸道疾病的猪群进行，结果表明抗菌药物对控制并发细菌或减少死亡有效（Jouglar等，1993；Martineau，1980；Nutsch等，2005；Stipkovits等，2003）。这些结果强调：在选择抗菌药物时，不仅要对猪肺炎支原体有效，还应对能引起明显临床症状、导致猪群性能参数下降的继发性细菌感染（如多杀性巴氏杆菌、猪链球菌、副猪嗜血杆菌和/或胸膜肺炎放线杆菌）有效。然而，对于参与免疫系统正常发育、抵抗病原体定植的益生菌群（如肠道和鼻腔微生物群落），抗菌治疗也会对其产生负面影响。

多个研究表明，使用四环素类（Huhn，1971b；Thacker等，2006）、大环内酯类（Vicca等，2005）、氟喹诺酮类（Hannan和Goodwin，1990；Le Carrou等，2006）、酰胺醇类（Ciprián等，2012）、截短侧耳素类（Goodwin，1979；Ross和Cox，1988；Schuller、Neumeister和Vogl，1977），以及联合用药（Le Grand和Kobisch，1996）后，猪肺炎支原体仍持续存在（表10.1）。而且，在一些病例中，治疗停止后，病变减轻的状态并不能维持，表明一旦停药，就会出现新的病变，可能是因为支原体开始再次繁殖，而主动免疫在治疗和观察期间尚未完全建立（Burch，2012）。

表 10.1 不同抗生素方案对猪肺炎支原体人工感染或自然感染猪的治疗效果

抗菌药物[a]	EI或FC[b]	治疗方案[c, d]	效果[e]	文献
四环素类				
金霉素	EI	50、100或200ppm 持续33 ~ 41d（从人工感染前7d至剖杀）	肺部病变减轻	Huhn，1971a
	EI	400ppm拌料18d（从人工感染21d开始）	肺部病变减轻；重新分离出Mhp	Huhn，1971a

（续）

抗菌药物[a]	EI或FC[b]	治疗方案[c, d]	效果[e]	文献
金霉素	EI	500ppm拌料14d（从人工感染前3d）	临床症状减轻，肺部病变减轻，Mhp载量下降；重新分离出Mhp	Thacker等，2006
	FC	300ppm拌料7d	ADWG和FCR得到改善	Burch等，1986
	FC	500ppm连续拌料2周（从出现临床症状起）	无有益效果	del Pozo Sacristán等，2012a
	FC	500ppm非连续拌料2周（从出现临床症状起）	临床症状减轻，肺部病变减轻，性能损失减少	del Pozo Sacristán等，2012a, b
多西环素	FC	800ppm连续药饲3周	临床症状减轻	Ganter等，1995
	FC	11ppm连续药饲8d（育肥期间）	临床症状减轻，ADWG和治愈率得到提高	Bousquet等，1998
大环内酯类				
泰乐菌素	EI	782mg/L混饮给药持续33～41d（从人工感染前7d至尸检）	无有益效果	Huhn，1971a
	EI	100ppm药饲21d（人工感染后12d）	临床症状减轻，肺部病变减轻；对ADWG无改善；重新分离出Mhp	Vicca等，2005
	FC	4mg/kg肌内注射3d(出生后和/或断奶时)	ADWG提高；对FCR和临床症状无改善	Kunesh，1981
	FC	7mg/kg肌内注射，每天2次，持续5d	临床症状减轻；Mhp DNA被快速消除	Qiu等，2018
	FC	100ppm药饲连续3周（从出现临床症状起）	无有益效果	del Pozo Sacristán等，2012a
替米考星	EI	363ppm药饲持续21d（从人工感染前7d）	临床症状减轻；Mhp血清转阳率降低；对ADWG和肺部病变无改善	Clark等，1998
	FC	100、200或300ppm药饲9d或14d	临床症状减轻，仅300ppm剂量就改善了ADWG；继发细菌感染得到控制	Binder等，1993
		200ppm药饲3周(断奶后：34～55日龄)接着给药2周(77～98日龄)	ADWG和FCR改善；临床症状和肺部病变减轻	Mateusen等，2001
泰拉霉素	EI	一次肌内注射,2.5mg/kg（人工感染5d后）	临床症状和肺部病变减轻；增重有改善	McKelvie等，2005
	FC	一次肌内注射，2.5mg/kg	临床症状减轻，ADWG改善	Nanjiani等，2005
	FC	一次肌内注射,2.5mg/kg(患呼吸道病猪)	治愈率提高，死亡率降低	Nutsch等，2005
泰乐菌素	FC	以2.5mg/kg混饮给药7d（断奶时和育肥期：63～70日龄）	ADWG增加、均匀性良好，肺部病变流行率和严重程度改善	Pallares等，2015
林可酰胺类				
林可霉素	FC	肌内注射5mg/kg 3d(出生后和/或断奶时)	ADWG、FCR和临床症状无改善	Kunesh，1981
	FC	肌内注射5mg/kg 3d(1日龄和39日龄时)	ADWG、FCR改善，临床症状减少	Lukert和Mulkey，1982
	FC	200ppm药饲连续3周（育肥期）	ADWG和FCR改善；临床症状和肺部病变减少	Mateusen等，2002
氟喹诺酮类				
恩诺沙星	EI	肌内注射5mg/kg 3d(人工感染后5d)	临床症状、肺部病变减少，增重改善	McKelvie等，2005

（续）

抗菌药物[a]	EI或FC[b]	治疗方案[c, d]	效果[e]	文献
恩诺沙星	FC	5mg/kg口服给药3周（出生后）	临床症状减少	Frank，1989
	FC	肌内注射5mg/kg，每3d一次，持续3周（断奶后）	临床症状减少	Frank，1989
	FC	肌内注射5mg/kg，每2d一次，持续1周（出生后）	临床症状减少	Frank，1989
马波沙星	EI	肌内注射1或2mg/kg 3d(第一次人工感染后27d和第二次感染后第4天开始)	无有益效果；重新分离出Mhp	Le Carrou等，2006
	FC	肌内注射2mg/kg 3d或5d(育肥期)	ADWG和治愈率得到提高	Thomas等，2000
诺氟沙星	EI	100ppm药饲连续3周（人工感染1个月后）	ADWG和FCR得到提高；重新分离出Mhp	Hannan和Goodwin，1990
诺氟沙星6-氯类似物	EI	200ppm药饲3周（人工感染1个月后）	ADWG和FCR得到提高；重新分离出Mhp	Hannan和Goodwin，1990
	EI	400ppm药饲3周（人工感染1个月后）	ADWG、FCR改善，肺部病变减少，重新分离出Mhp	Hannan和Goodwin，1990
酰胺醇类				
氟苯尼考	EI	20ppm药饲35d（从人工感染日起）	ADWG和肺部病变得到改善；重新分离出Mhp	Ciprián等，2012
	EI	肌内注射30mg/kg一次（出现临床症状时）	临床症状、肺部病变和死亡率；ADWG和FCR得到提高	del Pozo Sacristán，等，2012b
	FC	在出生和2日龄时肌内注射15mg/kg	临床症状和ADWG有所改善	Nanjiani等，2005
截短侧耳素类				
泰妙菌素	EI	10、20或30ppm药饲28d（从人工感染14d后）	ADWG和FCR改善；对临床症状和肺部病变无改善	Hsu等，1983
	EI	50ppm药饲10d（从人工感染1个月后开始）	ADWG，临床症状和肺部病变得到改善；重新分离出Mhp	Goodwin，1979
	EI	100或200ppm药饲10d（从人工感染前2d开始）	ADWG和FCR到改善；出现肺部病变；重新分离出Mhp	Schuller等，1977
	EI	60、120或180ppm混饮给药10d（从人工感染11d后）	ADWG、FCR、临床症状和肺部病变无改善作用，重新分离出Mhp	Ross和Cox，1988
	EI	240ppm药饲1d（从人工感染10d后）	ADWG、FCR、临床症状和肺部病变得到提高	Kobisch和Sibelle，1982
泰妙菌素	FC	20或30ppm药饲8周（育肥期）	ADWG、FCR改善（仅使用30ppm时），对肺部病变无改善作用	Burch，1984
	FC	100ppm药饲7d（断奶时和4月龄时）	肺部病变、死亡率、生长迟缓率、平均育成重量改善	Stipkovits等，2003
	FC	200ppm药饲10d（生长舍内）	ADWG、临床症状、肺部病变和死亡率得到改善	Martineau，1980
	FC	肌内注射15mg/kg 3d（出生时）	临床症状减轻，ADWG改善	Nanjiani等，2005
截短侧耳素类和四环素类				
泰妙菌素+金霉素	FC	100ppm+300ppm 药饲7d	ADWG、FCR和平均疾病得分改善；肺部病变无改善	Burch等，1986

（续）

抗菌药物[a]	EI或FC[b]	治疗方案[c, d]	效果[e]	文献
泰妙菌素+金霉素	FC	200ppm+600ppm 间歇药饲：每2周给药2d（育肥期间）	对肺部病变流行率、肺部病变严重性无有益效果；重新分离出Mhp	Le Grand和Kobisch，1996
泰妙菌素+土霉素	FC	30ppm+300ppm 间歇药饲：每周2d或3d(育肥期)	ADWG、FCR有所改善；肺部病变流行率和严重程度有所改善	Kavanagh，1994
	FC	40ppm+300ppm 间歇药饲：每周2d(育肥期)	ADWG和死亡率得到改善；对FCR和肺部病变无改善	Jouglar等，1993
沃尼妙林+金霉素	EI[f]	25ppm+440ppm药饲12d（从第一次人工感染8d后起）	临床症状、肺部病变、ADWG得到改善；重新分离出Mhp	Stipkovits等，2001
	EI[f]	50ppm+440ppm药饲12d（从第一次人工感染8d后起）	临床症状、肺部病变、ADWG得到改善；重新分离出Mhp	Stipkovits等，2001
截短侧耳素类+大环内酯类				
泰妙菌素+泰乐菌素	EI	以10mg/kg + 50mg/kg口服给药10d，每天2次（从试验感染14d后）	肺部病变减轻；未重新分离出Mhp	Hannan等，1982

本表改写自Vicca（2005）与del Pozo Sacristán(2014)的报告。

a：抗菌药物家族（斜体）以及该家族下的抗生素。来自两个抗生素家族的抗生素联合用药列于表格末尾。

b：EI：人工感染；FC：自然感染（猪肺炎支原体感染猪群、EP或PRDC的临床暴发）。

c：ppm：百万分比浓度。

d：不同作者用于检测抗生素有效性的方案；治疗方案和/或剂量不一定与产品单页上的推荐剂量相符；表格仅列入了经同行评议的研究。

e：ADWG：平均日增重；FCR：饲料转化率；Mhp：猪肺炎支原体；治愈率：通过治疗治愈的病猪比例（通过将无病治疗猪与未感染的对照组对比）。

f：猪通过人工接种途径感染猪肺炎支原体（第1天）、多杀性巴氏杆菌（第8天）和猪胸膜肺炎放线杆菌（第15天）。

10.3 猪肺炎支原体的药物敏感性体外测定试验

通过体外敏感性检测测定抗菌药物对猪肺炎支原体的最小抑菌浓度（MIC）和最小杀菌浓度（MBC），可以间接预估抗菌药物在体内的有效性。

然而，抗菌药物的体外试验结果的解读要谨慎，因为它们并不总能反映抗菌药物在体内的作用效果。已知某些抗菌药物的稳定性在体外会受到光照、培养基成分、温度和pH的影响，因而，体外敏感性试验可能会低估一些抗生素的抗菌活性（Lallemand等，2016；Wick，1964）。较长的培养时间（尤其是对猪肺炎支原体而言）会导致某些抗生素在体外降解或丧失活性（Tavio等，2014）。与宿主相关的因素，比如不同身体部位的pH和阳离子浓度，以及细胞内和细胞外抗生素浓度的差异，也可能导致在体外对某些菌株具有敏感性的抗生素在体内对这些菌株失效。

10.3.1 最小抑菌浓度（MIC）测定

关于测定不同猪肺炎支原体抗菌药物MIC的若干研究已发表（Gautier Bouchardon，2018）。由于猪肺炎支原体生长缓慢，菌落很小，生长培养基要求复杂，因此不建议对其采用圆片扩散法等标准规程来检测细菌敏感性。在不同报道之间进行比较通常很难，因为缺乏统一的试验规程，如用于测量MIC的培养基和方法（肉汤或琼脂稀释法、流式细胞术）不同、读取时间（初始MIC值或最终MIC值）不同、结果表述不同（Gautier Bouchardon，2018）。国际比较支原体学研究规划（IRPCM）于2000年提出了关于动物源支原体抗菌敏感性试验的建议（Hannan，2000），并强调了使用标准化方法的重要性，尤其是受试菌株的滴度必须统一，因为接种浓度会影响MIC值。临床与实验室标准研究所（CLSI）制定了标准化抗菌敏感性测试指南，用于测定人源支原体的MIC（CLSI，2011）。近年来对猪肺炎支原体进行的研究通常将IRPCM的建议（Felde，2018a；Klein等，2017；Tavio等，2014；Thongkamkoon等，2013；Vicca等，2004）和CLSI指南（Klein等，2017）作为测定MIC的标准。

IRPCM（Hannan，2000）建议在每毫升肉汤培养基中接种10^3 ~ 10^5个变色单位（CCU），或在每毫升琼脂培养基上接种10^3 ~ 10^5个菌落形成单位（CFU），而CLSI指南则建议在每毫升肉汤和琼脂培养基上检测时均接种10^4 ~ 10^{55}CFU（CLSI，2011）。若采用肉汤稀释法检测MIC，通常将MIC定义为在不使用抗生素的对照组中仍可观察到生长的情况下，抑制细菌生长的最低抗生素浓度（CLSI，2011；Hannan，2000；Waites等，2012）。然而，在培养时间较长的情况下，研究者们也会将结果当作最终MIC值报告（Felde等，2018a；Ter-Laak等，1991）。不建议采用琼脂稀释法检测猪肺炎支原体的MIC，因为其菌落非常小，很难在立体显微镜下观察到，但这种方法亦有使用（Friis和Szancer，1994；Hannan等，1989）。若采用琼脂稀释法，MIC被定义为在不使用抗生素的对照平板上仍可观察到菌落的情况下，抑制菌落形成的最低抗生素浓度（CLSI，2011；Waites等，2012）。然而，MIC有时被错误地定义为导致菌落大小或数量减少50%或以上的浓度（Hannan，2000；Hannan等，1989；Ter-Laak等，1991）。

人的支原体的MIC测定有质量控制（QC）参考菌株（Waites等，2012），但猪肺炎支原体MIC的测定尚无质控参考菌株，为了验证所获得的结果，有必要在不同的情况下进行数次独立的MIC测定，如果有对待测抗菌药物已知MIC值的菌株，则应将其一并分析。

有两种标准可用于解读抗菌药物敏感性试验结果，以对细菌进行分类：①临床折点，用于指导治疗方法；②流行病学临界值（ECOFF），用于鉴定出具有至少一种可检测表型的获得性耐药机制的非野生型细菌（Schwartz等，2010；Toutain等，2017）。关于抗菌药物和细菌，也有几种可用的解读标准，比如CLSI（CLSI，2013，2015）、欧洲抗菌药物敏感性试验委员会（EUCAST，2019）及其兽医小组委员会（VetCAST）和法国微生物学会抗生素委员会（CA-SFM）及其兽医小组委员会（CA-SFM，2019）所制定的标准。支原体没有特定的临床折点，因此很难根据在体外建立的MIC数据评估可能的体内治疗效果。通常将支原体MIC结果与其他细菌的已知临床折点（CLSI，2013，2015；EUCAST 2019；CA-SFM，2019）或IRPCM（Hannan，2000）或Ter Laak及其合作者（TerLaak等，1991）推荐的临床折点进行比较。支原体的临床折点未确定是因为缺少大多数支原体种类的MIC数据。在假定的野生型种群中，至少需要100个MIC值才能确定其流行病学临界值（Toutain等，2017）。然而，当测试的菌株数量足够时，如果观察到非单峰的MIC高斯分布，则可以假设存在抗药机制（Vicca，2005；Toutain等，2017）。这种方法可以确定哪些猪肺炎支原体分离株不属于野生型种群（Schwartz等，2010）。

10.3.2 最小杀菌浓度（MBC）测定

根据抗生素的抗菌模式，可将其分为杀菌剂（杀灭细菌）和抑菌剂（阻止细菌生长）。抗生素的杀菌活性通常与其作用机理有关，作用于细胞壁或对必需的细菌酶有干扰作用的抗生素可能具有杀菌作用，而抑制核糖体功能和蛋白质合成的抗生素可能具有抑菌作用（French，2006）。

最小杀菌浓度是指培养一定时长后，使初始接种物的活力降低99.9%及以上所需的最低抗生素浓度（CLSI，1999）。如果MBC不超过MIC的4倍，通常将抗菌剂归类为杀菌剂。然而，这些类别并非绝对，因为抗生素的杀灭效果会随所用细菌的种类和抗生素使用方法的不同而变化（CLSI，1999）。由于未同时进行药代动力学/药效学（PK/PD）的相应研究，也没有可用临床折点或流行病学临界值，MBC值的实际用途相对有限。

关于支原体MBC的测定还没有标准化的方法，已经用于猪肺炎支原体测定的方法有：杀菌曲线（Hannan等，1989）、抗生素稀释法（Tavio等，2014）和流式细胞术（Assunço等，2007）。氟喹诺酮类在体外表现出杀灭支原体活性，而四环素类和泰妙菌素具有抑制支原体活性（Assunção等，2007；Hannan等，1989）。取决于所用方法的不同，可将大环内酯类和林可酰胺类归类为抑制支原体药物（Assunço等，2007）或杀灭支原体药物（Tavio等，2014）。

10.4 抗生素对猪肺炎支原体的体外抗菌活性

以往和最近的几项研究报道了猪肺炎支原体的体外敏感性水平，表10.2中总结了不同抗生素对猪肺炎支原体菌株的MIC范围。

表10.2 抗生素对猪肺炎支原体的MIC（μg/mL）范围及相关耐药机制

抗菌药物	MIC（μg/mL）		与MIC值增加有关的抗性机制[c]
	猪肺炎支原体老菌株[a]	猪肺炎支原体新菌株[a]	
四环素类[b]			
四环素	0.025 ~ 1	ND	ND
土霉素	0.025 ~ 12.5	≤0.001 ~ 12.5	
多西环素	≤0.03 ~ 1	≤0.03 ~ 6.25	
金霉素	0.12 ~ ≥100	3.12 ~ 100	
大环内酯类			
红霉素	16 ~ >16	6.25 ~ >400	23S rRNA 结构域V突变： G2057A，菌株对红霉素具有天然耐药性（Stakenborg等，2005a） A2058G：耐大环内酯类和林可酰胺类菌株（Stakenborg等，2005a） A2059G或A2064G：两种抗泰乐菌素的菌株（Qiu等，2018） A2059G：大环内酯类和林可酰胺类MIC值增大的一种菌株（Felde等，2018a）
泰乐菌素	≤0.006 ~ 6.25	0.004 ~ 32	
替米考星	≤0.012 5 ~ 0.78	≤0.25 ~ ≥64	
交沙霉素	≤0.006 ~ 0.2	0.1 ~ >12.5	
螺旋霉素	0.06 ~ 0.5	0.008 ~ 25	
泰伐洛星	ND	0.016 ~ 2	
托拉菌素	ND	≤0.001 ~ ≥64	
加米霉素	ND	≤0.25 ~ 64	

（续）

抗菌药物	MIC（μg/mL）		与MIC值增加有关的抗性机制[c]
	猪肺炎支原体老菌株[a]	猪肺炎支原体新菌株[a]	
林可酰胺类			23S rRNA结构域V突变： G2057A，菌株对红霉素具有天然耐药性（Stakenborg等，2005a） A2058G：耐大环内酯类和林可酰胺类菌株（Stakenborg等，2005a） A2059G或A2064G：两种抗泰乐菌素的菌株（Qiu等，2018） A2059G：大环内酯类和林可酰胺类MIC值增大的一种菌株（Felde等，2018a）
林可霉素	≤0.0125 ~ 1.56	≤0.025 ~ ≥64	
克林霉素	0.11 ~ 0.44	ND	
截短侧耳素类			ND
泰妙菌素	≤0.006 ~ 0.3	≤0.002 ~ 0.156	
沃尼妙林	0.000 25 ~ 0.001	≤0.001 ~ ≤0.039	
氟喹诺酮类			GyrA中的突变： Ala83Val（Vicca等，2007） Gly81Ala，Ala83Val，Glu87Gly（Felde等，2018a） ParC中的突变： Ser80Phe或Asp84Asn（LeCarrou等，2006） Ser80Tyr（Vicca等，2007） Ser80Phe、Ser80Tyr或Asp84Asn（Felde等，2018a）
氟甲喹	0.25 ~ 1	0.25 ~ >16	
恩诺沙星	0.0025 ~ 0.1	0.008 ~ 25	
达氟沙星	0.01 ~ 0.05	ND	
马波沙星	ND	0.002 ~ 5	
诺氟沙星	0.025 ~ 0.1	ND	
酰胺醇类			ND
氟苯尼考	ND	0.16 ~ 2	
氯霉素	0.5 ~ 2	0.5 ~ 4	
氨基糖苷类			ND
壮观霉素	0.5 ~ 6.5	0.06 ~ 4	
庆大霉素	0.1 ~ 2.5	≤0.125 ~ 1	

a：数据来自于对老菌株（2000年以前分离的菌株）（Aitken等，1999；Bousquet等，1997；Friis和Szancer，1994；Hannan等，1989；Hannan等，1997a，b；Inamoto等，1994；Takahashi等，1978；Tanner等，1993；Ter Laak等，1991；Williams，1978）和新菌株（2000—2016年分离的菌株）（Felde等，2018a；Godinho，2008；Klein等，2017；Le Carrou等，2006；Qiu等，2018；Stakenborg等；2005a；Tavio等，2014；Thongkamkoon等，2013；Vicca等，2004）的研究。用于测定MIC值的方法有多种，主要是肉汤稀释法，也使用琼脂稀释法和流式细胞术。

b：抗生素家族（斜体）和属于该家族的抗生素。

c：基因和氨基酸替代（大肠杆菌编号）。

ND：未找到数据。

泰妙菌素和沃尼妙林（截短侧耳素类）是体外最具活性的抗菌药物，它们的MIC值始终低于其他抗菌剂家族的MIC值（表10.2）。β-内酰胺类抗生素（Tanner等，1993；Ter-Laak等，1991）、萘啶酸（Hannan等，1989；Tavio等，2014）和14元环大环内酯类（如红霉素）（Tanner等，1993；Tavio等，2014；TerLaak等，1991；Thongkamkoon等，2013）的MIC值较高，表明猪肺炎支原体和其他种类支原体一样，对这些抗菌药物具有天然的耐药性（GautierBouchardon，2018）。猪肺炎支原体对磺胺类和甲氧苄啶也有耐药性（TaylorRobinson和Bebear，1997；Maes等，2018）。大多数受试猪肺炎支原体菌株对林可酰胺类、16元环大环内酯类（如泰乐菌素或替米考星）和新出现的大环内酯类相关抗菌剂（如托拉菌素、加米霉素和泰伐洛星）敏感（表10.2）。然而，2004—2018年，在比利时、西班牙、泰国、中国和中欧发现了一些对大环内酯类和林可霉素敏感性降低或耐药性的菌株（Felde等，2018a；Qiu等，2018；Tavio等，2014；Thongkamkoon等，2013；Vicca等，2004）。

对日本和泰国的老的和新的猪肺炎支原体菌株进行的比较表明，金霉素敏感性降低（Inamoto等，1994；Thongkamkoon等，2013）。金霉素的MIC值高于土霉素和多西环素的MIC值（表10.2）：这种差异可能是由于金霉素在体外的降解更快（Tavio等，2014）。最近在欧洲进行的研究证明，四环素类抗菌药物（土霉素和多西环素）对大多数受试的猪肺炎支原体菌株的MIC值相对较低（Felde等，2018a；Klein等，2017）。

大多数被研究的菌株也对氟喹诺酮类敏感，但在泰国和欧洲分离出了MIC值较高的菌株（Felde等，2018a；Klein等，2017；Thongkamkoon等，2013；Vicca等，2004）（表10.2）。

10.5 猪肺炎支原体的耐药性及其耐药机制

细菌的耐药性是先天的或后天获得的，后天获得的耐药性通常是由于药物靶位的改变和酶活性位点的改变或由于渗透率降低或主动外排而导致的抗生素在细菌内积累不足（Bébéar和Kempf，2005）。

在支原体中已报道了2种类型的先天抗性：与柔膜体纲细菌有关的先天抗性，与支原体种有关的先天抗性。

所有支原体物种对靶向细胞壁的抗生素（例如β-内酰胺类抗生素、磷霉素或糖肽）具有先天抗性，并且对磺胺类、第一代喹诺酮类、甲氧苄啶、多黏菌素和利福平具有先天抗性（Bébéar和Kempf，2005；Gautier-Bouchardonon，2018）。对利福平的抗药性是由于RNA聚合酶β亚基的*rpoB*基因发生自然突变，从而阻止了抗生素与其靶标结合（Bébéar和Bébéar，2002年；Gaurivaud等，1996年）。对多黏菌素和磺胺类/甲氧苄啶的抗药性是由于支原体中没有这两种药物分别作用的靶标，即脂多糖（LPS）和叶酸合成途径（McCormack，1993；Olaitan等，2014）。

几种支原体（包括猪肺炎支原体）也天然地对14元环大环内酯类药物有抗性，但对16元环大环内酯类和林可酰胺类很敏感，因为14元和16元环大环内酯类药物在23S RNA上的作用位点是不同的（Bébéar和Kempf，2005；Gautier-Bouchardon，2018）。

对抗生素的获得性抗性可以通过在不同抗生素（例如大环内酯类，氟喹诺酮类，四环素类或截短侧耳素类）的亚抑菌浓度下对支原体进行体外传代筛选而获得（Gautier-Bouchardon等，2002）。已有关于体外筛选猪肺炎支原体抗性菌株的报道，猪肺炎支原体在体外传代5 ~ 7代，泰乐菌素的MIC有了升高，而土霉素的MIC仅略微升高；猪肺炎支原体在体外传代10次，沃尼妙林和泰妙菌素的MIC没有显著升高（Hannan等，1997b）。对猪肺炎支原体的人工感染进行马波沙星治疗后，也有报道筛选到体内对氟喹诺酮类药物敏感性降低的突变体（Le Carrou等，2006）。此外，从自然感染的猪群中分离出几个对四环素、大环内酯类或氟喹诺酮类药物敏感性降低的猪肺炎支原体菌株（Felde等，2018a；Klein等，2017；Tavio等，2014；Thongkamkoon等，2013）。

10.5.1 猪肺炎支原体对大环内酯类药物的耐药性

大环内酯类和林可酰胺类抗生素虽然在化学结构上大有不同，但具有相似的作用方式。细菌通过以下方式对大环内酯类和林可酰胺类药物产生抗药性：(i）靶点改变（甲基化或突变）阻止了抗生素与其核糖体靶标的结合；(ii）外排抗生素；(iii）酶促药物灭活（Leclercq，2002)。大环内酯类化合物结合在50S核糖体亚基的通道内，主要与23S rRNA（结构域Ⅴ）的A2058核苷酸相互作用，也与G748核苷酸及其周围（23S rRNA，结构域Ⅱ）有相互作用，还与蛋白L4和L22的表面相互作用（Novotny等，2004；Poehlsgaard等，2012)。几种支原体物种中已发现的对大环内酯类和林可酰胺类药物敏感性降低的大多数点突变都处于这些位置或附近的位置（Gautier-Bouchardon，2018)。

猪肺炎支原体对14元大环内酯类药物具有天然抗性（Gautier-Bouchardon，2018)。这种抗性是由于23S rRNA的结构域Ⅴ中的G2057A（大肠杆菌编号）替代引起的（Stakenborg等，2005a)。此外，在野外菌株的23S rRNA的结构域Ⅴ中发现了获得性的A2058G、A2059G和A2064G等点突变，这些突变株具有对16元大环内酯类药物泰乐菌素和林可酰胺的抗性（Felde等，2018a；Qiu等，2018；Stakenborg等，2005a)（表10.2)。迄今为止，在猪肺炎支原体的23S rRNA的结构域Ⅱ或L4和L22等蛋白上尚未发现突变。

10.5.2 猪肺炎支原体对氟喹诺酮类药物的耐药性

氟喹诺酮类药物通过抑制DNA复制所需的拓扑异构酶Ⅱ（DNA促旋酶）和酶Ⅳ来杀死分裂中的细菌（Redgrave等，2014)。在几种支原体物种中，染色体介导的对氟喹诺酮类药物的耐药性是由于编码DNA促旋酶的*gyrA*和*gyrB*基因以及编码拓扑异构酶Ⅳ的*parC*和*parE*基因的喹诺酮类耐药性决定区（QRDR）发生了变化。氟喹诺酮类药物与DNA促旋酶拓扑异构酶Ⅳ的结合位点随细菌种类和特定的氟喹诺酮类而变化（Redgrave等，2014)。迄今为止，尚未在猪肺炎支原体中发现主动外排机制或其他质粒介导的抗性。

猪肺炎支原体感染猪用马波沙星进行治疗后，分离出对马波沙星敏感性降低的猪肺炎支原体菌株（Le Carrou等，2006)，这种敏感性降低与ParC基因中喹诺酮类耐药性决定区中的Ser80Phe或Asp84Asn突变有关（表10.2)。从比利时的猪群中分离出的5种田间菌株中还证实了在ParC基因中喹诺酮类耐药性决定区中有Ser80-Tyr的替代，这些菌株对氟甲喹和恩诺沙星的敏感性降低（Vicca等，2007年)。在这些菌株中的一个菌种的GyrA基因中也发现了额外的Ala83-Val突变，这个突变导致恩诺沙星MIC进一步升高（表10.2)。在最近的一项研究中也发现了以上4个点突变，并且在GyrA基因的喹诺酮类耐药性决定区中发现了另外两个突变：Gly81Ala和Glu87Gly（Felde等，2018a)。这些研究表明，ParC基因可能是猪肺炎支原体中氟喹诺酮类的主要靶标（在敏感性中等程度降低的菌株中观察到的第一批突变)。*parC*和*gyrA*基因中的双突变与马波沙星MIC值升高有关（Felde等，2018a；Vicca等，2007)。这些结果与以前在鸡毒支原体中获得的结果一致，都表明主要靶位点出现突变之后，较低亲和力的结合位点也会发生继发突变，并且高抗性细菌通常在DNA促旋酶和拓扑异构酶Ⅳ中同时发生突变（Reinhardt等，2002a；Reinhardt等，2002b)。

10.5.3 猪肺炎支原体对其他抗生素的耐药性

对四环素具有抗性的菌株已有报道（Inamoto等，1994)。在其他支原体物种中已经发现了对四环素类、氨基糖苷类/氨基环糖醇类、截短侧耳素类或氨苄青霉素等抗生素家族敏感性降低的突变或耐药性决定因素（Gautier-Bouchardon，2018），但仍未见关于猪肺炎支原体抗性机制的相关描述。

10.6 结论

多项研究证实了各种抗菌药物在治疗和控制猪肺炎支原体感染中的功效，可减少生产性能损失并减轻临床症状和病变（del Pozo Sacristán，2014）。然而，在用药期间和停药之后，许多案例中也证实了猪肺炎支原体会持续感染和病猪排菌，EP的临床症状可能会在停药后再次出现。已有抗菌治疗会选择出猪肺炎支原体耐药菌株的报道，但是也发现在与耐药性选择无关的案例中，支原体仍可以持续感染（Le Carrou等，2006）。即便证实了对大环内酯类/林可酰胺类（Felde等，2018a；Stakenborg等，2005a）、四环素类药物（Inamoto等，1994）和氟喹诺酮类药物（Felde等，2018a；Le Carrou等，2006；Vicca等，2007）等产生了抗性，大多数猪肺炎支原体仍然对治疗EP的抗生素家族敏感。因此，目前耐药性似乎并不是治疗猪肺炎支原体感染中的主要问题，但应定期监测自然分离菌株的药物敏感性变化。

第11章

猪肺炎支原体的疫苗和免疫接种

Dominiek Maes[1]
Filip Boyen[1]
Odir Dellagostin[2]
Guoqing Shao[3]
Freddy Haesebrouck[1]

1 比利时，根特大学，兽医学院
2 巴西，佩洛塔斯联邦大学，生物技术系
3 江苏省农业科学院兽医研究所

11.1 引言

我们可通过多种不同的方式控制猪群中猪肺炎支原体的感染。首先，应优化猪群的饲养管理方法、生物安全措施以及猪舍条件，主要涉及合适的采购政策、后备母猪驯化策略以及全进/全出生产，控制可能破坏猪群免疫力的一些不利因素，维持最佳的存栏密度，预防其他呼吸道疾病，保持最佳的猪舍和气候条件（Maes等，2008）。优化这些因素可降低猪肺炎支原体的感染，但并不能达到将该病原从猪场中完全清除的效果。此外，由于经济、后勤和实际情况的制约，管理方式和猪舍条件等并不一定能得到改善。

我们还可以使用抗猪肺炎支原体和呼吸道主要继发细菌的抗菌药物对该病进行治疗和控制。抗菌药物可降低感染率（Thacker等，2004），但是不能预防该病的传播。为减少耐药风险以及屠宰时猪体内的药物残留，应避免长期使用抗生素进行程序性药物治疗（Collignon和McEwen，2019）。

疫苗免疫已成为控制该病的有效手段，在世界范围内已被广泛使用。当前，有多种商品化疫苗可供选择。疫苗接种可改善猪群的健康状况，并减少抗生素的使用。本章总结了猪肺炎支原体疫苗免疫的相关研究进展，讨论了当前可用的疫苗及其免疫效果、免疫保护机制、免疫策略，以及正处于试验阶段可提高免疫效力的疫苗。

11.2 猪肺炎支原体商品化疫苗

疫苗免疫在世界范围内已被广泛用于控制猪肺炎支原体的感染。商品化疫苗主要由佐剂和灭活的全菌所组成（Maes等，2018）。表11.1归纳总结了几种不同的商品化猪肺炎支原体灭活疫苗。J株是猪肺炎支原体的标准参考株，因此大多数疫苗以J株为基础菌种。该菌株是1963年从轻度地方性肺炎的母猪体内分离出来的强毒株（Goodwin和Whittlestone，1963），但在体外连续培养传代后，逐渐丧失了毒力（Zielinski和Ross，1993）。商品化疫苗可单次或二次免疫，也通过二联苗的形式与猪圆环病毒2型（PCV2）或副猪嗜血杆菌（HPS）联合使用。其中一些疫苗也获准用于种猪。绝大多数疫苗采用肌内注射的免疫方式，但也有部分皮下注射疫苗被批准使用。

一种用猪肺炎支原体水溶性抗原制备的灭活疫苗“瑞圆舒”已被商业化使用（美国：Fostera® PCV MH，硕腾；欧洲：Suvaxyn Circo + MH RTU，硕腾），这是一个与PCV2联合使用的单剂疫苗，适用于3周龄以上仔猪的免疫接种（Park等，2016a）。猪肺炎支原体弱毒苗已在墨西哥和中国被批准使用（Feng等，2013）。墨西哥的弱毒疫苗是猪肺炎支原体的热敏性突变体（LKR株）（VaxSafe®MHYO, AviMex），3日龄滴鼻免疫一次。中国的弱毒疫苗株来自1974年分离的强毒株（168株），该毒株分离自有典型的地方性肺炎特征的二花脸猪（中国本地猪种，对猪肺炎支原体非常敏感）（Feng等，2010a）。通过KM2无细胞培养基（改良的Friis培养基）和猪的体内外连续交替传代，该毒株毒力逐渐减弱。在KM2培养基中通过300多次传代，该菌株完全致弱，并通过猪体内回归实验保留了其抗原性。通过全基因组测序发现，该弱毒株含有60个插入位点和43个缺失位点。除了在猪肺炎支原体黏附因子（P97，P102，P146，P159，P216和LppT）、细胞包膜蛋白（P95）、细胞表面抗原（P36）以及分泌蛋白和伴侣蛋白（DnaK）中的基因变异外，与代谢和生长相关的基因突变也可能导致168株的毒力减弱（Liu等，2013）。肺内免疫是该弱毒疫苗的主要接种途径（Feng等，2010a）。

表11.1　最常用的市售猪肺炎支原体疫苗（不包括仅在一个或少数国家/地区获批的疫苗）

公司	疫苗	抗原/菌株	佐剂	获准用动物	剂量（mL）	给药途径	接种方式	给药日龄	免疫起效时间	免疫持续时间
Boehringer Ingelheim 德国勃林格殷格翰	Ingelvac Mycoflex	J株分离株 B-3745	ImpranFLEX（卡波姆）	猪 母猪	1 1	肌内注射 肌内注射	单针	≥21日龄 每半年一次	2周 2周	26周
Ceva 法国诗华	Hyogen	法国诗华公司菌株BA2940-99	Imuvant（水包油型J5 LPS）	猪	2	肌内注射	单针	≥21日龄	3周	26周
Elanco 美国礼来	Stellamune Mycoplasma	NL1042菌株	矿物油和卵磷脂	猪	2	肌内注射	双针	2～14日龄+2周龄后	2周	22周
	Stellamune One		Amphigen Base, and Drakeol 5（矿物油）	猪	2	肌内注射	单针	3～21日龄	18d/3周	26周/23周
Hipra 西班牙海博莱	Mypravac suis	J株	左旋咪唑和卡波姆	猪	2	肌内注射	双针	1周龄+3周龄后	2周	26周
MSD 美国默沙东，默克动物健康	M+Pac	J株	矿物油和氢氧化铝	猪	2 1	肌内注射 肌内注射	单针 双针	3周龄 1周龄+2/4周龄后	21d	26周
	Porcilis Mhyo	11株	维生素E	猪	2	肌内注射	双针	≥1周龄+3周龄后	2周	20周
	Porcilis Myo ID ONCE	11株	石蜡油和维生素E	猪	0.2	皮内注射	单针	≥2周龄	3周	22周
	Porcilis PCV Mhyo[a]	J株	矿物油和氢氧化铝	猪	2	肌内注射	单针	≥3周龄	4周	21周
Zoetis 美国硕腾	瑞倍适	NL 1042菌株	矿物油	猪 母猪 怀孕母猪 公猪	2 2 2 2	肌内注射 肌内注射 肌内注射 肌内注射	双针 双针 双针 双针	1周龄+2周龄后 分娩前2周 6周龄+分娩前2周 每半年一次	3周 NA NA NA	23周 NA NA NA
	瑞倍适-旺	NL 1042菌株	矿物油	猪 母猪	2 2	肌内注射	单针 单针	>1日龄 每半年一次	18d NA	25周 NA
	瑞富特	P-5722-3菌株	卡波姆	猪	2	肌内注射	双针	≥1周龄+2周龄后	1周	20周
	瑞富特-旺[b]		矿物油+卡波姆	猪	2	肌内注射	单针	≥1周龄	2周	6个月
	瑞圆舒（欧洲）[a]		角鲨烷+水包油型乳液	猪	2	肌内注射	单针	≥3周龄	3周	23周
	Suvaxyn MHYO - PARASUIS[c]		卡波姆	猪	2	肌内注射	双针	≥1周龄+2周龄后	1周	6个月

a：与猪圆环病毒2型组成二联苗。

b：在美国佐剂是Amphigen（译注：此处作者表述有错误，美国没有销售此产品。美国销售的是瑞倍适，而瑞倍适佐剂确实是Amphigen）。

c：与猪副嗜血杆菌的联合疫苗（二联苗），在美国命名为Suvaxyn RespiFend MH HPS。

NA：没有信息。

11.3 免疫保护机制

目前，关于猪体对猪肺炎支原体的免疫保护机制尚未充分了解。就猪肺炎支原体的天然免疫而言，猪肺泡巨噬细胞中TLR2和TLR6在识别猪肺炎支原体过程中发挥重要的作用（Muneta等，2003），阻断TLR2和TLR6受体，可降低巨噬细胞中TNF-α的表达（Okusawa等，2004）。另一项研究表明，疫苗免疫后TLR6的mRNA在商品大白猪品系中的表达量高于Piau品系；同时，商品大白猪在免疫前后，TLR6的mRNA的表达也存在差异（RegiaSilva等，2011）。

在适应性免疫应答方面，Marchioro等（2013）研究表明，对猪肺炎支原体阴性实验猪肌肉接种商品化猪肺炎支原体全菌灭活苗后，其支气管肺泡灌洗液中可检测到猪肺炎支原体特异性IgG、IgM以及低浓度的IgA抗体。局部黏膜抗体在免疫保护中的作用仍不清楚。一些研究表明，呼吸道灌洗液中的抗体浓度与免疫保护没有相关性（Djordjevic等，1997；Thacker等，1998），而后来的一些研究却得出了与此相反的结果（Thacker等，2000b；Sarradell等，2003）。商用疫苗也可诱导产生猪肺炎支原体特异性血清抗体。动物在接种疫苗后血清转阳率为30%～100%（Sibila等，2004a），并且不同疫苗之间的血清学反应也有所不同（Thacker等，1998）。疫苗接种后出现不同的血清学反应可能受佐剂、免疫途径、抗原剂量、疫苗中抗原的表达水平、免疫方法（单次或两次免疫）以及动物个体差异等多种因素影响（Fisch等，2016；Matthijs等，2019a）。疫苗两次免疫后的2～4周后即可检测到血清抗体，并可维持数周到数月。在没有发生自然感染影响免疫应答的情况下，单次免疫后的血清学反应通常低于2次免疫，免疫后1～3个月，抗体效价通常下降至检测限以下（Maes等，1999c）。目前还没有证据表明血清抗体浓度与免疫保护存在直接相关性。因此，血清抗体不适用于疫苗免疫保护效果评估已成为共识（Djordjevic等，1997；Thacker等，1998）。

免疫或攻毒后的细胞免疫应答对免疫保护至关重要。目前，主要通过检测猪肺炎支原体抗原体外刺激后的淋巴细胞增殖反应，来评估疫苗接种后的细胞免疫应答，但不同猪之间存在较大的个体差异（Thacker等，2000a；Marchioro等，2013，2014a；Huang等，2014）。Thacker等研究表明（2000a），免疫并攻毒后的猪在感染后第7天IFN-γ分泌细胞数量最多，在此过程中辅助性T细胞（Th-1应答，1型免疫）和自然杀伤细胞分泌的IFN-γ可通过激活巨噬细胞来抵抗猪肺炎支原体诱导的炎症反应，从而发挥免疫保护作用。Marchioro等（2013）发现，与未免疫组相比，免疫组实验猪肺部IL-12和支气管淋巴结中IL-10分泌细胞数量明显升高。在体外再刺激后，免疫组实验猪的支气管淋巴结和肺部淋巴细胞中IL-12分泌量显著提高。这些研究表明，疫苗接种可以调控猪的免疫反应和炎症反应。

促炎细胞因子（如TNF-α）表达的增加与猪肺炎支原体感染引起的病变息息相关（Meyns等，2007）。猪肺炎支原体可加重猪繁殖与呼吸综合征病毒（PRRSV）感染引起的肺炎，可能与促炎性细胞因子的表达分泌相关。另外，猪支原体肺炎疫苗免疫后能减轻PRRSV相关肺炎的严重程度（Thacker等，2000b），这可能是由于免疫后降低了猪肺炎支原体感染引起TNF-α的表达，进而改善了PRRSV相关肺炎（Thacker等，2000b）。

研究表明，细胞免疫可能既帮助又阻碍支原体肺炎的形成（Tajima等，1984）。因此，免疫反应的严格调控非常重要。Vranckx等（2012b）发现免疫后的猪在感染猪肺炎支原体后，其肺组织中巨噬细胞的浸润减轻，这表明疫苗免疫可调控感染后的免疫反应。

近期研究证据表明：3型免疫反应在保护黏膜表面、促进上皮细胞再生、促进黏液和抗菌蛋白的分泌表达以及中性粒细胞的释放等方面起着重要作用（Abbas等，2016）。3型免疫反应主要由胞外病原诱导产生，这些免疫反应与Th-17免疫应答中的关键性T细胞因子——IL-17细胞因子家族密切相关（请参见第6章）。

11.4 免疫效果

给仔猪接种疫苗的主要优点在于能够减少猪肺炎支原体感染引起的生产性能损失，主要包括：提高日增重（2%～8%），改善饲料转化率（2%～5%），有时还会降低死亡率。此外，还可缩短仔猪达到屠宰体重的时间，屠宰时体重变化区间更小（体重分布更均匀），减轻临床症状（咳嗽），降低支原体样肺部病变的患病率和严重程度以及相应的治疗费用（Maes等，1998，1999c）。尽管猪肺炎支原体感染不会引起胸膜炎病变，但屠宰时发现，育肥早期感染猪肺炎支原体的猪更易患胸膜炎（Holmgren等，1999）。有研究表明，猪肺炎支原体疫苗免疫后可能会相应地降低屠宰猪的胸膜炎患病率（Maes等，1999c；Del Pozo等，2014）。这可能是由于疫苗免疫可降低继发性的细菌感染（比如感染多杀性巴氏杆菌和/或胸膜肺炎放线杆菌）（Marois等，2009）。目前使用的疫苗可减少呼吸道中猪肺炎支原体的含量（Meyns等，2006；Vranckx等，2012b），并降低其在猪群中的感染水平（Sibila等，2007）。

然而，疫苗免疫不能对临床症状和支原体样肺部病变提供完全的保护，并且也不能阻止猪肺炎支原体在体内的定植。实验条件（Meyns等，2006）和临床条件（Pieters等，2010；Villarreal等，2011a）下的研究证据表明，疫苗免疫作用有限，不能显著降低猪肺炎支原体的传播率。因此，虽然疫苗接种是目前唯一的控制措施，但并不能完全清除猪群中猪肺炎支原体的感染。

通过对猪肺炎支原体疫苗免疫效果的63项研究进行统计分析，发现免疫组的平均日增重比未免疫组高22g（Jensen等，2002）。目前关于疫苗免疫对经济影响的研究很少，但对14个比利时猪群接种疫苗，并采用全进全出的管理模式，结果显示，每头猪的平均日增重提高了22g，饲料转化率降低了0.07，死亡率降低了0.23%，药物费用降低了0.45欧元（Maes等，1999c；2003）。接种疫苗对猪胴体品质也无影响。不完全预算分析显示，每头猪的平均额外净劳动收益增加了0.72欧元。根据特定年份的市场条件，通过接种疫苗获得的额外净劳动收益从每头猪0.28欧元到11.30欧元不等（Maes等，2003）。因此，除非是在市场条件极其恶劣的时期，即使猪群的猪肺炎支原体感染水平较低，疫苗接种在经济上也具有吸引力。除了关于接种疫苗带来的经济效益的信息外，还需要市场状况的数据，以便准确量化特定猪群接种疫苗的经济效益。此外，为充分评估接种疫苗后的益处，应给猪场的所有仔猪接种疫苗，并在接种数月之后检测其免疫效果。

养殖户有时会考虑，接种疫苗多年之后，猪肺炎支原体感染是否对他们的猪群仍有重要影响，是否有必要继续接种疫苗。为此，可对该养猪场的免疫猪群或一组未免疫的对照猪的猪肺炎支原体的感染水平进行检测评估。这可以通过对不同日龄猪群的呼吸道样本进行PCR检测来实现，还可以检测抗猪肺炎支原体的血清抗体。然而，对免疫猪群的血清学检测结果的评估存在困难。冯志新等开发了一种sIgA-ELISA方法（Feng等，2010b），可用于鉴别诊断免疫猪群中的猪肺炎支原体感染

（Bai等，2018）。监测其他的指标，如咳嗽的严重程度，支原体样肺部病变等其他参数也可能有所帮助。在收到所有数据后，由猪群的兽医决定是否应继续接种疫苗。

11.5 疫苗接种策略

针对未感染猪肺炎支原体或感染水平很低的猪群，接种疫苗获得的收益可能低于耗费的成本，因此不建议在上述猪群中接种疫苗。而对于感染水平较高但无明显临床症状的猪群，或者已经出现临床疾病的猪群，接种疫苗的投入产出比还是合理的（Maes等，2003）。在疫苗接种过程中，需要根据猪群类型、繁育系统、管理模式、感染情况以及养殖者的接受程度等，采取不同的疫苗接种策略。

11.5.1 仔猪的疫苗接种

仔猪出生后的最初几周内就可能感染猪肺炎支原体，（Villarreal等，2010），因此选择给仔猪接种疫苗是最普遍的接种方式，而且大量的实验室研究结果和临床结果也证实给仔猪接种疫苗是有效的（Jensen等，2002）。给哺乳仔猪接种疫苗（早期接种；4周龄以下）是最常见的，特别是在单点式生产的猪群中尤其如此；有些情况下，特别是在容易发生后期支原体感染的三点式生产的猪群中，也可以给保育/早期育肥猪（晚期接种；4～10周龄）接种疫苗。起初，接种双针疫苗是最常见的接种策略。而目前，更常用的是接种单针疫苗，这主要考虑到单针接种需要的劳动力较少，而且在养猪场中更易实施（Baccaro等，2006）。由于单针疫苗只注射一次，养殖户或操作人员能否掌握正确的疫苗接种技能，对于能否发挥疫苗的效果可能更加重要。在7日龄或21日龄单次接种疫苗后，能显著减轻育肥后期由呼吸道感染引起的生产性能下降和肺部损伤（Del Pozo-Sacristan等，2014）。实验室研究（Arsenakis等，2016）和临床研究（Arsenakis等，2017）表明，在断奶前3d给仔猪接种疫苗的效果（在生产性能、肺部病变方面）略优于在断奶时接种。

一般来说，需要在感染病原前接种疫苗。给哺乳仔猪接种疫苗的优点在于，可以在猪感染猪肺炎支原体之前诱导免疫，而且在该阶段猪感染的其他病原体较少，对免疫应答的干扰也较少。母源性免疫对疫苗应答的作用将在后面讨论（见下文）。给保育猪接种疫苗不会或较少受到母源抗体的干扰。然而，保育猪有可能早已感染了猪肺炎支原体（Villarreal等，2010）。此外，在同一猪场的不同饲养批次中，仔猪感染的年龄或窗口期可能也不同（Sibila等，2004b）。因此，需要针对特定养猪场的感染模式量身制订疫苗接种策略（例如在血清转化前至少2周给仔猪接种疫苗），可成功降低猪肺炎支原体感染水平（Wallgren等，2000）。一些其他病原的感染，如猪繁殖与呼吸综合征病毒（PRRSV）、猪圆环病毒2型（PCV-2）或猪支原体（*M. suis*；曾称附红细胞体）的感染主要发生在断奶后，可能会影响猪的整体健康状况，从而干扰疫苗接种后的免疫应答。此外，如果采用肌内注射方式，在疫苗接种期间可能会因为操作而引起这些病原的传播。

11.5.2 种用后备母猪的疫苗接种

在后备母猪驯化或检疫隔离期间，为其接种疫苗是欧洲和北美最常见的后备母猪驯化方法

(Garza-Moreno等，2018)。如阴性后备母猪或未知感染状态的后备母猪将要混入感染猪肺炎支原体的猪群前，建议接种疫苗。其目的是激活新引进后备母猪群的免疫力并使之均一化，避免种猪群免疫力的不稳定。临床研究表明，在一个感染猪肺炎支原体的养猪场中，后备母猪在驯化期间接种2次疫苗（引进后2周和6周），在引进后14周，经PCR检测发现，猪肺炎支原体阳性率显著降低(Garza-Moreno等，2019a)。如果采用四针疫苗接种方案，猪肺炎支原体阳性猪的比例甚至更低，但与两次接种的结果相比差异较小且不显著，因此没有必要接种两针以上疫苗。

接种疫苗还能提高后备母猪及其后代的抗体水平。虽然接种疫苗不能提供充分的保护，但与一组未接种疫苗的后备母猪相比，免疫母猪群内的感染水平显著降低。考虑到接种疫苗只能提供部分免疫保护，目前还有一种策略（主要是在北美）是有意让后备母猪在幼年时感染猪肺炎支原体(Garza-Moreno等，2018；Robbins等，2019)。这种策略可以使后备母猪形成良好的免疫力，在分娩时减少排毒，并在断奶时获得病原定植量更低的后代（Pieters和Fano，2016；见第9章），然而这一策略还需要进一步验证。

11.5.3 母猪的疫苗接种

在妊娠末期给母猪接种疫苗的做法不太普遍。该接种策略目的是减少猪肺炎支原体从母猪向其后代排毒，并通过母源性免疫为仔猪提供保护。Wallgren等（1998）表明，母猪的血清抗体在妊娠的最后一个月开始下降，因此，他们建议在预产期前至少4周给母猪接种疫苗。母源免疫可以给仔猪提供部分保护用于抗猪肺炎支原体感染，并降低攻毒引起的临床症状和支原体样肺部病变的严重程度。新生仔猪的初始抗体滴度取决于母猪的免疫状态和仔猪摄入的初乳量（Wallgren等，1998）。随着仔猪年龄的增长，母源免疫力下降，保护作用也可能降低。Morris等（1994）表明，在初始猪肺炎支原体母源抗体浓度为低、中、高的仔猪中，母源抗体浓度分别在第30、45和63天开始减弱。临床研究表明，在妊娠末期给母猪接种疫苗后，无论是在分娩到育成的一点式生产猪群（Arsenakis等，2019）还是在多点式生产的猪群中（Ruiz等，2003；Sibila等，2008），断奶或断奶后不久的仔猪感染猪肺炎支原体的数量（比例）较少。此外，研究表明，与未接种疫苗的母猪所产猪相比，接种疫苗的母猪所产猪在屠宰时出现支原体样肺部病变的数量较少。由于免疫母猪所产的仔猪仍可能受到感染，因此有必要在保育和育肥阶段采取其他措施控制猪肺炎支原体感染。在猪肺炎支原体感染水平较高的养猪场或在母猪群出现临床症状的情况下，可同时给所有育种猪接种疫苗，使育种猪的免疫力达到稳定和统一。

11.5.4 不同免疫技术

肌内注射是猪肺炎支原体疫苗接种最常用的途径。

一些疫苗也可进行皮内免疫（intradermal，也叫经皮或穿皮接种，俗称无针注射），这种接种途径直接针对表皮内朗格汉斯（Langerhans）细胞和真皮树突状细胞，这是有效激发T细胞和B细胞免疫所必需的。从这个意义上说，猪肺炎支原体疫苗的皮内接种效果要优于肌内注射，因为与肌肉组织相比，皮肤中这些特异性抗原提呈细胞更多（Fu等，1997）。此外，因为疫苗是通过压力在皮内给药，不使用针头，这可能会降低医源性感染风险。抗原在注射部位的分散程度较高，也会减少注射部位的应激反应（Del PozoSacristán, 2014）。事实上, Beffort等（2017）观察到，与肌内注射相比，皮内接种能更好地减轻临床症状和眼观的支原体样肺部病变，并且注射部位应激反应更少。Martelli等（2014）表明，皮内接种菌苗可诱导全身体液和细胞介导的免疫反应以及局部体液免疫，诱导的免疫效果与肌内注射灭活的全菌佐剂疫苗相当。在其他研究中，皮内接种猪肺炎支原体疫苗也获得了良好的效果（如改善性能、肺部病变）(Jones等，2005；Ferrari等，2011；Tassis等，2012)。

在墨西哥使用的减毒疫苗是猪肺炎支原体的一种热敏性突变体，采用滴鼻接种的方式。据报道，中国采用肺内接种减毒的猪肺炎支原体168株比肌内注射灭活疫苗所诱导的免疫力更强（Feng等，2010a）。在随后的一项研究中，冯志新等（2013）表明，减毒疫苗还能以气溶胶的形式进行免疫。为此，使用雾化器产生粒径小于5μm的气溶胶疫苗，并利用含有5%甘油的缓冲液防止气溶胶化合蒸发作用而导致猪肺炎支原体失活。雾化前，将室温和相对湿度标准分别调至20 ～ 25℃和70%～75%。气溶胶疫苗能被有效送至下呼吸道，免疫后14d，能在鼻拭子标本中检测到猪肺炎支原体特异性sIgA抗体。Li等（2015）表明，肺内和鼻腔接种该疫苗均可在呼吸道内诱导局部细胞免疫和体液免疫，但肺内接种对IFN-γ和sIgA水平的提高多于鼻内接种。减毒疫苗还能与ISCOM-matrix（Xiong等，2014a）或卡波姆-黄芪多糖混合物（Xiong等，2014b）一起进行肌内注射，对实验性感染的猪起到有效的免疫保护。

11.6 影响疫苗接种效果的因素

接种疫苗通常会产生良好的保护效果，但有时免疫结果可能会有所不同。这可能是由于不遵守标准的疫苗接种规程，例如疫苗的储存和管理条件不恰当，接种时的卫生状况不佳，以及不遵守说明书中的指南。然而，其他因素如疫苗接种时的应激、接种时感染其他病原体、与PRDC的混合感染、猪肺炎支原体菌株的多样性以及母源免疫等，也可能影响疫苗接种的效果。

11.6.1 应激因素

通常在处理仔猪时，如在打耳标、阉割、断奶、重新混群等过程中，对仔猪进行疫苗接种，这样就可以很容易地将疫苗接种纳入养殖场常规管理流程中，而不需要消耗太多额外的劳动力。然而，这种做法可能会给猪造成应激，并干扰正常的免疫应答。因为断奶时猪的应激反应最为严重，断奶时接种疫苗的干扰也最大（Campbell等，2013)。Wallgren等（1994）表明，严重和/或长期的应激反应主要干扰猪肺炎支原体疫苗接种的初始应答，但不影响疫苗接种后的继发免疫应答。Arsenakis等（2016；2017）表明如果猪在断奶时接种疫苗，疫苗效力会略有下降。

11.6.2 疫苗接种时有其他病原感染

在实验条件下，接种猪肺炎支原体疫苗时，同时感染PRRSV强毒或接种PRRS弱毒苗（MLV）（美洲型）均会显著降低猪肺炎支原体疫苗的效果（肺部病变）(Thacker等，2000b；见第7章)。然而，这种干扰可能取决于PRRSV疫苗的接种时间（Boettcher等，2002）。同样，对于单次接种的疫苗，仔猪在1周龄时接种猪肺炎支原体疫苗，2周后接种PRRSV-2型MLV疫苗，对支原体疫苗的效果没有负面影响（Park等，2014）。此外，仔猪在4周龄时同时接种PRRSV-1型（欧洲型）弱毒苗和猪肺炎支原体疫苗并不影响猪肺炎支原体疫苗的效果（Drexler等，2010；Bourry等，2015）。有趣的是，在这些研究中，联合疫苗接种对每种疫苗的效果都有叠加的积极影响（Boury等，2015）。然而，在临床试验中，猪肺炎支原体/PRRSV联合疫苗接种的免疫效果仅表现在改善肺部病变评分方面（Stricker等，2013）。因此，应慎重考虑猪肺炎支原体疫苗与PRRSV疫苗的联合接种，以避免后者产生的负面影响。此外，当同时或依次接种猪肺炎支原体疫苗与其他病原体疫苗时，必须严格遵守猪肺炎支原体疫苗说明书中的指南进行操作。

研究表明，严重并发猪蛔虫感染会降低猪肺炎支原体疫苗效果，导致免疫猪群在猪肺炎支原体攻毒后肺部病变指数升高（Steenhard等，2009）。在接种疫苗时，其他混合感染或饲料中的霉菌毒素污染也可能干扰疫苗接种后的免疫应答。然而，这方面的内容还需要进行深入研究。

11.6.3　与PRDC相关的其他病原体的共感染

养殖场中其他呼吸道病原体，如猪甲型流感病毒、PRRSV、猪环状病毒2型、胸膜肺炎放线杆菌等的存在，可以解释为什么在某些养殖场接种猪肺炎支原体疫苗没有取得预期效果。在这种情况下，猪肺炎支原体可能不是PRDC的主要病原体，其他病原体可能对临床症状和肺部病变产生更大影响（Wallgren等，2016）。在这种情况下，需要重点防控其他主要病原体，而非猪肺炎支原体，同时建立PRDC病例的诊断标准也很重要。

11.6.4　猪肺炎支原体菌株的多样性

对猪肺炎支原体几个分离株之间的差异已在免疫原性、蛋白质组、转录组、致病性和基因组水平方面进行了分析（Betlach等，2019）。野毒株和疫苗株之间的免疫原性差异可能与疫苗接种的差异性结果有关。然而，目前还没有确凿的科学证据证实这一推测。Villarreal等（2011b）表明，与低毒力猪肺炎支原体菌株相比，接种疫苗可显著改善高毒力菌株感染后的临床症状和肺部病变。从某种意义上说，这种结果是合理的，因为在更严重的临床症状和病变的情况下，有更大的改善空间。另一项研究比较了不同的猪肺炎支原体疫苗的保护效果，并表明基于攻毒菌株（同源菌株）的疫苗的保护效果，不比基于J菌株或其他菌株的疫苗效果好（Villarreal等，2012）。尽管在猪群中流行的菌株与商业疫苗中的菌株之间存在差异（Charlobois等，2014；Garza-Moreno等，2019b），这有可能导致不同的疫苗接种效果，但显然这不是唯一的因素。

11.6.5　母源免疫

母源抗体对仔猪疫苗应答的影响尚未完全阐明。Martelli等（2006）研究发现，即使仔猪在接种疫苗后没有表现出明显的血清学应答，被动获得的母源抗体对疫苗诱导激发或后续免疫记忆应答几乎没有影响。其他研究表明，在母源抗体滴度高的仔猪接种疫苗后引起的血清学应答较低（Maes等，1998；1999c；Hodgins等，2004），临床症状和肺部病变没有明显减轻。Jayappa等（2001）指出，母猪感染和接种疫苗所诱导的高滴度母源抗体对仔猪疫苗接种效果有负面影响。Lehner等（2008）对分娩前6周和3周的母猪群接种了疫苗，在这些母猪所产的仔猪中，6周龄时接种疫苗的仔猪的平均日增重和肺部病变评分要优于那些在3周龄时接种疫苗的仔猪。此外，Wallgren等（1998）发现，仔猪年龄较大时接种疫苗，可以获得更好的效果。Bandrick等（2014b）表示，具有猪肺炎支原体特异性母源免疫的仔猪，在接种疫苗后并没有显著提升抗体水平，但在接种疫苗后可诱导猪肺炎支原体特异性的初次细胞免疫应答（抗原特异性淋巴增殖）和二次细胞免疫应答（迟发型超敏反应）。Hodgins等（2004）表明影响疫苗接种后血清学应答的是初乳抗体滴度，而非接种时猪的周龄（无论是2周龄、3周龄或者4周龄）。因此可以推测，疫苗和母源免疫的相互作用会根据疫苗的组分以及仔猪体内的母源抗体滴度的变化而变化。

11.7 实验性疫苗

尽管市场上的疫苗性价比高，且已在很多养殖场中广泛应用，但市场上的疫苗只能产生对临床症状和肺部病变的部分保护，并且无法预防感染。因此，研究者仍在研发能够针对猪肺炎支原体提供更强保护作用的新疫苗。表11.2列出了已使用小鼠测试的猪肺炎支原体实验性疫苗概览。这些研究专注于研发疫苗以及评估疫苗的免疫应答，而非评估疫苗对攻毒的保护效力。由于小鼠中的免疫应答不能类推应用于其他物种（如猪），因此这些实验结果只是处于初始研发阶段，需要在猪上进行进一步确认。表11.3显示了用猪测试猪肺炎支原体实验性疫苗的研究。这些研究的重点是黏膜和系统性免疫应答，其中许多研究评估了疫苗对人工感染猪肺炎支原体强毒的保护效力（肺部病变指标）。表11.2汇总了这些研究中使用的抗原、佐剂、载体和接种途径。

表11.2 用小鼠测试的猪肺炎支原体实验性疫苗概述，研究主要检测免疫应答，而非攻毒感染的免疫效力

抗原	疫苗类型	载体 / 佐剂	途径	文献
NrdF（R2）	重组载体	鼠伤寒沙门氏菌 aroA SL3261	口服	Fagan等，1997
P42	DNA	pcDNA3	肌内注射	Chen等，2003
P97（R1）	重组载体	鼠伤寒沙门氏菌 aroA CS332	口服	Chen等，2006a
NrdF（R2）	重组载体	鼠伤寒沙门氏菌 aroA CS332	口服	Chen等，2006b
P97（R1）	重组亚单位	不耐热肠毒素（LTB）大肠杆菌	肌内注射（IM）与鼻内接种(IN)	Conceição等，2006
P97（R1）	重组载体	腺病毒	肌内注射与鼻内接种	Okamba等，2007
P36，P46，NrdF和P97或P97R1	DNA，重组蛋白混合剂，混合物	pcDNA3，铝	肌内注射 / 皮下注射（SC）	Chen等，2008
P36	重组载体	胸膜肺炎放线杆菌 SLW36	肌内注射	Zou等，2011
34*	重组亚单位	铝	肌内注射	Simionatto等，2012
P37，P42，P46，P95	重组亚单位和 DNA	铝和 pcDNA3	肌内注射	Galli等，2012
P97c	重组亚单位	腺病毒	肌内注射	Roques等，2013

（续）

抗原	疫苗类型	载体/佐剂	途径	文献
P97（R1，R2）	重组嵌合亚单位	不耐热肠毒素（LTB）大肠杆菌和Montanide IMS佐剂	肌内注射	Barate等，2014
P46，HSP70，MnuA	重组亚单位和DNA	完全弗氏佐剂	腹腔内注射（IP）	Virginio等，2014
HSP70	重组亚单位	介孔二氧化硅纳米粒子SBa-15和SBa-16，铝	腹腔内注射	Virginio等，2017
P97R1，P46，P95，P42	重组嵌合蛋白，重组大肠杆菌菌苗	油佐剂（AddaVax™）	肌内注射	de Oliveira等，2017

*本研究评估了34种未鉴定猪肺炎支原体重组蛋白。

表11.3　用猪测试的猪肺炎支原体实验性疫苗概述

抗原	疫苗类型	载体/佐剂	物种	途径	攻毒感染	文献
P97	重组亚单位	完全弗氏佐剂	猪	肌内注射	是	King等，1997
P97（R1）	重组载体	铜绿假单胞菌外毒素A	小鼠和猪	鼻内接种与皮下注射	否	Chen等，2001
NrdF（R2）	重组载体	鼠伤寒沙门氏菌aroA SL3261	猪	口服	是	Fagan等，2001
PRIT-5菌株	灭活全细胞	喷洒干微粒	猪	口服	是	Lin等，2003
P97（R1R2）	重组载体	猪丹毒杆菌菌株YS-19	猪	鼻内接种	是	Shimoji等，2003
P97（R1R2）	重组载体	猪丹毒杆菌菌株Koganei	猪	口服	是	Ogawa等，2009
P97（R1）	重组载体	腺病毒	猪	鼻内接种	是	Okamba等，2010
P97，P42，NrdF	重组嵌合亚单位	不耐热肠毒素（LTB）大肠杆菌	猪	肌内注射与鼻内接种	否	Marchioro等，2014a
P102以及P97/P102同源基因的8个片段	重组亚单位	Alhydrogel®和Montanide™	猪	肌内注射	是	Woolley等，2014
F7.2C菌株	细菌疫苗	5种不同的佐剂和载体	猪	肌内注射/皮内注射	否	Matthijs等，2019a
F7.2C菌株	细菌疫苗	3种不同的佐剂和载体	猪	肌内注射	是	Matthijs等，2019b

将猪肺炎支原体的不同重组蛋白与载体或佐剂结合，以不同接种方式在小鼠体内进行免疫效力评估。P97蛋白被认定为猪肺炎支原体的重要黏附因子，以上大部分研究都将其作为单个抗原或与其他抗原组合用于实验室阶段的疫苗研究。一些细菌（如沙门氏菌、铜绿假单胞菌、猪丹毒杆菌、猪胸膜肺炎放线杆菌）和病毒（腺病毒）已被用作疫苗载体。

已对多种不同佐剂进行了评估。氢氧化铝或磷酸盐已被广泛使用，其安全性也进行了研究。然而，它们会引起局部反应，如红斑、皮下结节和接触性过敏（Baylor等，2002）。各种成分的油乳剂也已广泛用作猪肺炎支原体疫苗的佐剂。尽管它们有可能在注射部位诱发肉芽肿，它们仍被认为是有效的佐剂。此外，细菌肠毒素如霍乱弧菌的霍乱毒素（CT）或一种无毒的大肠杆菌不耐热肠毒素的相关亚单位B（LTB）也被用作佐剂进行评估。它们被认为是有效的黏膜和肠外佐剂，可增强黏膜IgA以及系统性抗体应答。尽管黏膜疫苗在预防猪肺炎支原体感染中具有优势，但实验中的黏膜疫苗数量仍然非常有限。这主要是由于使用黏膜途径进行免疫有很多障碍，如突破黏膜屏障需要有充足数量的抗原存在；需要克服黏膜耐受机制；需要激活保护性免疫机制；对黏膜功能的影响应降低至最小/或没有影响。黏膜佐剂对于实现这些目标至关重要。

仅少数有关DNA疫苗的研究在小鼠中进行了测试。DNA疫苗基于热休克蛋白P42基因，或猪肺炎支原体的核糖核苷酸还原酶R2亚基因片段，在小鼠中引起了有效的免疫应答。这些研究表明，DNA疫苗具有预防猪肺炎支原体感染的潜力，但需要在猪中进行验证。大多数实验疫苗通过胃肠外途径（肌内、皮下、皮内）接种，但另一些是通过其他途径（鼻内、腹腔内、口服）接种。总体来说，迄今为止开发的大多数实验室阶段的疫苗的效力都低于市售疫苗。

Matthijs等（2019a,b）研究了一种新的猪肺炎支原体疫苗对猪的安全性、免疫应答以及效果。该疫苗基于一株新分离的接近J株的猪肺炎支原体菌株，并结合新型佐剂［即Toll样受体的配体、Mincle诱导剂海藻糖6,6-二山嵛酸酯（TDB）和STING的配体环二腺苷酸（c-di-AMP)］，使用不同的载体，即脂质体、聚乳酸-羟基乙酸共聚物（PLGA）微粒以及角鲨烯水乳剂。其中一些疫苗在猪体内诱导猪肺炎支原体特异性抗体和T细胞应答，并在攻毒后能有效改善临床症状、肺部病变和肺部感染。

弱毒活疫苗具有更好的刺激呼吸道黏膜免疫应答的潜力，与其他非肠道免疫的疫苗相比，除了目前市售的两种猪肺炎支原体弱毒活疫苗之外，聚焦猪肺炎支原体弱毒活疫苗的研究非常少，这可能与猪肺炎支原体难以分离和难以培养有关。有报道（Villarreal等，2009）测试了一株低毒力菌株用作疫苗的潜在效果，该疫苗的接种未能在1个月后保护仔猪抵抗高毒力的猪肺炎支原体分离株的感染，这表明该低毒力的菌株可能不适合用作疫苗。

未来需要开发新的实验疫苗，并在猪体内验证有前景的疫苗的功效。从免疫学的角度来看，开发疫苗的主要挑战是诱导有效的黏膜免疫。因此，需要对猪肺炎支原体感染的病理生物学及其致病机制有一个全面的了解，需要阐明影响支原体在宿主中存活和/或支原体中对宿主有害的基因和抗原，可以将其用于亚单位疫苗中，也可以作为减毒靶点来开发安全的弱毒疫苗。从临床使用的角度来说，疫苗的成本、接种的难度、接种后疫苗株与自然感染株的鉴别诊断以及与其他疫苗的潜在联合免疫等方面也很重要。

第12章

猪群中猪肺炎支原体的净化

Paul Yeske[1]
Sam Holst[1]
Alyssa Betlach[1,2]
Maria Pieters[2]

1 美国，圣彼得，P.A.，猪兽医中心
2 美国，圣保罗，明尼苏达大学，兽医学院

12.1 引言

猪肺炎支原体（*M. hyopneumoniae*）是养猪业中最普遍和最具经济影响的呼吸道病原体之一（Pieters和Maes，2019），是猪地方性肺炎（EP）的病原体，该病是一种以干咳为特征的猪慢性呼吸道疾病（Goodwin等，1965；Mare和Switzer，1965）。猪肺炎支原体造成的经济损失与饲料效率降低、平均日增重降低和药物成本增加有关（Maes等，2018）。从北美养猪生产体系收集的十多年经济数据表明，猪肺炎支原体阳性猪的饲养成本比猪肺炎支原体阴性猪高约5美元（Silva等，2019）。此外，猪肺炎支原体感染对猪呼吸道病综合征（PRDC；Dee，1996）的发生起着关键作用，可能导致更严重的经济损失，因此养殖户更愿意去净化猪肺炎支原体。

作出净化猪肺炎支原体决定的最佳方法之一是，评估无猪肺炎支原体病原体和无地方性肺炎发病猪群的猪场生产性能和经济数据，以证明净化该疾病的价值。

然而，净化猪肺炎支原体的决策通常是伴随养殖场开展其他病原体净化计划等工作而同步制定的，图12.1展示了净化的决策过程。

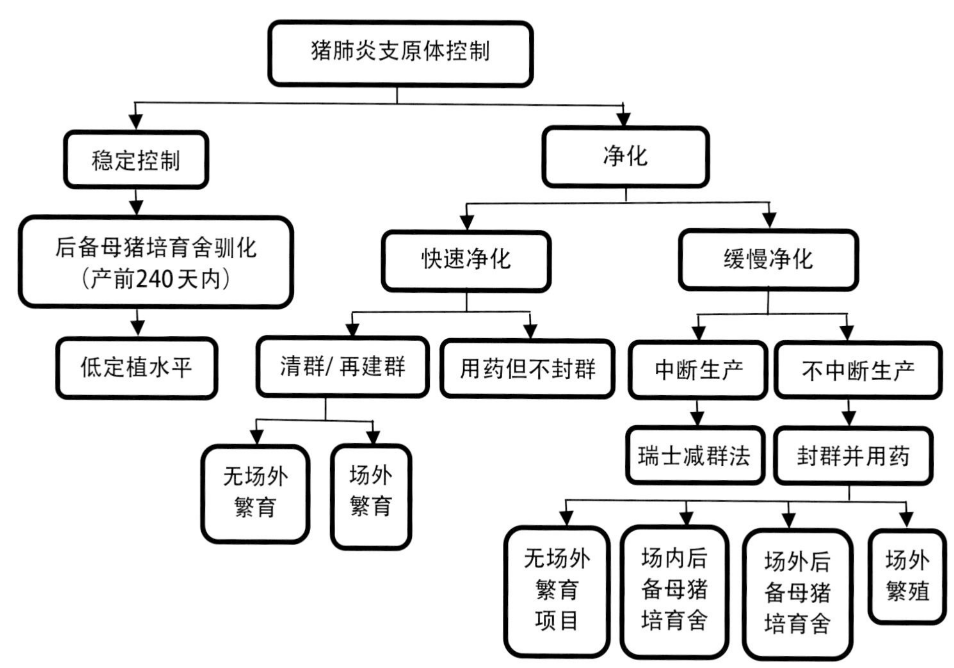

图12.1 **猪支原体肺炎控制方案的决策树。场外：在外部设施中进行。稳定：无论阳性疾病状态如何，病原体都在控制之中（源于：P. Yeske和M. Pieters）**

净化猪群中的病原微生物是控制猪肺炎支原体感染最根本的方法。在北美养猪业中，猪肺炎支原体的净化尝试主要在产房尝试。在分娩–育肥一条龙的猪场进行支原体净化也是可能的，欧洲就曾经做到过。

本章将讨论世界各地采用的不同净化方案，以及它们在猪群健康、生产性能和经济效益等方面的内在改善作用。由于有关猪肺炎支原体净化的科研信息较少，本章中的数据不仅仅来源于同行评议的出版物，其中一些数据还来源于临床专业知识和多年经验。

12.2 猪肺炎支原体净化方案

猪群猪肺炎支原体净化的方法有多种，可选方案包括：A）清群/再建群；B）瑞士减群法（部分清群）；C）封群和药物治疗；D）不封群，配合全群用药；E）其他净化方法。猪肺炎支原体净化的4种主要方法如图12.2所示。

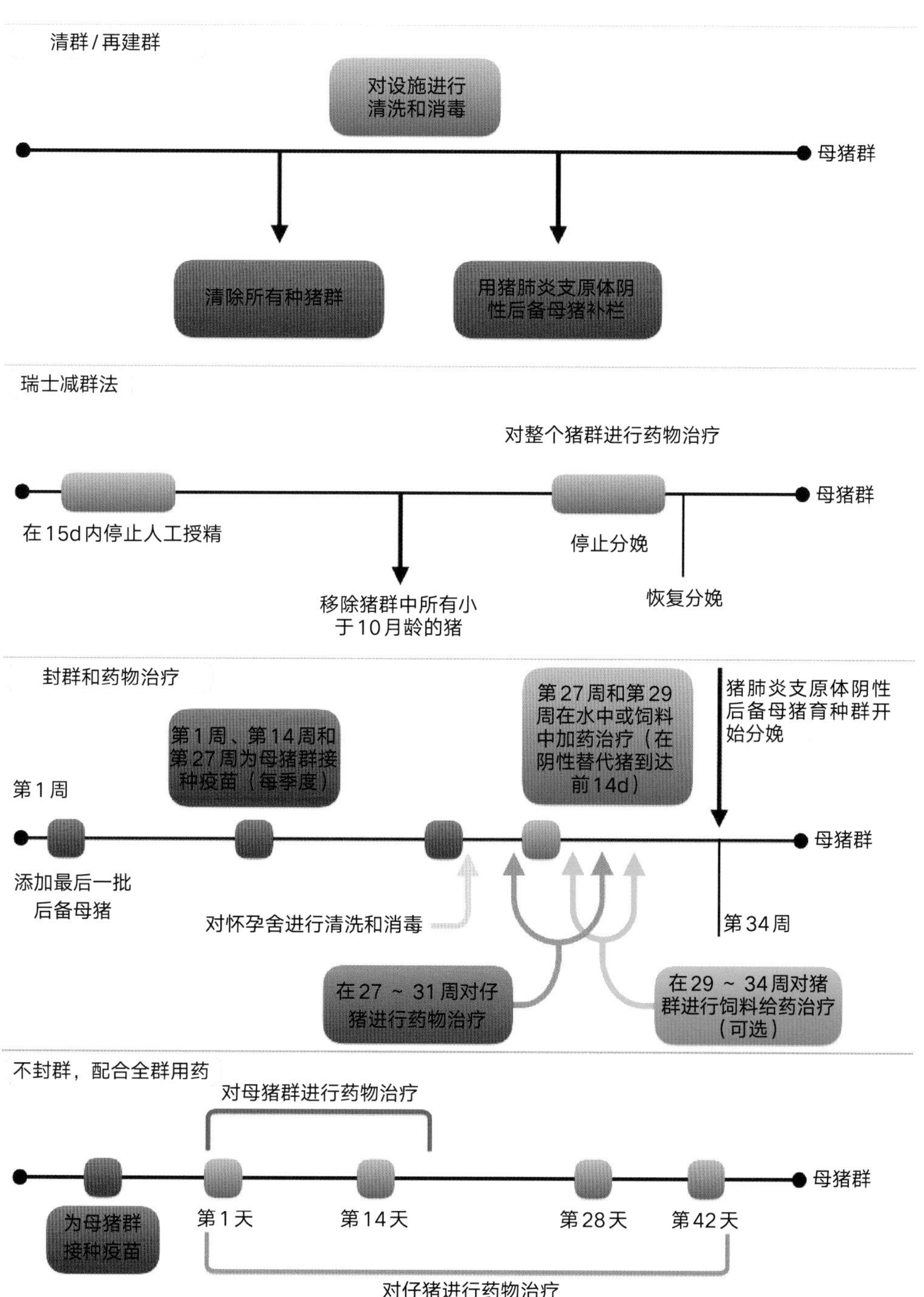

图12.2 不同猪肺炎支原体净化方案。不同的颜色代表净化方案中的不同措施。红色：免疫接种。蓝色：母猪用药。紫色：仔猪用药。绿色：饲料添加药物（来源：P. Yeske和M. Pieters）

12.2.1 清群/再建群

清群后再重新建群是猪肺炎支原体净化最有效和最直接的方法，因为该方法清除所有猪，并用猪肺炎支原体阴性猪群重新建群（Yeske，2007）。该方法最主要的优点是总体成功率极高，几乎没有失败案例。清群后再建群的其他优势包括能够一次性消除多种疾病，并有机会改善猪群的遗传性能或其他生产指标，例如不平衡的胎次分布（Yeske等，2007）。然而，有一个显著的缺点是从种猪群被清群到替代母猪开始分娩期间，养猪场将完全丧失产能。如果在清群的同时实施场外繁殖项目，则可大大缩短产能丧失的时间（最短为4周）。场外繁殖项目是指临时使用外部场地来安置阴性猪群，重新建群并给母猪配种，圈养妊娠母猪直到临产期。尽管场外繁殖项目会产生相应的成本，但它们远远低于停工和产能损失对应的成本。因此，场外繁殖项目将大大降低清群和再建群的成本。

这种方法的另一个缺点是，种猪的清群可能对拥有高遗传潜力的养猪场不利（如原种核心场或扩繁场）。

总而言之，清群后再建群是净化猪肺炎支原体成本最高的方法，恢复经济盈亏平衡所需的时间也最长。场外繁殖项目可以降低生产损失的成本，但在确定场外建群的地点方面仍存在一些挑战，比如如何确保足够的生物安全来控制感染风险，以及是否有足够的劳动力来执行这个项目。根据个人的实际经验，在没有场外繁殖项目的情况下进行母猪清群后再建群的投资回报时间为4.4年，在有场外繁殖的情况下，回报时间为2.5年。表12.1显示了在1 000头母猪群猪场通过清群后再建群净化程序的投资回报时间。

表12.1 对感染猪肺炎支原体的1 000头母猪进行清群和再建群投资回报的时间

	采取场外繁殖清群/再建群的成本	不采取场外繁殖清群/再建群的成本
总成本	307 355美元	533 249美元
每头母猪	307.36美元	533.25美元
每头猪	11.13美元	19.30美元
投资收回期	30.5个月	52.8个月

12.2.1.1 清群和再建群的补充策略

无特定病原体（SPF）/剖宫产猪

无特定病原仔猪生产一直用来净化很多疾病。它是通过剖宫产手术将小猪从母猪子宫内取出并放入无菌塑料盒中，然后移至干净的地方饲养。由于仔猪出生时猪肺炎支原体呈阴性，因此这种策略特别适合于净化猪肺炎支原体。这种方法非常昂贵，因为剖宫产和在没有母猪的情况下饲养仔猪的费用都很高。这种方法意味着一项长期投资，这是因为所有的替换猪群达到繁殖年龄所需的时间很长。尽管如此，它是清除感染的一种非常有效和高度可重复的方法（Harris和Alexander，1999）。如果不需要维持原猪群的遗传基因，可以选择这种方法。一旦替换猪年龄足够大且数量足够，可以对原猪群进行清群和重新建群。

加药早期断奶法

加药早期断奶法可用来保存原猪群的遗传基因（Harris和Alexander，1999）。该方案的基本操作包括对分娩前的母猪进行多次免疫接种，以提高猪群的免疫力；对分娩前的母猪进行抗菌药物处理（通常使用针剂）；在哺乳期间，对断奶前的仔猪用针剂进行抗菌药物处理，并对不到2周龄的仔猪进行断奶。一旦用加药早期断奶法生产出足够数量的后备母猪，就可以对原母猪群进行清群，并用新的阴性后备母猪重新建群。

12.2.2 瑞士减群法

瑞士减群法也被称为部分减群法，在20世纪90年代获得认可，当时瑞士实施了一项消除猪肺炎支原体和胸膜肺炎放线杆菌的国家计划（Stark等，2007）。以下是瑞士减群法的基本思路（Baekbo，1999；Bara，2002；Stark等，2007）：

①移走猪群中所有小于10月龄的猪；

②中止分娩至少2周；

③在停止分娩期间用批准使用的猪肺炎支原体抗菌剂处理所有剩余猪。

此外，该方法包括彻底清洁和消毒所有饲养猪的设施。这种方法尤其适合实施批次分娩制度的养猪场，因为只需跳过一批猪的分娩，就可以恢复正常的生产流程。挪威、丹麦和芬兰的净化方案在瑞士减群法的基础上稍作修改，同样取得了成功（Lium，1992；Baekbo等，1994）。挪威、丹麦和芬兰净化方案的假设跟瑞士减群法是一样的，即假定所有的猪在很小的时候就被暴露在细菌环境中，一旦猪到了10月龄的时候，它们就不会再排毒，并对其他猪不具有传染性。如果在非产仔期，小于10月龄的猪不在场，这就打破了排毒－感染的循环。该方案允许阴性后备母猪进入养猪场，且猪群应保持阴性状态。

12.2.3 封群和药物治疗

对瑞士的方法改编后诞生了净化猪肺炎支原体的封群和药物治疗方案。封群是指停止引入后备母猪。即一次引入圈舍能够承受的足够多的后备母猪，然后从此刻开始不再增加后备母猪，直到净化完成。对瑞士减群法的调整包括在用药期间允许继续分娩，以尽量减少净化期间带来的产能损失。封群和药物治疗方案的关键原则如下（Holtz，2015）：

1.确认所有母猪（包括后备母猪）都感染过猪肺炎支原体；

2.封群至少8个月（也就是240d）。根据临床和诊断检测，在确认所有母猪感染猪肺炎支原体后，开始封群，使母猪形成免疫力，并使其停止排毒；

3.每个季度给整个猪群接种猪肺炎支原体疫苗，以提高猪群免疫力；

4.在引入猪肺炎支原体阴性后备母猪之前，对整个母猪群和仔猪群进行抗菌药物处理。

该方法成功的前提是封群（第0天）之前所有后备母猪都已感染过猪肺炎支原体，并被有效定植（Pieters，2018）。后备母猪可通过多种方式感染猪肺炎支原体（见第9章），包括与感染猪的自然接触感染和/或有目的地接触接种感染性肺组织（Robbins等，2019）。封群至少8个月（240d）是依据已发表的研究确定的，研究表明猪感染后可排出猪肺炎支原体至少200d（Pieters等，2009）。在此过程中，通常给所有母猪和后备母猪免疫接种猪肺炎支原体疫苗，以提高猪群免疫力，并有可能减少排毒（Woolley等，2013；Garza Moreno等，2018）。最后，使用经过批准和有效的抗菌药物对猪场内所有母猪和仔猪进行处理（Holst等，2015）。目前已有许多使用不同加药方案取得成功的案例，每种方案都需要根据各个农场的各自条件进行调整。

封群和药物治疗是北美采取的最为广泛的净化方法。无论后备母猪的猪肺炎支原体健康状况如何，都可执行该方案。但一旦净化完成，就需要有一个可用的阴性群体来源。如果采取猪场内部自留后备母猪，将有相当长一段时间没有后备母猪可用，因为在封群期间，没有后备母猪可以独善其身。这就是为什么大多数选择封群的养猪场会选择从一个确认呈猪肺炎支原体阴性的来源购买后备母猪，补充后备母猪，直到猪场内部有后备母猪可用。无论在净化过程中的替代后备母猪是阳性还是阴性，关键是要在开始封群时使原始母猪群中的所有后备母猪都感染过猪肺炎支原体，以确定何日为第0天。

停止向猪群引入新猪是为了减少复制支原体感染的易感猪的数量（Dee等，1995；1996），最终将易感猪降低为零（使感染逐渐消失）。猪群应对新引入猪保持封闭，直到经过足够时间之后，病原体感染养猪场所有猪以及感染猪产生免疫反应，清除病原体，不再具有传染性（Pieters 和Fano，2016）。

使用封群技术成功净化猪繁殖与呼吸综合征病毒（PRRSV）之后，美国兽医们对该技术做了调整，并用于猪肺炎支原体净化项目，并且经常将这两种病原体同时纳入净化项目，通过封群获得更多利益。

为了保持适当的更新率，并且持续在每周或批次配种模式下有后备母猪可用，需要准备可供应6 ~ 9个月（相当于所需的封群期时长）的后备母猪，并将这些后备母猪安置在场内隔离点、后备猪培育舍（GDU）或安全的场外位置。如前所述，为净化猪肺炎支原体，建议的封群时间为至少8个月（从第0天起至第240天）。因此，需要供应8个月的后备母猪，以避免生产断档。一般来说，至少要有1 ~ 2个月的驯化时间，来确保猪群完全感染过支原体，从而可设定为第0天。此外，再次引入新的阴性后备猪时，建议整个成年猪群应超过10月龄（与瑞士减群法一致）（Yeske，2007），以进一步保障没有猪主动排毒。

这种方法取得成功的一大关键因素在于，后备母猪应在开始封群之前已经感染过猪肺炎支原体。因此，为了满足解除封群时猪群达到10月龄的要求，后备母猪在被安置在隔离点或后备培育舍时至少应为2月龄。此外，还应考虑后备母猪不同的年龄和体重，以避免猪肺炎支原体净化项目结束时出现太多日龄过大或体重过大的后备母猪（Yeske，2007）。在此过程中，可能需要调整淘汰流程，以确保此过程中有足够的猪群存栏量。一旦净化完成，后备猪就可以快速进入猪群，以使猪的数量和胎次分布重新得到控制并达到设定的目标水平。

采用这种净化方法的潜在障碍在于，并非所有的母猪场都有场内隔离点或后备培育舍。然而，即便没有场内隔离点或后备培育舍，或者空间有限，不能使足够数量的后备母猪进入猪场，也可以完成净化方案。在这种情况下，可将场外繁殖作为替代方案，以减少生产损失。采用场外繁殖可以延长封群时间，而不牺牲存栏量和生产转群批次。选择合适的场地对于确保猪群避免疾病传播的额外风险以及有足够人力来完成项目至关重要。此外，采用场外繁殖，可让后备母猪在其他地点繁殖，然后在分娩时返回猪场（Yeske，2002）。应按照猪场的计划，设计好后备母猪每周或分批次配种的时间，以使封群期结束后不久就有第一批后备母猪分娩。这样能够实现配种和分娩目标，一旦解除封群，可尽可能地保持产能连续均一，对胎次分布和猪数量的影响最小（Yeske，2002）。

此外，如果猪群诊断结果显示猪肺炎支原体的感染不充分，建议让剩余的后备母猪再次感染猪肺炎支原体。最近采用的使用肺匀浆暴露感染的方法（Robbins，2019），已被添加到能够有效确保猪群感染猪肺炎支原体，并建立封群的第0天的方案中（见第9章中关于后备母猪暴露于病原体和确认猪肺炎支原体感染的详细说明）。

商业化的猪肺炎支原体菌苗被普遍用于全球的养猪产业（Haesebrouck等，2004）。虽然接种疫苗在提高猪只性能方面确实有一定优势，但它不能阻止猪肺炎支原体定植（Meyns等，2006；Thacker等，1998；Pieters等，2010）。其他研究表明，接种猪肺炎支原体疫苗可减少呼吸道中的猪肺炎支原体的载量（Meyns等，2004），并降低整个猪群内部感染水平（Sibila等，2007）。根据前面所述的论点，应将免疫接种猪肺炎支原体疫苗纳入净化项目。给母猪免疫接种疫苗是为了减少病原体从母猪向仔猪的传播，并通过初乳赋予仔猪免疫力（Ruiz等，2003；Sibila等，2008；Bandrick等，2008）。在猪肺炎支原体净化项目期间给母猪免疫接种疫苗，旨在提高猪群的免疫力（Yeske，2007），母猪接种时间应选在对整个猪群进行抗菌药物处理之前，或在母猪分娩之前，每季度进行一次。尽管有许多不同的疫苗免疫接种方案可用，但目前还没有公开研究能够表明，就净化而言，某种免疫方案比另一种更有优势（Holst等，2015）。然而，最近的一项研究表明，在驯化过程中给后备母猪多次免疫接种疫苗有助于减少排毒（Garza Moreno等，2019a）。

通过与猪场兽医合作，遵守合理的抗菌药物使用方法，目前已经有许多使用不同抗菌药物处理方案的项目取得了成功。由于有关猪肺炎支原体的耐药信息有限，而且没有进行抗菌药敏感性常规检测，因此只能通过对猪群、猪的生产情况以及以往对抗菌药反应的了解，来作为抗菌化合物的选择指南。

以下通过一个案例说明净化猪肺炎支原体采取的封群和药物治疗方案的时间表（Schneider，2006；Yeske，2007；表12.2）。值得注意的是，应将正常的猪群后备母猪驯化程序纳入净化方案的框架中。

表12.2 猪肺炎支原体净化的封群和药物治疗方案的时间表。为了实用起见，此示例中的时间表假设1月2日为开始日期

日	周	措施
1月2日	1	封群
1月4日	1	妊娠舍感染
2月4日	6	通过母猪群和后备培育舍中的后备母猪的气管拭子和血样来确认感染
2月10日	7	暴露完成结束（当确认后）
2月11日	7	全群免疫接种（母猪舍和后备母猪培育舍）
5月12日	20	全群免疫接种（母猪舍和后备母猪培育舍）
7月7日	28	所有后备培育舍中的后备母猪都采集喉拭子样进行检测，并根据结果决定是否需要再次检测
8月4日	32	清洗妊娠舍
8月18日	34	母猪全群加药（饮水给药）
8月18日	34	对在场的所有仔猪加药（大猪需要根据体重适当调整药量）
8月19日	34	仔猪出生加药

（续）

日	周	措施
9月1日	36	停止母猪群饮水加药，对哺乳和怀孕母猪饲料拌药
9月1日	36	仔猪14日龄加药处理（对所有达到14日龄或者以上的仔猪给药）
9月15日	38	怀孕和哺乳母猪停止给药
9月15日	38	仔猪出生时给药
9月29日	40	14日龄仔猪给药
10月8日	41	净化完成
10月9日	41	阴性后备母猪入群（后备母猪病原阴性状态需要确认）
10月9日	41	猪群变为期望的阴性的日期

12.2.4 不封群的全群用药方案

不封群的全群用药方案是目前临床开展猪肺炎支原体净化的最新策略（Yeske，2008；Yeske，2010；Holst等，2015）。该方案通过使用抗猪肺炎支原体活性的抗菌药物（通常通过注射给药）对整个猪群（后备母猪、经产母猪、公猪和仔猪）进行长期给药。表12.3列出了不封群的全群用药方案净化猪肺炎支原体的时间线样例。由于分离支原体难度较大，抗生素敏感性测试不作为常规检测，因此，通常根据猪群的临床反应来选择抗菌药物。与封群和药物治疗方案一样，这种方案也使用疫苗免疫接种来降低呼吸道中猪肺炎支原体的载量（Woolley等，2012），并降低猪群内的感染压力（Sibila等，2007）。对母猪进行疫苗接种是为了减少病原体的垂直传播，提供仔猪免疫力（Ruiz等，2003；Sibila等，2008；Bandrick等，2008）。在抗菌药物治疗前，先对猪群接种一剂加强剂量的疫苗。在净化项目的第1天，对全群进行抗菌药物注射，2周后再一次进行药物治疗。

表12.3 不封群的全群用药方案净化猪肺炎支原体的时间表

日	周	措施
2月4日	6	全群免疫接种（母猪舍和后备母猪培育舍）
2月11日	7	清洗妊娠舍
2月16日	7	母猪全群注射抗生素
2月16日	7	第一次全群注射抗生素（猪场所有猪，母猪、公猪、后备母猪、生长中的后备母猪和哺乳仔猪）
2月17日	8	开始给仔猪注射抗生素的第1天
3月2日	9	第二次全群注射抗生素（猪场所有猪，母猪、公猪、后备母猪、生长中的后备母猪和哺乳仔猪）
3月3日	10	开始给仔猪注射抗生素的第14天
3月16日	11	停止给仔猪注射抗生素的第1天
3月30日	13	停止给仔猪注射抗生素的第14天
4月6日	14	全群注射根除完成
4月7日	15	阴性后备母猪移入繁殖群
4月7日	15	猪群变为期望的阴性的日期

此外，按照前面的全群注射用药方案，4周龄内的仔猪在出生时和14日龄时用抗支原体抗生素治疗。替代后备母猪按照常规养殖场方案处理（但是在许多情况下，为方便净化过程，常常会取消后备母猪运输进场），而养殖场仍接收新入场猪。在不封群的情况下，全群用药的优势是，如果用药方案成功，那么猪群会更快进入猪肺炎支原体阴性状态。然而，这一方案在净化猪肺炎支原体的有效性方面低于封群用药方案。这一方案从猪群中净化猪肺炎支原体的风险最高，但使猪恢复阴性的速度最快。

12.2.5 其他方案

在没有药物治疗或疫苗接种的情况下，仅通过封群，停止引进所购买的替代后备母猪，和/或停止饲养内部的替代后备母猪进行封群，并延长封群时间（超过300d），已成功地用于净化猪肺炎支原体。在大多数情况下，这种方案是在其他事件导致封群延长后意外发生的。比如，因PRRSV感染导致长期封群（猪群未在预期时间转为PRRSV阴性，在转阴前猪群保持封群）。封群后诊断显示，猪群也达到了猪肺炎支原体阴性。

短期封群联合用药方案，在方案结束时对猪群内所有猪进行注射，以达到猪肺炎支原体净化。此外，短期封群与不封群的全群用药方案类似，但持续时间为150d（养殖场不引进后备母猪仍可维持运营的时间期限）。这一混合方案似乎比不封群的全群用药方案成功率更高。

毫无疑问，除本章提到的方法外，还有其他已用于净化猪肺炎支原体的方法未在本章中提到。未来人们可能会开发出新的方法、设计出更多更好的技术用于猪群的猪肺炎支原体净化。新的策略可能有助于简化程序、缩短封群时间或减少治疗药物的使用和成本。

12.3 猪肺炎支原体净化的价值

为什么养殖场采取猪肺炎支原体净化措施？Carlos Pijoan博士概括了这个问题的答案："净化的好处是显而易见的，这就是我们在这一竞技场上继续努力的理由"。一般来说，出于投资成本相对较快的回报和长期的内部回报率，人们愿意采用净化猪肺炎支原体的策略。净化猪肺炎支原体的其他因素包括，减少PRDC中的继发性病原体［如PRRSV和猪甲型流感病毒（IAV-S）］引起的病情恶化、改善动物福利、增强生产性能、降低生产成本、减少预防性或治疗性抗菌药物的使用，以及提高猪场员工的士气。这些都是实施猪肺炎支原体净化的有说服力的理由。在隔离生产系统中，最近一直在探索的一个持续问题是：即使在母猪群成功净化猪肺炎支原体，但在生猪密度较高的地区饲养猪，生长猪在育肥过程中一旦感染，根除效益丧失的可能性有多大？

在一项田间试验中，Yeske等（2007b）跟踪了在生猪密集地区（美国明尼苏达州南部和艾奥瓦州北部）的200组猪肺炎支原体阴性仔猪群，并在肥育期结束时，上市前对它们进行监测，以评估它们维持猪肺炎支原体阴性的情况。在该研究条件下，只有6%的猪肺炎支原体阴性猪群在夏/秋季和冬/春季期间受到水平传播感染。这些研究结果表明，在一批育成猪中出现猪肺炎支原体水平感染的可能性是相对罕见的。然而，对于在猪只密度高、猪群密度高、分娩-育肥一点式生产猪群、气象条件不同的地区，这些结果是否相似还有待研究。

生猪生产者和兽医已经使用本文描述的方案、原则和技术在净化猪肺炎支原体上取得了成功。然而，缺乏对不同方案净化猪肺炎支原体成功率的全面比较。表12.4显示了在一段时间内，采用封群用药和不封群全群用药方案的成功率比较，数据来自跟踪猪群状态的养殖场（最长超过16年，最少1年）。

猪群状态由不同方法进行认定，包括临床症状观察、死亡猪的肺部病变、对引入猪群的哨兵猪（或育成末期的哨兵猪）进行猪肺炎支原体血清抗体和核酸检测，以及断奶至育成期是否为阴性，由此来评估该病净化的益处。

表12.4　9比较两种净化猪肺炎支原体方案的成效（Yeske，2018）

	封群用药方案	不封群全群用药方案
猪群数量	52	20
母猪数量	145 038	47 450
截至调查时阴性的百分比（%）	76	53
阴性群数量	45	10
平均猪群规模	2 789	2 373
平均阴性月数	58	52
阴性年数	4.9	4.4

12.4　净化经济学

猪肺炎支原体是造成生猪养殖企业经济损失的重要原因。2012年，Haden等对IAV、PRRSV和猪肺炎支原体在4年间对一家美国大型养殖企业的经济影响进行了量化。确定无并发症时，猪肺炎支原体单独引起每头猪从保育到出栏的成本为0.63美元。不幸的是，生长猪的呼吸道疾病通常不只限于一种病原的感染，而是猪肺炎支原体、病毒和其他细菌的混合感染。Haden等（2012）还计算了猪肺炎支原体伴有PRRSV或IAV混合感染时每头猪增加的成本。PRRSV和猪肺炎支原体混合感染造成的损失为每头猪9.69美元（约64元人民币），而IAV和猪肺炎支原体混合感染造成的损失为每头猪10.12美元（约67元人民币）。由IAV和猪肺炎支原体混合感染造成的损失仅次于IAV和PRRSV混合感染的损失（每头猪10.41美元，约合人民币69元）。尽管这些损失是针对一个特定的生产企业，但其他生猪养殖户也可能遭受类似的损失。Holtkamp等（2007）于2005年和2006年完成的一项研究试图评估美国重大的猪只健康威胁造成的影响。参与调查的企业所生产的生猪约占美国年生猪销售总数的50%。调查结果表明，PRRSV、IAV和猪肺炎支原体是威胁育成猪群健康的排名前三的病原。虽然没有关于这一问题的最新数据，但有人认为，目前仍然是类似的趋势。

研究人员利用一个生产系统的性能数据建立了一种经济模型，该模型涉及的猪群中既有猪肺炎支原体阳性猪，又有阴性猪。Silva等跟踪了从2007年到2016年的断奶至育成猪健康状况和生产性能（Silva等，2019）。该模型结果列于表12.5。

表12.5　在生产系统中猪肺炎支原体感染对生产的影响（Silva等，2019）

性能参数	猪肺炎支原体阳性猪的值	猪肺炎支原体阴性猪的值	差别
平均日增重（kg）	0.818	0.854	0.036
饲料转化率（饲料:增重）	2.840	2.820	−0.018
死亡率（%）	5.37	4.11	−1.26

采用封群用药方案的净化成本（每头母猪）为22.14美元（约合人民币146元），采用不封群全群用药方案则为37.14美元（约合人民币245元）。研究结果显示，封群用药方案的投资收回周期为3.1个月，不封群全群用药方案则为11.4个月（表12.6）。根据基于北美生产系统中的大型母猪场数据，两种方案都在1年以内收回投资。Silva等（2019）对影响经济模型的潜在因素进行了全面评价。

表12.6　两种猪肺炎支原体净化方案的费用和收益（Silva等，2019）

	封群用药方案（每头母猪费用）	不封群用药方案（每头母猪费用）
投资	22.14美元	37.14美元
每年净收益	124.71美元	124.71美元
成功概率	86%	58%
1年后的预计价值	85.11美元	39.24美元
收回费用月数	3.12	11.36

12.5　猪肺炎支原体净化的趋势

目前还没有正在进行猪肺炎支原体净化猪群的官方数据，因为该病净化行动不需要上报，但瑞士除外，在瑞士EP是需要报告的疾病。瑞士联邦食品安全和兽医事务局网站上提供了瑞士每年确诊的EP病例（https://www.infosm.blv.admin.ch/public/?lang=en）。

从历史上看，猪肺炎支原体净化最初是在欧洲国家实施的，其中瑞士在国家层面实现了净化，或者说猪肺炎支原体流行率非常低（Stark等，2007；Overesch和Kuhnert，2017）。其他国家，如芬兰，也报告说已经实现了类似的净化目标（Rautianen等，2001）。据报道，北美已重启猪肺炎支原体净化工作并已按适应多点式生产的大型猪群调整了净化策略和技术（Holst等，2015）。对于无猪肺炎支原体的猪群，将现有技术和提高了的生产成本和效益相结合（Schwartz等，2015），形成的数据在养猪界共享，这帮助兽医和生产者进行决策。无论最终是实现了猪肺炎支原体的彻底净化还是降低了流行率，净化方案的成功率和经济效益都战胜了疑虑。目前不仅是单个农场，整个养猪生产系统、整个养猪业都在尝试净化方案（Schwartz等，2018）。净化猪肺炎支原体的大范围成功使生产者意识到其经济价值，于是根除猪肺炎支原体在北美成为一种常见做法（Yeske等，2020）。

第13章

猪群中的猪鼻支原体和猪滑液支原体

Andreas Palzer[1]
Mathias Ritzmann[2]
Joachim Spergser[3]

1 德国，沙伊德格，生猪兽医实践中心
2 德国，慕尼黑路德维希-马克西米利安大学，兽医学院
3 奥地利，维也纳兽医大学

13.1 猪鼻支原体

猪鼻支原体在全球各地的猪群中普遍存在。虽然这种病原体经常以共生菌的形式出现在上呼吸道中，但它也引发多发性浆膜炎、关节炎、流产、中耳炎和结膜炎。此外，它还可能与猪呼吸道病综合征（PRDC）相关。

13.1.1 病原学

猪鼻支原体常见于猪的上呼吸道（Friis和Feenstra，1994；Kobisch和 Friis，1996），也是文献报道的第一种猪支原体（Switzer，1955）。

此外，它还是细胞和组织培养物中的常见污染物（Tang等，2000），人前列腺细胞持续接触猪鼻支原体会发生恶性变化（Namiki等，2009）。

像所有柔膜体纲细菌一样，猪鼻支原体的特点是体积小、多形态、无细胞壁。它可以发酵葡萄糖，但是不能水解精氨酸和尿素（Kobisch和Friis，1996）。猪鼻支原体可代谢的碳水化合物种类繁多，这可能反映了它具有在宿主的不同组织器官迅速生长和突破宿主物种屏障的能力（Siqueira等，2013；Ferrarini等，2016）。此外，猪鼻支原体在Friis培养基中生长状况良好（Kobisch和Friis，1996；Cook等，2016），因为这种培养基提供了其体外生长所需的全部营养，例如氨基酸、核酸前体、胆固醇和血清。由于猪鼻支原体发酵葡萄糖，因此培养时可观察到培养基的酸化。当用琼脂平板进行固体培养时，3 ~ 5d内可长出菌落，菌落呈油煎蛋形态，其大小（直径0.2 ~ 1mm）和透明度（图13.1）差异较大。

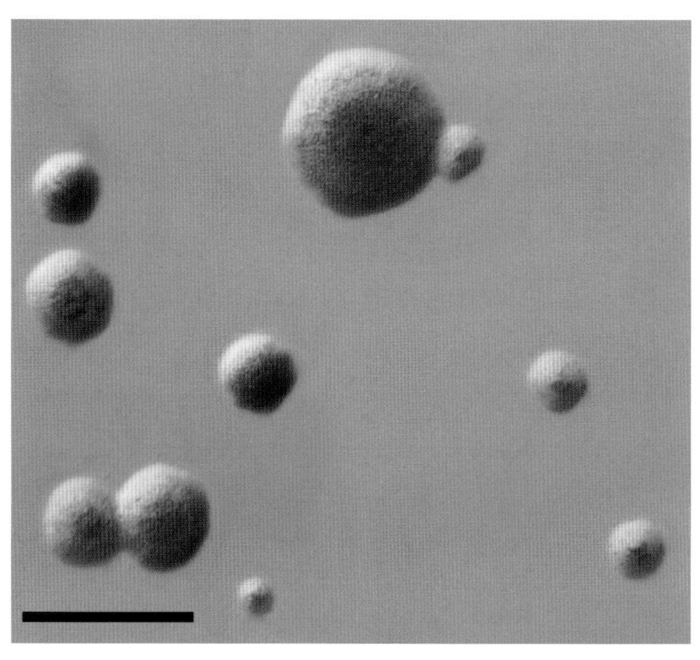

图13.1　猪鼻支原体BTS-7T株在改良的Hayflick琼脂培养基上培养5d后形成的菌落，菌落呈现油煎蛋形态，具有不同的大小和透明度。标尺：1mm（来源：J.Spergser）

到目前为止，有3株猪源的猪鼻支原体菌株的全基因组序列被公开并（或）收录在NCBI基因组数据库中（www.ncbi.nlm.nih.gov/genome/genomes/1922，2019年9月），包括模式株BTS-7T（LS991950）、致关节炎型菌株SK76（CP003914；Goodison等，2013）以及从呼吸道分离的HUB-1菌株（CP002170；Liu等，2010）。这3株猪鼻支原体的基因组均由单个环状染色体构成，基因组大小介于837 ～ 840kb之间，在支原体中相对较小，总G+C含量为25.9%。

猪鼻支原体的毒力因子和致病机理目前尚不清楚。但是，它拥有一个典型的可变蛋白家族VLPs。VLPs家族由7个成员组成，这些成员的基因编码的表面可变脂蛋白（variable lipoproteins，VLPs）可以产生高频率的表达相变和分子大小变化（Rosengarten和Wise，1991）。每个VLP的相变表达受特征性启动子区域［poly（A）域］的突变控制，而其分子大小的变化则是由单个VLP基因3'区域内串联重复的基因内序列的插入/缺失引起的（Yogev等，1995；Citti等，2000）。改变表面相关VLP的抗原组成可能会增强猪鼻支原体的定植和附着（Xiong等，2016a，b），并且有助于逃避宿主的免疫应答（Citti等，1997）。最近的生物信息学和体外研究均表明，猪鼻支原体具有通过将甘油转化为磷酸二羟丙酮进而产生细胞毒性过氧化氢的能力（Ferrarini等，2016）。

从系统发育上讲，猪鼻支原体位于溶神经支原体－猪肺炎支原体簇的进化分支上，因此与两种猪支原体，即猪肺炎支原体和絮状支原体密切相关（Volokhov等，2012；Siqueira等，2013；图13.2）。

13.1.2 流行病学

仔猪通过其哺乳母猪、猪群中的其他母猪或大龄猪感染。不同的研究表明，猪鼻支原体经常在大龄猪（比如育肥猪）上被检测到（Clavijo等，2017；Luehrs等，2017；Roos等，2019）。不同国家和猪群的阳性率不同。在瑞士，有10%患肺炎的猪肺部检测为阳性，而在德国流行率为18.5%（Luehrs等，2017）。在美国，在不同数量的仔猪和母猪体内都检测到了猪鼻支原体。在哺乳仔猪中的流行率很低，只有8%，而断奶后仔猪的PCR检测结果显示，高达98%的猪呈阳性（Clavijo等，2017）。Roos等（2019）报道，与出生后第1周相比，3周龄仔猪的检出率很高。这些发现与其他研究的结果近似，表明母猪的阳性检测结果可能提示在育肥期内存在较强的感染状态（Palzer等，2015c）。利用可区分菌株的多位点序列分型（MLST）或多位点可变数目串联重复序列分型（MLVA）方法对菌株进行基因分型检测，结果显示在不同的猪场可鉴定到相似的基因型（Tocqueville等，2014；Dos Santos等，2015b），而在同一个猪场也可鉴定到不同的基因型（Trüeb等，2014）。Rosales等（2008）通过分子分型法对40株英国和西班牙的野外分离株进行了研究，发现它们具有高度多样性，但未发现分离株与地域来源之间存在关联性（Rosales等，2008；DosSantos等，2015b）。

13.1.3 发病机理

猪鼻支原体经常从猪鼻腔分泌物或支气管肺泡灌洗液（BALF）中分离得到（Schulman等，1970；Palzer等，2007b）。这种微生物附着在猪上、下呼吸道的纤毛上皮上。目前尚不清楚导致其向全身扩散引发多发性浆膜炎和关节炎的机制，但是，可以推测其他病原体（Friis和Feenstra，1994；

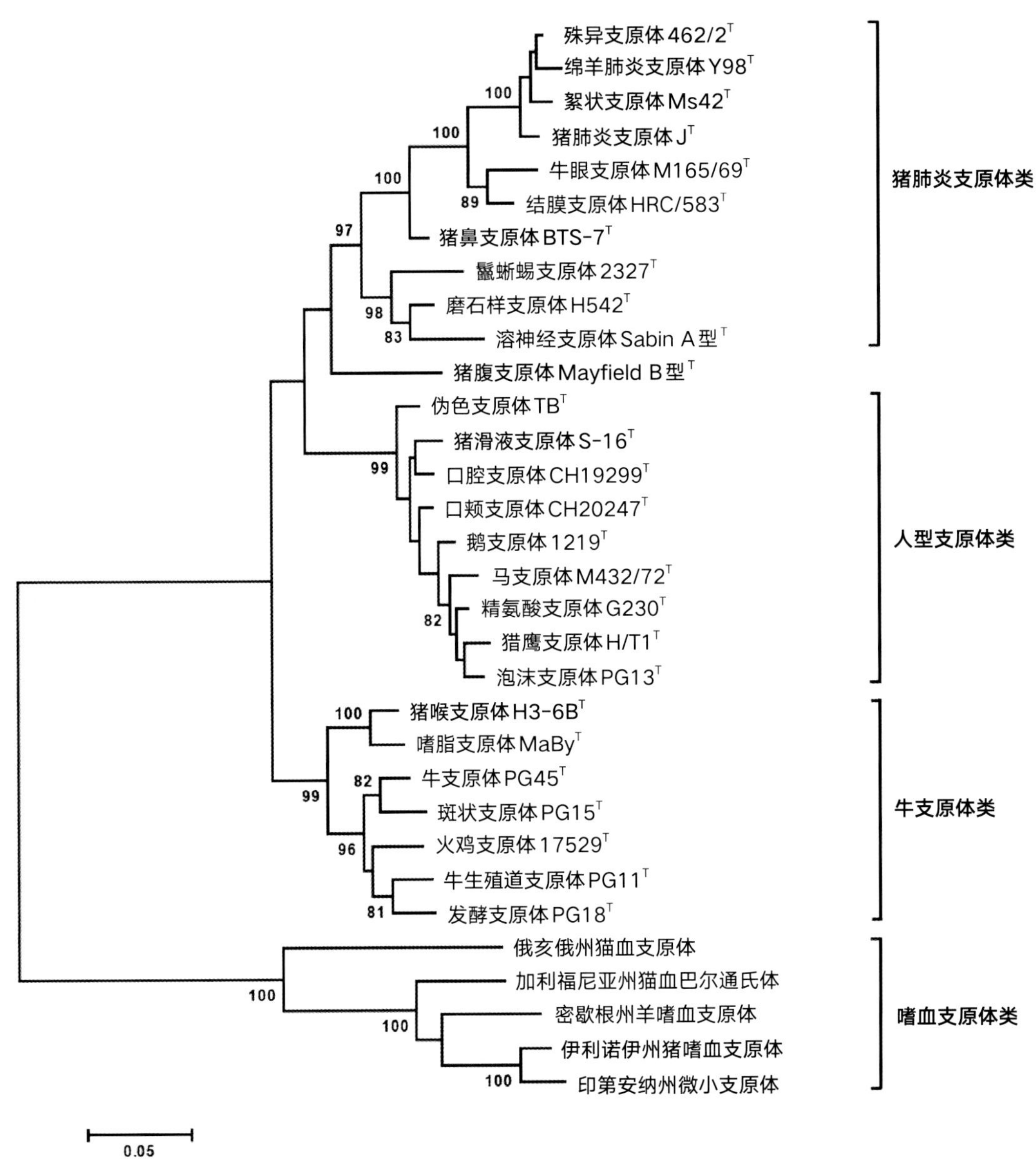

图13.2 **基于猪的支原体（粗体字）的16S rRNA基因序列和相关物种的系统发生树。这里的系统发育分析是基于Kimura的两参数模型采用最大似然法进行的。节点上的数字是Bootstrap置信度值（1 000次复制，仅显示大于75%的值）。标尺：每个核苷酸位置0.05个置换（来源：J.Spergser）**

Palzer等，2008）的共感染和应激促进了猪鼻支原体的全身性散播。特定表面脂蛋白的表达变化（VLP；Citti等，2000；Rosengarten等，2000；Yogey等，1995）可能有助于它们逃避宿主的免疫识别。感染后，猪表现出可检测的免疫应答反应（Gomes-Neto等，2014）。猪鼻支原体感染和副猪嗜血杆菌感染可能会同时发生，因为在临床样本（例如心包膜、胸膜和腹膜等浆膜表面的拭子）中经常检测到这两种细菌（Palzer等，2015b）。目前尚未确定这两种病原体是否能够增强彼此的毒力，又或者仅仅是因为它们的感染途径相似而导致同时被检出（Palzer等，2015b）。有研究者报道，利用双重PCR检测方法从断奶前母猪的扁桃体中同时检测到了猪鼻支原体和猪滑液支原体（Roos等，2019），但是尚未确定这两种微生物之间具有明显的定植关系。

13.1.4 临床-病理学表现

早在1975年，Friis就已经观察到猪鼻支原体可使10周龄以下的仔猪在浆液性腔体（浆膜腔）部位和关节处产生浆液纤维蛋白性炎症。大约20年之后，Friis和Feenstra（1994）通过人工实验感染猪鼻支原体，诱导幼龄仔猪的浆液性腔体部位（浆膜腔部位）产生了典型的浆液纤维蛋白性炎症。较早的一项研究报道将猪鼻支原体接种无菌猪可诱发实验性的胸膜炎和胸膜肺炎（Poland等，1971）。最近，有研究者通过实验感染的方法，在剖宫产－禁食初乳（CDCD）的7周龄仔猪（Martinson等，2018a）以及无特定病原体（Specific-Pathogen-Free，SPF）的7周龄仔猪（Fourour等，2019）体内复制了该疾病。通过静脉、腹腔、气管或鼻腔内接种的途径可以诱导感染，但通过静脉接种引起的感染最为严重（Martinson等，2018a）。猪鼻支原体引起纤维性多发性浆膜炎，这也是副猪嗜血杆菌病的最重要鉴别诊断特征之一，这两种疾病的临床和病理解剖学表现极为相似，难以区分。

猪鼻支原体感染的临床表现具有明显日龄依赖性，大龄仔猪在攻毒之后不易被感染（Martinson等，2017），这些发现与猪场观察到的结果相近。此外，已有研究证明猪鼻支原体可引起关节炎（Barden和Decker，1971；Ennis等，1971），这是已通过实验得以复制的一种临床和病理表现（Jannson等，1983；Martinson等，2018b；Giménez-Lirola等，2019）。然而，有一项研究（仅此一项）显示猪鼻支原体诱导的关节炎并不经常发生（Hariharan等，1992）。除多发性浆膜炎和关节炎外，还有研究报道猪鼻支原体可以引发流产、中耳炎或结膜炎（表13.1）（Shin等，2003；Morita等，1995；Resende等，2019）。关于猪鼻支原体是否与肺炎的发生有关，仍是一个令人困惑的问题。到目前为止，猪鼻支原体被认为是流行性肺炎（EP）的继发性病原体，仅在先前受损的肺组织中表现出来（Zielinski和Ross，1993）。在文献中可以找到一些研究推测其存在因果关系（Friis，1971b；Gois等，1971；Lin等，2006；Palzer等，2007b；Fourour等，2018），然而，也同时存在对其相关性的质疑（Luehrs等，2017）。在Falk等（1991）进行的一项研究中发现，在37%的发生病变的猪肺脏中检测到了猪鼻支原体，且与胸膜炎相关。Palzer等（2007a）通过PCR在患肺炎猪的支气管肺泡灌洗液（BAL）中检测猪鼻支原体，其检出率大大超过无临床症状猪的BAL。另有报道，在一些案例中这种微生物被鉴定为诱导EP的唯一病原体（Lin等，2006；Pereira等，2017），而且这些研究还报道了其与PRDC的相关性（Lee等，2016）。此外，Lee等（2018）还通过人工实验感染猪鼻支原体复制出了猪肺部和气管的炎性病变。

表13.1　猪鼻支原体临床-病理学表现、相关研究和研究类型

临床-病理学表现	相关研究	研究类型
多发性浆膜炎	Roberts等，1963 Martinson等，2018 Giménez-Lirola等，2019	实验研究 实验研究 实验研究
关节炎	Martinson等，2018 Giménez-Lirola等，2019	实验研究 实验研究
咽鼓管炎	Morita等，1999	实验研究
中耳炎	Morita等，1998	实验研究

（续）

临床–病理学表现	相关研究	研究类型
结膜炎	Resende等，2019	病例报告
脑膜脑炎	Friis，1975	病例报告
肺炎	Lin等，2006 Palzer等，2007b Pereira等，2017	实验研究 病例报告 病例报告

13.1.4.1 临床症状

大部分猪在感染猪鼻支原体后并不表现出临床症状（Rapp-Gabrielson等，2006）。但猪鼻支原体可诱发多发性浆膜炎、关节炎、咽鼓管炎、中耳炎、结膜炎等并导致相应的临床症状（Jannson等，1983；Morita等，1998；Thacker，2006；Martinson等，2018b；Giménez-Lirola等，2019；Resende等，2019）。猪鼻支原体诱发的多发性浆膜炎（心包炎、胸膜炎或腹膜炎）通常发生在3 ~ 10周龄的猪，偶尔也可见于周龄较大的猪（Heinritzi，2006）。经人工感染后，猪可表现出被毛粗乱、体况下降和前后肢轻度跛行等临床症状（Martinson等，2018b；Gimenez-Lirola等，2019）。周龄较小的猪在感染后会变得消瘦，日增重下降（Martinson等，2018）。实验感染的死亡率不是很高（Martinson等，2018b；Gimenez-Lirola等，2019）。猪鼻支原体诱导的多发性浆膜炎通常出现于感染的3 ~ 10d后，或者出现于抵抗力下降或之前患有地方性肺炎（EP）等因素而引发的全身性反应后（Heinritzi，2006）。感染猪会表现出体温升高（高达40.5℃）、精神沉郁、食欲不振、跛行、关节肿胀和呼吸困难（Heinritzi，2006；Thacker和Minion，2012）。临床症状通常在2周后消退，但是，有些动物不会出现任何改善并突然死亡。关节炎、跛行和关节肿胀将会持续2 ~ 3个月，有时可长达6个月。关节通常因为充满滑液而产生肿胀。据观察，猪鼻支原体感染后也可能出现结膜炎（Friis，1976；Resende等，2019）。

猪鼻支原体感染病例很少出现脑膜脑炎（Friis，1975；Friis，1976；Heinritzi，2006）。Morita等（1998）通过在鼓室腔中人工接种猪鼻支原体，成功诱导无特定病原体（SPF）仔猪产生中耳炎。然而，这种病变只是暂时的，接种后25d症状就消退了。鼻内接种猪鼻支原体可诱发咽鼓管炎，但很少诱发中耳炎（Morita等，1999）。在中耳炎的病例中，猪的典型症状是头部倾斜，在两只耳朵都受到感染的特殊病例中，临床症状类似于脑膜炎，即猪侧卧且无法站起。猪鼻支原体在伴有肺炎的猪中检出率更高，这提示它是引发肺炎的重要潜在病原体（Palzer等，2007b）。然而，一旦猪鼻支原体感染诱发出现临床症状，这些症状中除了肺炎，还包括关节炎、多发性浆膜炎、咽鼓管炎和中耳炎（Thacker和Minion，2012）。

13.1.4.2 病理变化

在本病的急性期出现的多发性浆膜炎，主要表现为脓性纤维素性心包炎、胸膜炎，有时还伴有腹膜炎（Roberts等，1963；Poland等，1971；Martinson等，2018b；Gimenez-Lirola等，2019；图13.3、图13.4、图13.5）。滑膜炎会导致滑膜肿胀并充血。几天后，这种炎症会导致粘连，引发囊膜纤维化，关节表面可能发生糜烂（Thacker和Minion，2012）。尽管猪鼻支原体是否与猪呼吸道病综合征（PRDC）有关还存在争议，但一些研究表明，猪鼻支原体也可以引发通常认为由猪肺炎支原体感染所导致的典型肺部病变（Gois等，1968；Gois等，1971；Poland等，1971；Lin等，2006；

Pereira等，2017）。然而，想要调查肺炎病例是否与猪鼻支原体有关是非常困难的，因为在临床健康猪群的肺脏中也可以检测到这种微生物，却不引发任何疾病（Palzer等，2007b），而且猪肺炎的发生通常与许多不同的病毒和细菌有关（Palzer等，2007b）。

图13.3 感染猪鼻支原体并被诊断患有多发性浆膜炎的仔猪（来源：J.Spergser）

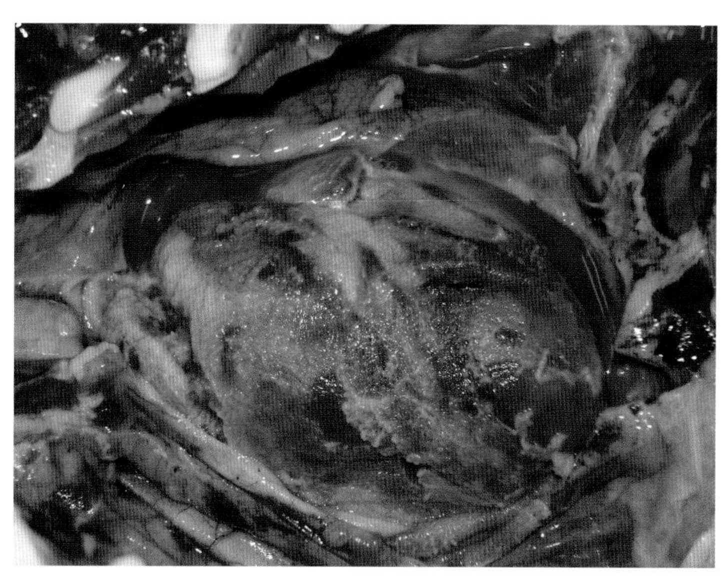

图13.4 猪鼻支原体感染引起的心包炎和胸膜炎（来源：A.Palzer）

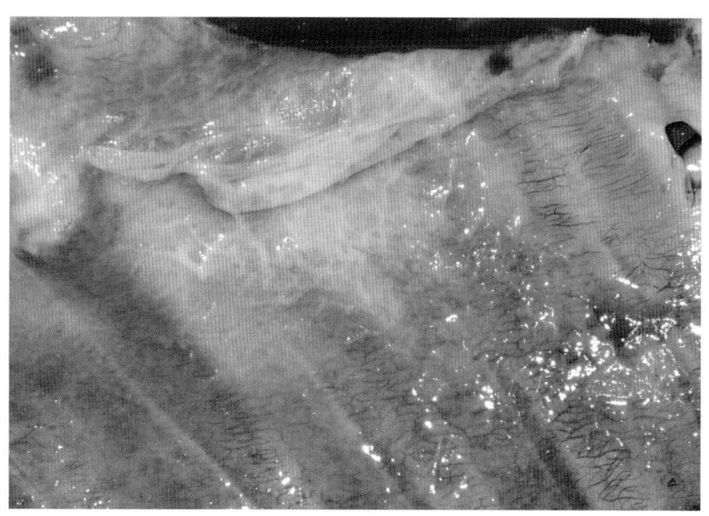

图13.5 患有胸膜炎并确诊猪鼻支原体感染的病例（来源：A.Palzer）

13.1.5 诊断

为了保证诊断的准确性，需要对出现病变的关节和/或浆膜样本中的细菌进行检测确认。急性或亚急性感染的10周龄以下且未接受过抗生素治疗的猪最适合采样（Palzer等，2006a；Gomes-Neto等，2012）。采样应避免选择慢性感染的猪，因为可能出现混合感染或真正诱导疾病的病原体已经不容易检测到，从而影响诊断的准确性。临床检查后，应立即对选定动物实施安乐死进行采样。剖检时出现浆液纤维蛋白性到纤维素性脓性多发性浆膜炎和/或关节炎，提示可能感染猪鼻支原体。副猪嗜血杆菌和猪链球菌也会引起类似的病变，但是在这些病原体的感染中更常出现并发性的脑膜炎（Windsor，1977；Palzer等，2015a）。其他与猪感染性关节炎相关的病原体包括猪丹毒杆菌、猪放线杆菌、化脓隐秘杆菌、猪霍乱沙门氏菌、葡萄球菌和链球菌以及猪滑液支原体（Gomes-Neto等，2012）。

滑液样本的采集应对感染关节施针穿刺，或收集滑膜碎片和/或打开关节连接处用力擦拭关节腔进行无菌采样，也可以通过麻醉动物对肿胀关节实施穿刺进行活体采样。在许多猪鼻支原体感染的病例中，滑液通常较为黏稠，能够快速凝结，具有较高的蛋白质含量并且以非脓性较为常见（Heinritzi，2006）。对于多发性浆膜炎病例，应从感染的心包、胸腔、腹部和其他内脏浆膜的渗出积液采样和/或采集拭子样本。另外，还可采集病变的肺部组织（猪呼吸道病综合征）、结膜拭子（结膜炎）以及脑和脑膜拭子（脑膜脑炎）。为了确定猪群或者不同日龄猪中猪鼻支原体的流行情况或发病率，可以采集鼻拭子样品进行检测。然而，从其他一些样本比如扁桃体拭子中检测猪鼻支原体比鼻拭子样本更为敏感（Roos等，2019）。此外，有文献报道使用混合样本（例如口腔液）来评估猪场猪鼻支原体的流行情况（Clavijo等，2017；Pillman等，2019）。

猪鼻支原体的实验室诊断通常通过传统的细菌培养或聚合酶链式反应（PCR）来实现。然而，培养病原的成本过高，并且需要专门的培养基和专业技术，这些培养基和专业技术在参考实验室之外往往难以获得。此外，猪鼻支原体的培养也具有挑战性，并且可能只有从急性和亚急性期的病变组织中才能成功分离。尽管如此，病原的分离培养对于进一步开展多位点序列分型（MLST）或抗生素敏感性等检测，或者利用分离株制备自家苗而言仍是必需的。初级分离时，将样品进行10倍稀释后接种于Friis培养基（Friis，1975）中培养10d。培养基中添加有支原体不敏感的抗生素（例如杆菌肽、阿洛西林、氟氯西林；Morita等，1999），添加抗生素是为了抑制细菌污染（Neil等，1969；Thacker和Minion，2012）。通常，在培养后的5d之内可以观察到猪鼻支原体的生长，可以通过肉汤培养基中指示剂（酚红）的颜色变化（葡萄糖发酵产酸所致）来判断，或者可以通过琼脂平板上形成的菌落来判断，这些菌落呈现油煎蛋形态且大小和透明度有所不同（图13.1）。然而，分离培养、菌落形态和生化特征还不足以准确地鉴定猪鼻支原体，因此，需要进行其他检测，例如根据物种特异性抗血清进行血清学分型（Poveda和Nicholas，1998）、特异性PCR（Stakenborg等，2006a；请参见下文）、通用PCR方法联合或不联合测序或扩增子序列分析（Johansson等，1998；McAuliffe等，2005；Nathues等，2011；Volokhov等，2012），或近年发展起来的基质辅助激光解吸电离飞行时间质谱（MALDI-TOF MS）（Spergser等，2019）。

为了直接检测临床样本中的猪鼻支原体，研究者已经建立了常规PCR（Caron等，2000）和real-time PCR（Clavijo等，2014；Fourour等，2018）检测方法。这些检测方法相较于传统的培养方

13

法有明显的优势，因为分子检测在支原体含量很少的情况下也可以进行，待检支原体不需要具有活性，并且可以更快地获得结果。此外，real-time PCR还可以对样品中的猪鼻支原体进行量化。

猪鼻支原体相关的多发性浆膜炎和关节炎的完整诊断还可以包括出现特征性的微观病变，如浆膜和滑膜中的单核细胞和多形核细胞浸润（Gomes-Neto等，2012），以及利用原位杂交鉴定感染组织中的猪鼻支原体（Boye等，2001；Kim等，2010；Pereira等，2017）。虽然抗体检测可能有助于确定猪的感染情况，但目前还没有标准化的血清学方法可用于猪鼻支原体的宿主免疫应答的检测，更没有商品化的试剂。此外，由于猪鼻支原体在上呼吸道中普遍存在，抗体滴度高低的意义解读较为困难，而且目前研究中所使用的免疫检测方法还处于初步阶段，尚不适合作为常规诊断方法使用。

13.1.6 治疗

由于没有细胞壁，支原体对抑制细胞壁合成类的抗生素具有天然的抗性，如β-内酰胺类抗生素（Heinritzi，2006b）。根据美国的一项研究，猪鼻支原体对泰乐菌素、林可霉素、替米考星、四环素、恩诺沙星、庆大霉素和大观霉素高度敏感。然而，猪鼻支原体对红霉素的敏感性较低（Wu等，2000），还有一些研究报道了猪鼻支原体菌株对红霉素的耐药性（Gautier-Bourchardon等，2018）。日本开展的一项研究（Kobayashi等，2005）显示，1/5的受测猪鼻支原体菌株对林可霉素耐药。还有一项日本研究报道了猪鼻支原体菌株对大环内酯类抗生素的低敏感性（Kobayashi等，1996b）。而大环内酯类的新型抗菌剂如泰拉菌素被证明对猪鼻支原体非常有效（Langhoff等，2012）。一项对猪鼻支原体匈牙利分离株的研究发现，其对大环内酯和林可霉素的耐药性增强，并且该研究还观察到大观霉素对几种猪鼻支原体菌株的最小抑菌浓度（MIC）值极高，该项体外研究还发现四环素类和截短侧耳素类对猪鼻支原体最为有效（Bekö等，2019）。另一项研究显示，泰妙菌素仍然是对猪鼻支原体最有效的抗生素之一，但2000年以后分离菌株的MIC值比之前菌株的MIC值升高了10倍（Gautier-Bouchardon等，2018）。对于氟喹诺酮类药物也观察到了类似的情况，越来越多的新分离菌株敏感性下降（Gautier-Bouchardon等，2018）。

尽管有多种不同的抗生素可用于治疗猪鼻支原体感染，但成功治疗和恢复的可能性有限，因为大多数损害是不可逆的，通过使用抗生素来对减少粘连和炎症病变作用很小（Thacker和Minion，2012）。建议额外使用止痛药以减轻动物的疼痛感。

13.1.7 防控

目前针对猪鼻支原体只有一种商品化疫苗，且仅在美国上市，在这种情况下避免可能导致猪鼻支原体全身系统性扩散的因素似乎是预防该病最重要的策略。另外，在某些国家使用自家苗的现象可能很普遍，也可以作为预防措施。应当控制的一个主要诱发因素是其他病原体原发性感染的存在，例如猪圆环病毒2型（PCV-2）（Kixmöller等，2008）或猪繁殖与呼吸综合征病毒（PRRSV）（Lee等，2016）。其他因素，如圈舍内气候条件不良或高浓度的有毒气体，也可能导致猪鼻支原体感染的临床症状。

已经有成功利用实验性疫苗或自家苗预防猪鼻支原体的文献报道，并且尝试在临床使用疫苗

（Thacker和Minion，2012）。例如，一种商品化灭活疫苗可有效预防猪鼻支原体引起的多发性浆膜炎和关节炎（Martinson等，2018b）。利用实验室制备的灭活疫苗接种猪后再接种猪鼻支原体，可观察到肺部和气管的病变显著降低（Lee等，2018）。为了开发特异性的检测手段用于证明疫苗接种是否成功，研究者已经尝试建立了一些新的方法来检测疫苗诱导的免疫应答反应（Bumgardner等，2018）。在一些国家猪场使用自家苗来应对猪鼻支原体引起的临床问题，然而，还需要进一步的研究来评估猪鼻支原体自家苗的有效性。

13.2 猪滑液支原体

猪滑液支原体（*M. hyosynoviae*）是一种在世界范围内猪群中广泛存在的支原体，可诱发生长猪非化脓性关节炎。关于该微生物的流行病学信息较少。但是，近年来与该细菌相关的关节炎病例有所增加，并且猪滑液支原体关节炎被认为是导致对生长猪群使用抗生素的诱因之一。猪滑液支原体关节炎诊断率有所提高，但这究竟是由于流行率的变化还是归因于近期诊断水平的提高并不明确。

13.2.1 病原学

猪滑液支原体于1970年由Ross和Karmon首次报道，它主要定植于感染猪扁桃体内，并可能持续存在直至宿主成年（Kobisch和Friis，1996）。

与其他支原体类似，猪滑液支原体是一种小型的、无细胞壁的微生物。它不发酵葡萄糖或水解尿素，但可以通过精氨酸脱氢酶途径产生能量。猪滑液支原体在培养基中生长迅速，尤其是在添加了猪黏液性物质的改良Hayflick培养基中（Kobisch和Friis，1996）。在固体培养基上，猪滑液支原体在培养2 ~ 5d内形成小型菌落（直径0.1 ~ 0.5mm），表现为典型的煎蛋形态（图13.6）。由于精

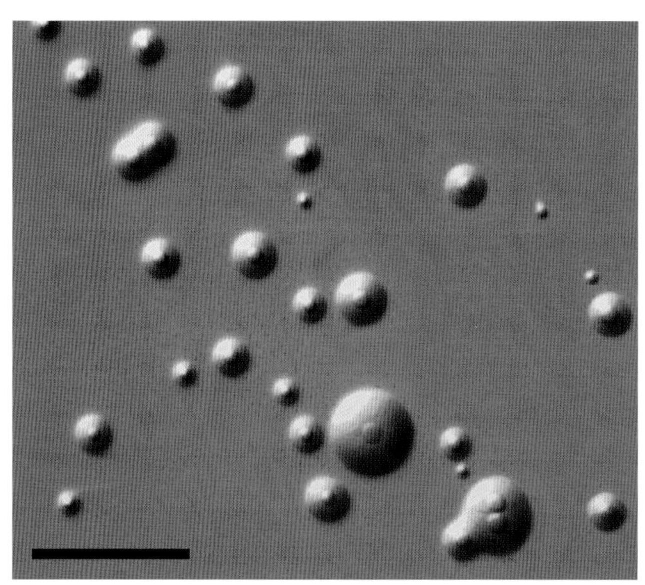

图13.6 **在改良Hayflick琼脂培养基上培养4d后的猪滑液支原体S16T株菌落，显示出典型的煎蛋形态。标尺：1mm（来源：A. Palzer）**

氨酸水解释放氨，培养物pH呈碱性。

NCBI基因组数据库中已公布一个完整的猪滑液支原体基因组序列（CP008748，M60株，约在1970年从患关节炎的猪关节中分离获得）和包括S16T菌株在内的另外8个菌株的基因组草图（www.ncbi.nim.nih.gov/genome/genomes/31974，2019年9月）。M60菌株基因组由864kb的环状染色体组成，总G + C含量为27%。仅对7个猪滑液支原体的基因组草图进行了详细的比较基因组学分析（Bumgardner等，2014，2015），并基于此鉴定出了可能参与猪滑液支原体黏附宿主细胞的潜在毒力因子。推定的毒力因子包括OppA和一种关节炎支原体MAA1的同源蛋白，MAA1蛋白可介导关节炎支原体对啮齿动物滑膜的黏附（Washburn等，2000）。依据16S rRNA的基因序列，猪滑液支原体在系统进化上被归于人型支原体类（Volokhov等，2012；图13.2）。

13.2.2 流行病学

关于猪滑液支原体的流行病学资料较少。不过，近年来已有不同国家发表了案例报告。通过实时PCR检测，60%的母猪呈猪滑液支原体阳性，所产仔猪在1 ～ 2日龄检测为阴性，其中13%于3周后转阳。在另一份报告中，在分娩后的1周内，55%母猪扁桃体拭子在分娩后的1周内为PCR检测阳性，而在同一周内没有仔猪检测为阳性。在分娩后第3周，从48.3%母猪和0.9%仔猪扁桃体拭子中检测到了猪滑液支原体（Roos等，2019）。Geudeke等的研究结果显示，猪滑液支原体是引起荷兰3 ～ 5月龄育肥猪急性跛行的重要因素。已有研究通过实时PCR从扁桃体样本中检出猪滑液支原体（Gomes-Neto等，2015；Roos等，2019），而鼻腔分泌物中则不存在猪滑液支原体（Gomes-Neto等，2015）。常常有报道称从围栏中采集的口腔液中检出猪滑液支原体（Gomes-Neto等，2015；Pillman等，2019）。有研究发现，围栏中跛行猪的比例与口腔液中检出猪滑液支原体的数量（表示为荧光定量PCR的Ct值；Pillman等，2019）之间存在显著相关性。目前尚不清楚猪滑液支原体是否对扁桃体亲嗜性偏好比鼻腔更强，也不清楚或许存在一个生态壁垒决定了它的栖息地或生态位（Gomes-Neto等，2015）。目前没有证据表明扁桃体或口腔液中的猪滑液支原体检出率与猪舍中的临床发病相关（Pillman等，2019）。猪滑液支原体的这种检出延后可能是由于多种因素的共同作用，如有保护性循环母源抗体，较低的传播速率，断奶时感染仔猪数量较少，以及能够产生临时免疫力的多种未知的宿主因素（Gomes-Neto等，2015）。

13.2.3 发病机制

猪滑液支原体感染时，在全血或血清中很少检测到菌血症（Gomes-Neto等，2016）。它主要定植于感染猪的扁桃体内（Gomes-Neto等，2016），猪可以持续携带该支原体（Hagedorn-Olsen等，1999a）。在生长－育肥猪严重急性跛足发病率较高的畜群中，扁桃体中携带猪滑液支原体的猪约占75%（Nielsen等，2001）。经鼻内或静脉接种后，可在多个关节中检测到猪滑液支原体，表明其明显缺乏特定的关节嗜性（Gomes-Neto等，2016）。通过基因组学研究，研究人员已经提出了几种可能有助于该病原体黏附于宿主细胞的假定毒力因子（Bumgardner等，2015）。母猪转移给仔猪的被动免疫似乎为该年龄段的猪提供了（至少部分提供了）针对关节炎的保护（Lauritsen等，2017）。接种了猪滑液支原体的猪在接种后17d出现了明显的血清IgG应答（Macedo等，2019）。猪滑液支原体系统性感染似乎可诱导炎症和体液应答，但其保护作用仍需更多的研究证实（Macedo等，2019）。

13.2.4 临床症状

当出现跛足时，主要可在11 ～ 20周龄的猪中检测到猪滑液支原体（Gomes-Neto等，2012）。实验诱导的急性临床表现主要集中在接种后1 ～ 15d内观察到，具体情况取决于接种途径（Gomes-Neto等，2016；Macedo等，2019）。相反的，猪滑液支原体造成的关节感染也可能在数周内无临床表现，但在2 ～ 4周的时间间隔内从感染猪的滑膜中分离到病原2次（Nielsen等，2001）。大多数跛行猪的后肢会出现波动性关节软组织肿胀，而且活动时常常表现出明显的疼痛（Nielsen等，2001）。病猪的跛行通常表现为一条或多条腿受到影响，跛足猪常常不愿意走路，或不愿意用跛足腿承重。

13.2.5 诊断

猪滑液支原体关节炎的准确诊断，依据从活体或安乐死发病猪的感染关节中穿刺后无菌采集滑液样本进行鉴定。或者在剖检时通过擦拭或刮取关节腔，采集滑液和滑膜。当出现黄色或褐色的浆液纤维蛋白性或血性浆液黏性滑液，或滑膜肿胀、颜色发暗、增生或充血，则提示可能为猪滑液支原体感染（Gomes-Neto等，2012）。然而，其他微生物（包括且不限于：副猪嗜血杆菌、猪丹毒杆菌、猪链球菌和猪鼻支原体）也可以在猪中引起相似类型的关节炎（Thacker，2004）。为确定猪滑液支原体在猪群中的流行率，扁桃体刮片被认为是检测病原体的合理样本（Gomes-Neto等，2012）。采集栏养圈舍的口腔液检测该细菌也具有高度敏感性（Pillman等，2019）。

总的来说，细菌培养和从受感染关节分离猪滑液支原体都具有挑战性，因为该病原经常以低于检测阈值的浓度存在，在亚急性和慢性感染阶段甚至不存在。然而，选择添加猪黏蛋白和抗污染抗生素的改良Hayflick培养基，利用从急性感染猪中采集的关节样本的10倍稀释液培养约1周，可能分离出猪滑液支原体（Kobisch和Friis，1996）。对扁桃体刮片建议采用同样的培养方法分离猪滑液支原体。培养基中酚红指示剂的颜色变化（水解精氨酸导致pH呈碱性）和琼脂平板上产生的菌落（均匀地呈现出典型的煎蛋形态）可以用来指示猪滑液支原体的生长（图13.3）。然而，还需要进一步的试验以准确鉴定物种（Johansson等，1998；Poveda和Nicholas，1998；McAuliffe等，2005；Stakenborg等，2006a；Nathues等，2011；Volokhov等，2012，Gomes-Neto等，2012），包括抗原或基因鉴定，或者 MALDI-ToF质谱分析（Spergser等，2019）。

实时PCR已被证实是目前直接检测临床样本中猪滑液支原体敏感性最高的方法（Gomes-Neto等，2012；Gomes-Neto等，2015；Roos等，2019；Pillman等，2019）。但是，由于关节感染的持续时间存在菌株差异，猪滑液支原体的分子诊断可能会受到所涉及菌株的影响。因此，分子检测结果的差异可部分归因于尸检时间与临床疾病发病时间间隔的差异，或者尸检时关节中的细菌载量较低或缺失。(Gomes-Neto等，2016)。猪滑液支原体关节炎的完整诊断需要有典型的组织学病变，如滑膜增生、滑膜绒毛肥大、水肿、滑膜内膜下单核细胞浸润和囊膜轻度纤维化（Gomes-Neto等，2012；Macedo等，2019）。血清学诊断方法已运用至对现场和实验室中猪滑液支原体感染及携带者的诊断中，并取得了一些较好的检测结果（Zimmerman和Ross，1982；Nielsen等，2005；Gomes-Neto等，2014）。然而，目前还没有经验证明免疫分析可用于常规诊断目的。

13.2.6 治疗与预防

研究表明，猪滑液支原体分离株对四环素、泰妙菌素和恩诺沙星具有敏感性（Nielsen等，2001）。在饲料或水中添加林可霉素是本病常用的治疗方法（Schmitt，2014）。猪滑液支原体的抗生素敏感性有一定范围，一些分离株总体上更具有抗药性，而另一些分离株更敏感（Schultz等，2012）。最近研究发现，猪滑液支原体对泰妙菌素、沃尼妙林、庆大霉素、恩诺沙星和达氟沙星敏感（Gautier-Bouchardon，2018）。

目前还没有开发出预防由猪滑液支原体引起的疾病的商业化疫苗。制造商和生产商已使用自家苗，但现场实验数据非常有限（Schmitt，2014）。在一次现场试验中，一种猪滑液支原体自家苗未能成功预防可能与猪滑液支原体相关的关节炎引起的育肥猪跛足（Lauritsen等，2013）。

第 14 章

猪群中猪支原体的感染

Ludwig E. Hoelzle[1]
Katharina Hoelzle[1]

1 德国，霍恩海姆大学，家畜行为生理学系

14.1 病原体历史

1931年，在美国中西部地区发现了一种感染8周龄猪的新疾病。该病的临床症状包括黄疸、贫血，肺、心脏和肾脏出血，脾脏肿大发暗和肝脏肿大发黄。在病猪的姬姆萨染色血涂片中可观察到边虫样颗粒（Kinsley，1932；Kinsley和Ray，1934）。Doyle（1932）证实了这些观察结果，他发现这种边虫样颗粒存在于患有贫血和黄疸的猪的红细胞表面，或游离漂浮在血浆中。在随后的几年里，这种类边虫病的临床表现陆续在一些猪群中得到了证实（Campbell，1945；Dicke，1934；Quin，1938；Robb，1943；Spencer，1940）。

由于这种病原与牛附红细胞体和羊附红细胞体在形态学上的相似性，Splitter最初将其命名为猪附红细胞体（*Eperythrozoon suis*），将其导致的猪病命名为猪黄疸性贫血（Splitter，1950；Splitter和Williamson，1950）。长期以来，猪附红细胞体从种属上被归为立克次体目无形体科。之后通过对附红细胞体属成员16S rRNA基因的系统发育分析，将猪附红细胞体重新定名为猪支原体（*M. suis*，更正式的名称应该为*M. hemosuis*，猪嗜血支原体），隶属柔膜体纲、支原体目、支原体科、支原体属（Neimark等，2001，2002）。然而，由于附红细胞体属成员具备的独特生物学特性（主要是红细胞嗜性），以及缺乏体外培养系统，且与最接近的支原体属相比其序列相似性不高（仅77%～83%）等特点（Uilenberg等，2004），增加了对其分类的不确定性。目前，伯杰氏系统细菌学手册将猪支原体归入支原体目，但并未指出属于任何一个科（即地位未定）。在猪支原体能够体外培养之前，其分类学地位未确定。

14.2 病原体特征

猪支原体属于高度特异的嗜血性支原体类群，以多种脊椎动物的红细胞为靶点（Hoelzle，2008；Messick，2004；Neimark等，2001）。其引起的疾病被称为猪传染性贫血（IAP），在历史上也被称为猪附红细胞体病。猪支原体是一种球形的小细菌，呈球状、盘状、环状、杆状等不同形状，大小各异，直径为375～600nm不等（Messick，2004；Pospischil和Hoffmann，1982；Zachary和Basgall，1985）。与所有的嗜血性微生物一样，猪支原体可在红细胞表面单独或呈链状分布（图14.1）。一些分离株能够侵入红细胞（Groebel等，2009）或在血管内皮上形成微菌落（Sokoli等，2011）。

目前无论是在无细胞培养基中还是在细胞培养基中，均无法在体外培养猪支原体（Schreiner等，2012a）。因此，培养这种细菌的唯一方法是用来自菌血症高峰期的受感染猪的血液连续接种脾脏切除的猪（Nonaka等，1996；Oberst等，1990）。

目前为止，对猪支原体的两个菌株（Illinois菌株和KI3806菌株）进行了测序和遗传特征分析。虽然这两个菌株的单个环状双链基因组在长度（KI3806株为709kb，Illinois株为742kb）和已列入注释数据库的编码蛋白序列的数量（KI3806株为795个蛋白质，Illinois株为845个蛋白质）上有很大差异，但这两个基因组的大多数基因表现出了高度的相似性（98%）。然而，两者都有一些对方没有的假定的编码蛋白基因。另外，在表型差异方面，KI3806菌株具有细胞侵袭性（Guimaraes等，2011a；Oehlerking等，2011）。

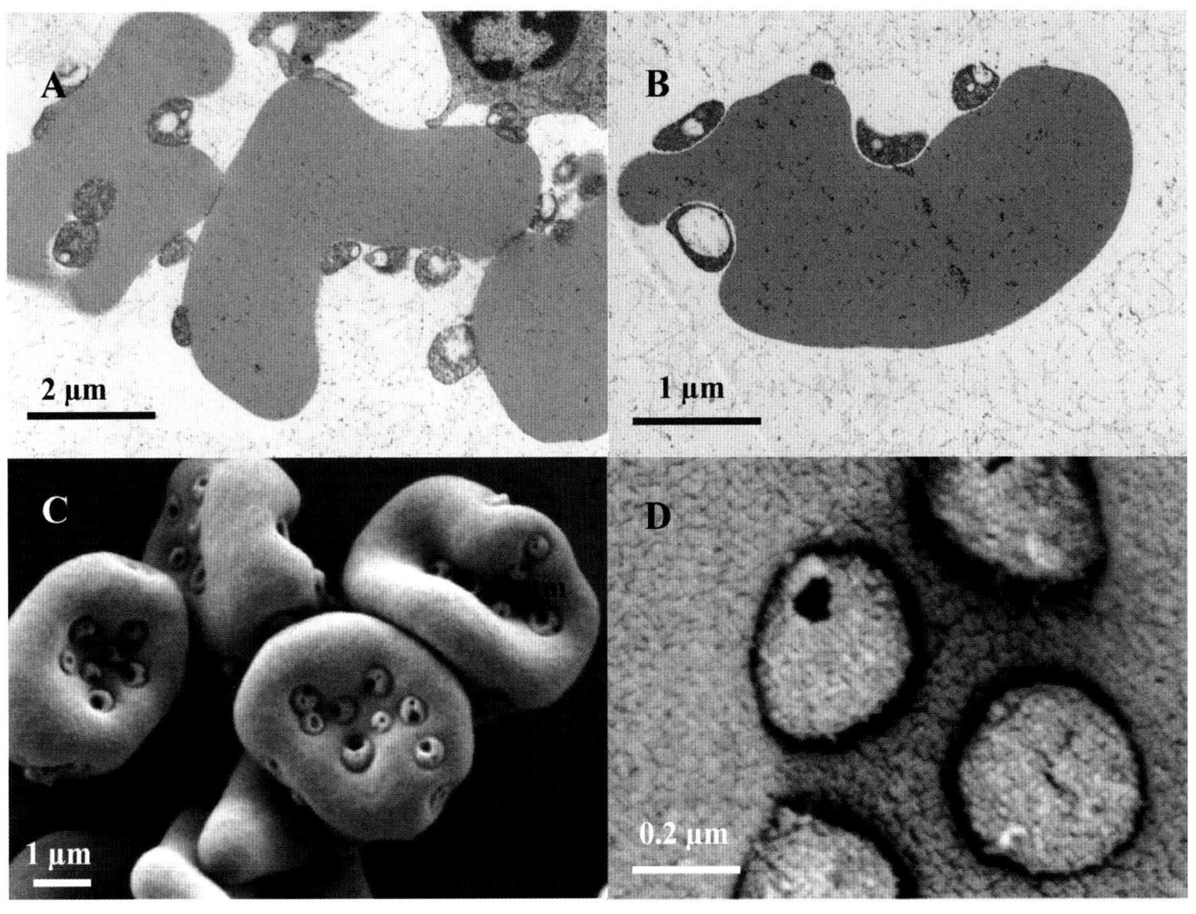

图14.1 感染猪支原体红细胞的透射电镜（A，B）和扫描电镜（C，D）图。在感染的急性期，红细胞表面可观察到大量的猪支原体。红细胞在猪支原体黏附处形成明显的内陷。猪支原体与红细胞表面紧密接触，这一过程可能由原纤维介导（来源：K.Hoelzle）

14.3 流行病学：流行与传播

猪支原体感染在所有年龄和生产水平的家猪中都很普遍。欧洲的德国、瑞士、奥地利、比利时（Hoelzle，2008；Ritzmann等，2009），北美洲和南美洲（Guimaraes等，2007；Messick，2004），以及亚洲，特别是中国（Yuan等，2009；Zhou等，2009），都报告了猪支原体感染案例。用PCR方法对德国的育肥猪群中猪支原体流行率调查结果显示，43.7%的育肥猪群为阳性猪群，所有育肥猪的阳性率为13.9%，（Ritzmann等，2009）。另有对母猪群的调查结果显示，76.2%的母猪群为阳性猪群，所有母猪的阳性率为26.9%（Stadler等，2019）。在美国，通过血凝试验对大约6 300头猪的血清进行了猪支原体的检测，约16%的猪呈血清学阳性（Sisk等，1980）。在巴西，通过PCR方法对4个养殖场的186头猪（121头母猪、61头仔猪和4头公猪）进行检测，阳性率达18.2%（Guimaraes等，2007）。在中国，运用重组抗原包被的阻断酶联免疫吸附试验进行的两个流行病学研究，一个在4 004头猪中检测出31.9%的血清学阳性率（Song等，2014）；另一个在3 458头猪中检测出33.3%的血清学阳性率，还同时发现95.65%的猪群呈血清学阳性（Zhongyang等，2017）。这两项研究都调查了哺乳仔猪、保育猪、育肥猪、母猪和公猪等不同年龄段的猪。此外，韩国的一项基于PCR方法的流行病学研究却发现了明显较低的感染率，1 867头猪中仅有0.2%的猪呈猪支原体阳性（Seo等，2019）。德国（Hoelzle等，2010）和巴西（Dias等，2019）也通过PCR方法在野猪体内检测到猪支原体。猪支原体在野猪中的致病意义尚不清楚，但野猪很可能是猪支原体的宿主。

猪支原体通过血液、尿液、唾液以及鼻腔和阴道分泌物在猪之间传播。传播也可通过医源性的介入治疗时发生（例如断尾、补铁和其他注射），或是由于争斗造成皮肤损伤或较小的伤口而发生（Dietz等，2014；Plank和Heinritzi，1990）。其他潜在的传播途径包括垂直传播（子宫内）和吸血节肢动物（如猪舍内的苍蝇、猪虱和蚊子）的传播（Hoelzle，2008；Prullage等，1993；Stadler等，2019）。已有人通过PCR方法在猪虱中检出猪支原体（Acosta等，2019），也有实验证明猪支原体可通过猪舍的苍蝇和蚊子在切除脾脏的猪中传播（Prullage等，1993）。可以发生垂直传播，未哺乳的新生仔猪中检测到猪支原体是强有力的证据（Stadler等，2019）。

猪支原体流行病学的一个关键特征是长期持续性感染。尽管猪感染后有强烈的免疫应答或抗生素治疗，但猪支原体仍可在亚临床感染的猪（带菌猪）体内持续存在数年，而不表现任何可见的临床症状（Hoelzle，2008；Hoelzle等，2014）。到目前为止，人们对猪支原体长期持续性感染的机制知之甚少。在这些持续性感染的猪中，临床疾病的复发可由应激、运输以及其他病原体感染等引起的免疫抑制而触发（Hoelzle等，2014）。由于该病原体可以在猪群中潜伏很久，因此带菌猪是猪支原体的主要宿主，也是猪支原体感染流行病学的重要参与者。在猪支原体菌血症的再激发和复发期间，猪支原体可在整个猪群中传播。

14.4 致病机制

由于我们无法在体外培养猪支原体，我们对其致病机制的认识仍然有限，大多数研究都是在猪模型上进行的。尽管引入的高敏感度分子检测方法有助于阐明猪支原体的致病机制，然而，对猪支原体进行的基因组测序及注释，未能清晰地鉴定出黏附素、侵袭素、溶血素、血凝素、毒素等毒力因子，以及已知的导致持续感染的因子（Guimaraes等，2011a；Oehlerking等，2011）。因此，猪支原体的致病机制似乎很复杂，在基因层面上不明显或较为“隐蔽”（Hoelzle等，2014）。

下文描述了贫血产生的两种不同形式，在第一种形式中，贫血与重度菌血症相关，第二种贫血形式与轻度菌血症有关（Heinritzi等，1990a；1990b；Zachary和Basgall，1985）。因此，可以用几种机制来解释血液中感染猪支原体的红细胞的破坏和清除。

猪支原体与猪红细胞的直接相互作用（黏附、入侵）引起被感染的红细胞（通常已变形或经过修饰）损伤、凋亡、被吞噬，或在脾脏内大量淤积。此外，猪支原体能够瞬时诱导抗红细胞免疫球蛋白M（IgM）和免疫球蛋白G（IgG）等自身抗体的表达，这会引起免疫介导的红细胞溶解，从而引起溶血性贫血（Felder等，2010，2011；Groebel等，2009；Hoelzle等，2006；Zachary和Smith，1985）。

14.4.1 黏附与入侵

猪支原体诱发贫血的发病模型证实，由猪支原体附着引起的红细胞机械或渗透性损伤是脾、肝、肺和骨髓发生血管外溶血的主要诱因（Guimaraes等，2011a；Heinritzi和Plank，1992；Messick，2004）。电镜结果显示，猪支原体与宿主红细胞密切接触，导致了严重的细胞膜变形和损伤（图14.1）。在猪支原体与红细胞膜之间的30nm电子透光区，可以观察到帮助细菌附着在宿主细胞膜上的原纤维结构（Zachary和Basgall，1985）。猪支原体与猪红细胞在体内的相互作用导致了红细胞严重且不可逆的凹陷和杯状内陷（Groebel等，2009）。然而，介导猪支原体附着在猪红细胞上的细菌黏附素和黏附的分子机制尚未完全明确。到目前为止，只发现了少数与黏附有关的蛋白，其中有2种黏附蛋白，即猪支原体甘油醛-3-磷酸脱氢酶样蛋白1（MSG1）和α－烯醇化酶。它们被称为兼职蛋白，具有至少一种以上的功能，它们的主要功能是酶催化功能，促进碳水化合物代谢，其次是非酶催化功能，帮助细菌黏附（Hoelzle等，2007b；Schreiner等，2012b）。MSG1是最早发现的猪支原体黏附素。MSG1的酶催化功能类似甘油醛-3-磷酸脱氢酶（GAPDH），在糖酵解过程中催化甘油醛-3-磷酸转化为1,3-二磷酸甘油酸；通过表面定位，也发现MSG1参与了对红细胞膜的黏附（Hoelzle等，2007b）。第二种兼职蛋白即α-烯醇化酶，不仅能够催化2-磷酸甘油酸转化为磷酸烯醇式丙酮酸，还被证明与表面定位（参与黏附的先决条件）和黏附相关（Schreiner等，2012b）。蛋白质组学研究表明，在急性感染的实验猪中有MSG1和α-烯醇化酶表达（Felder等，2012），而且引起了感染猪的强烈免疫应答。抗MSG1和抗α-烯醇化酶的抗体可阻断细菌黏附，表明这些蛋白在致病机制中起着重要作用（Hoelzle等，2007b；Schreiner等，2012b）。有趣的是，猪传染性贫血（IAP）急性期还表达MSG1的一种替代酶，即烟酰胺腺嘌呤二核苷酸磷酸（NADP）依赖性甘油醛-3-磷酸脱氢酶（GAPN）。在急性感染期，当GAPDH充当黏附蛋白时，GAPN可以确保糖酵解的进行而额外增加了特别有意义的供能途径（Felder等，2012）。其他假定的猪支原体黏附蛋白包括热休克蛋白DnaK（在猪支原体中被称为MSA1），这一蛋白同样具有表面定位和免疫原性，并在IAP感染急性期表达等特点（Felder等，2012年；Hoelzle等，2007a）。

通过电镜观察，没有在猪支原体中观察到许多其他支原体中具有的典型细胞黏附复合体或尖端细胞器（Groebel等，2009；Zachary和Basgall，1985）。此外，2株猪支原体的基因组序列也没能提供关于这种黏附机制的进一步信息。从基因组序列的编码蛋白分析中只能推断出另外两种MgpA同源蛋白（DHH家族磷酸酯酶蛋白）可能是黏附蛋白。一种MgpA同源蛋白与其他支原体的MgpA蛋白几乎全长一样；另一种MgpA同源蛋白在C-末端延伸了140个氨基酸。其中一种MgpA蛋白已被观察到在感染急性期表达，表明其在急性猪支原体感染中起着重要作用（Dietz等，2016；Guimaraes等，2011a；Oehlerking等，2011）。

长期以来，人们认为猪支原体仅附着在成熟红细胞表面或游离于血浆中。然而，Groebel等（2009）证明猪支原体也寄生于巨幼红细胞和网织红细胞中，并且，猪支原体入侵红细胞的过程会导致红细胞损伤和破坏。猪支原体的入侵过程与其他血寄生虫（如恶性疟原虫、杆菌状巴尔通体）的入侵机制相似。猪支原体采用一种类似于细胞内吞作用的入侵机制，始于红细胞膜内陷，随后是进一步凹陷。进入红细胞后，红细胞凹陷的孔口明显融合，因此，可在细胞内囊泡中观察到猪支原体（Groebel等，2009）。目前为止，猪支原体用于启动和执行入侵的因子尚不清楚，基因组序列编码蛋白分析也未发现任何此类因子（Guimaraes等，2011a）。然而，从红细胞膜上转移到红细胞内的生存方式的转变，帮助猪支原体免受由抗生素和宿主免疫反应引起的损伤，从而实现持续性感染（Rottem，2003）。仅细胞内携带猪支原体的红细胞表面没有被修饰，不会被脾巨噬细胞识别。随着猪支原体从存活于红细胞膜上转移到红细胞内，其毒力也显著增强的这一假设，已被事实支持（Groebel等，2009）。

14.4.2 营养消耗

遗传学证明，猪支原体争夺并消耗了宿主细胞中的葡萄糖、肌苷、次黄嘌呤、氨基酸、还原型辅酶Ⅰ（NADH）/还原型辅酶Ⅱ（NADPH）和核糖（Guimaraes等，2011a）。这种竞争可能导致能量产生减少，从而导致氧化应激，猪红细胞寿命缩短，以及它们被过早地从血液循环系统中清除。在急性IAP期间，自然感染和人工感染的猪血液中葡萄糖大幅下降的现象支持了这一假设（Heinritzi等，1990a，1990b；Hoelzle等，2014；Nonaka等，1996；Smith等，1990）。然而，目前尚不清楚猪支原体是如何从宿主红细胞中获得代谢产物的。由于猪支原体只编码少数代谢物转运蛋白，因此可假设代谢物转运系统可能具有广泛的底物特异性，或存在其他机制促使代谢物被猪支原体捕获，目前基因组中还没有蛋白质编码区（CDS）被鉴定出其编码的蛋白质具有通过细菌膜的生物分子转运功能（Dietz等，2016）。未经注释的假定蛋白质所占比例较高（64.6%）进一步支持了后一种假设。此外，入侵宿主细胞也可能有助于获取营养物质（Groebel等，2009；Guimaraes等，2011a）。

14.4.3 红细胞凋亡

猪支原体引起的猪红细胞膜和猪红细胞骨架的改变被认为是猪支原体感染的一种特殊致病机制，这种机制上调红细胞凋亡，即促使红细胞自杀程序性死亡（Zachary和Basgall，1985；Felder等，2011）。不同的猪支原体菌株都会引起红细胞凋亡，这是一个红细胞构象变化的过程（往往在有核细胞凋亡时发生）。另外，红细胞构象变化也被认为是疟疾的致病因素（Felder等，2011；Lang等，2005，2006）。红细胞构象变化主要表现为红细胞萎缩、起泡、微囊化、蛋白酶激活，以及外膜上的磷脂酰丝氨酸暴露而导致被巨噬细胞识别并吞噬（Felder等，2011；Lang等，2006）。图14.2显示了感染猪支原体的红细胞凋亡时呈现的典型萎缩。

目前为止，猪支原体感染导致红细胞凋亡的触发机制和信号机制尚不清楚。体外试验表明，猪支原体的菌体或可溶性成分诱发了红细胞凋亡（Felder等，2011）。猪支原体引起细胞膜和细胞骨架的大量改变，可能导致通道的形成，进而导致红细胞凋亡的上调。另外，猪支原体的黏附可能会导致氧化应激，从而触发红细胞凋亡（Felder等，2011；Hoelzle，2008）。

在感染高毒力菌株的猪中，红细胞凋亡被上调，但无法控制后续的严重感染。相比之下，感染低毒力菌株的猪红细胞凋亡率也较高，却成功预防了致死性感染，而只表现出轻度贫血（Felder等，2011）。这是因为：在感染早期和轻度贫血时，暴露磷脂酰丝氨酸的红细胞被巨噬细胞识别和降解，红细胞凋亡似乎是导致感染猪支原体的红细胞被吞噬的原因。因此，红细胞凋亡可能会阻止猪支原体在血液中大量增殖，使菌血症保持在较低水平（Felder等，2011）。

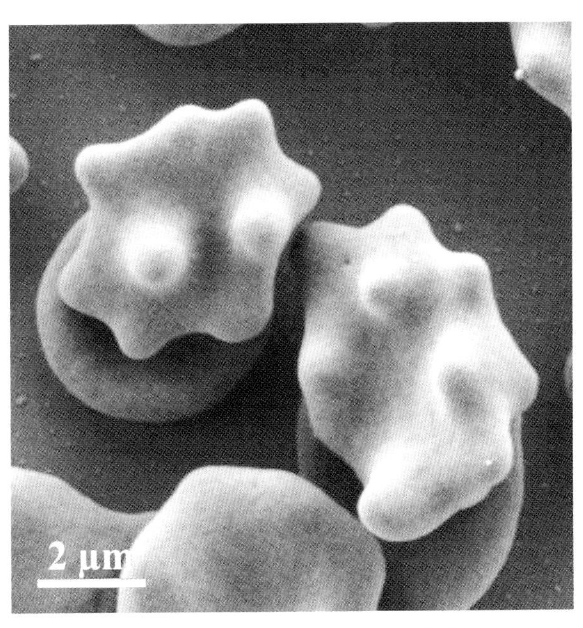

图14.2 扫描电镜显示猪支原体感染红细胞发生凋亡性的细胞萎缩（来源：K.Hoelzle）

14.4.4 免疫病理

长期以来，人们已经知道自身免疫过程对于猪传染性贫血（IAP）相关临床症状的发展有重要作用，即通过免疫介导破坏猪红细胞引起贫血，并造成末端发绀或坏死（Felder等，2010；Hofmann等，1982；Zachary和Smith，1985）。IgM和IgG两种类型的自身反应性抗体均已有报道。

IgM类的冷反应性自身免疫抗体（即所谓的冷凝集素；CA）主要可在IAP慢性期被检出(Hoelzle，2008)。猪支原体诱导产生的冷凝集素对红细胞膜表面的唾液酸糖化区域具有靶向性(Hofmann等，1981；Jungling等，1994；Zachary和Smith，1985)。它们一般在猪支原体低菌血症的过程中产生，并导致凝集，因此造成猪体外周部位的末端发绀和坏死，末端的体温通常低于核心体温。这种IgM类冷反应性抗体与红细胞结合以及在肢体末端发生的凝集，会通过补体系统的经典激活途径造成血管内溶血，进而导致贫血。然而，冷凝集素确切的诱导机制尚不清楚（Gwaltney和Oberst，1994；Zachary和Smith，1985）。Hoelzle等（2006）检测到了抗猪肌动蛋白的所谓自身反应性IgG类温抗体的上调（Felder等，2010；Hoelzle等，2006）。与冷凝集素相比，温反应性自身免疫抗体IgG的上调主要发生在猪支原体菌血症达到高峰的急性期。猪支原体感染的红细胞被温反应性IgG抗体结合后，在血液循环中被脾脏和网状内皮系统的其他部位清除，导致血管外溶血。这一过程通常并发严重的间接高胆红素血症，因为肝细胞负荷过重，肝前性胆红素浓度大幅提高。因此，IgG抗体被认为是急性感染早期破坏红细胞而导致贫血的主要原因（Hoelzle等，2006；Zachary和Smith，1985）。高菌血症和温反应性IgG抗体的同时出现表明，猪支原体感染对自体抗原特异性的先天性B细胞的误导性上调，变异的自身抗原的出现，以及由于分子模拟机制而导致的对自身抗原的耐受性的丧失，都有直接影响（Felder等，2010）。由于黏附蛋白MSG1和猪肌动蛋白之间的交叉反应已经被证实，MSG1似乎是通过分子模拟机制参与诱导了自身免疫（Felder等，2010）。

此外，人们怀疑猪支原体会引起宿主的免疫抑制，从而增加宿主对其他呼吸道和肠道病原的易感性（Zachary和Smith，1985）。这一假设是基于经验数据（Hoelzle，2008）和实验数据，在一个实验中，观察到猪支原体感染后，T淋巴细胞增殖反应受到了抑制（Zachary和Smith，1985）。最近对实验条件下处在亚临床感染期间的猪的转录组进行了分析，发现血液mRNA水平发生了显著变化，其中包括对免疫应答相关的基因显著下调，这些结果表明受感染的猪存在全身性免疫抑制（do Nassimento等，2018）。

14.4.5 内皮靶向性

观察发现，猪支原体与内皮细胞关系密切。这种内皮靶向性是猪支原体发病机制中的一种新途径，可引起凝血障碍、血管血栓形成和出血素质等贫血以外的临床症状（Sokoli等，2013）。基于实验感染的电镜观察结果显示，猪支原体和感染猪支原体的红细胞与内皮细胞之间建立起密切的相互作用，触发了内皮细胞的活化反应和凝血过程。猪支原体以单个菌体或生物膜样微菌落的形式附着在不同器官血管系统的内皮细胞上（Sokoli等，2013），因而，内皮细胞出现大量大面积的损伤和剥落。此外，猪支原体引起内皮细胞活化的表征是微绒毛的形成，这有助于提高感染猪支原体的红细胞的黏附频率（Sokoli等，2013）。

内皮黏附和内皮上生物膜样微菌落的形成都有助于猪支原体的免疫逃逸（特别是抑制了脾脏的过滤作用），助其免受抗菌药物的影响和形成持续性感染。这种内皮靶向性可能会引起感染猪支原体的猪出现循环功能障碍和身体外周末端坏死。此外，还可能造成受影响的器官功能障碍、循环障碍、血凝和血流障碍以及局部缺氧。体外研究中，肌动蛋白凝结和内皮细胞活化标记物的表达上调进一步证明了猪支原体与内皮细胞的相互作用（Sokoli等，2013）。

14.5 潜伏期和临床症状

在人工感染中，使用高感染剂量的猪支原体（10^8 ~ 10^{10}个细菌）对阴性猪进行攻毒，切除脾脏的猪早在攻毒后第5天即出现临床症状（发热、精神沉郁、贫血），而未切除脾脏的猪则在攻毒后第6天出现临床症状（Stadler等，2014）。切除脾脏的猪于攻毒后第7天临床症状最严重，未切除脾脏的猪则于攻毒后第9 ~ 10天临床症状最严重。在自然条件下，潜伏期很难预测，而且变化很大，因为潜伏期取决于多种因素，包括动物的个体易感性和总体健康状况、猪支原体的感染剂量和菌株的毒力、养殖场的生产管理水平以及是否存在其他继发感染等（Hoelzle，2008）。被感染的猪可能在出现临床症状之前的数月内看起来是正常的，而且很有可能许多被感染的猪根本不会出现任何临床症状。

猪支原体感染的临床表现（急性、慢性或潜伏型）从急性发病致死到无明显临床症状的慢性感染不等。疾病表现主要取决于宿主的易感性、内源性和外源性应激因素，也取决于病原体毒力、感染剂量和感染途径（Heinritzi，1989）。容易诱发疾病的内源性应激因素包括各种损伤、其他感染（如PRRSV、PCV）以及免疫力下降（如在断奶、分娩和围产期等期间）。容易诱发疾病的外源性应激因素包括混群、阉割、运输等常见的猪场操作以及拥挤、饲喂不当和猪舍空气质量差等

（Gresham等，1994；Heinritzi，1990；McLaughlin等，1991）。目前对不同猪支原体菌株毒力的差异知之甚少，只知道有些猪支原体分离株能够侵入红细胞，导致毒力增强（Groebel等，2009）。

急性猪支原体感染会引发严重的红细胞菌血症，导致哺乳仔猪、即将分娩和处于哺乳期的母猪，以及应激下的育肥猪，发生严重甚至致命的溶血性贫血（Messick，2004；Zachary和Basgall，1985）。猪支原体会引起红细胞表面构象变化（即致密化和细胞骨架重排），诱导产生IgM冷凝集素和IgG温反应性抗体。此外，被感染的猪随后会出现免疫介导的溶血性贫血，同时血液中的细菌数量下降（Felder等，2010；Groebel等，2009；Zachary和Basgall，1985；Zachary和Smith，1985）。急性IAP的典型临床症状为发热、贫血、黄疸和身体外周末端发绀。此外，还可以观察到皮肤发生淤斑和出血性素质以及较高的出血倾向（Plank和Heinritzi，1990；Stadler等，2014）。与此同时，机体血糖浓度严重下降，引发危及生命的低血糖症（Gwaltney和Oberst，1994；Heinritzi等，1984；Smith等，1990）。在母猪中，感染可能导致发热、厌食、抑郁、产奶量减少和母性行为差（Brömel和Zettl，1985；Heinritzi等，1984；Strait等，2012）。

实验室诊断分析显示，在发生正红细胞正色素性贫血时，伴有红细胞计数、血红蛋白浓度和血细胞压积的同时下降。此外，还出现了胆红素血症、白细胞增多、重症低血糖、乳酸升高、酸性物质生成过多性血液酸中毒，以及在25℃和4℃时红细胞自发凝集（Heinritzi等，1984，1990a，1990b）。此外，还会出现弥散性血管内凝血（DIC）和随后的凝血功能障碍，伴发血小板减少和部分凝血激酶和凝血酶原作用时间延长（Plank和Heinritzi，1990；Stadler等，2014）。

然而，关于发病率、死亡率和病死率的报道很少。有研究表明，断奶仔猪感染猪支原体的发病率为15%～20%（Müller和Neddenriep，1979；Preston和Greve，1965）。也有研究发现，1周龄的断奶仔猪的病死率每窝为1头（Berrier和Gouge，1954）。在Quin（1938）和Robb（1943）的研究中，死亡率为10%～20%。Kloster等（1987）报道了2个案例的发病率分别为29%和34%，病死率分别为5%和24%。

猪群中猪支原体常引起慢性感染，临床表现差异很大，从亚临床表现到出现一系列症状，包括：①新生仔猪和哺乳仔猪贫血、轻度黄疸和消瘦；②育肥猪生长迟缓；③母猪繁殖性能差，包括断奶后不发情，流产、产死胎和弱仔增多，以及泌乳障碍等（Brownback，1981；De Busser等，2008；Gresham等，1984；Henry，1979；Schweighardt等，1986；Strait等，2012；Zinn等，1983）。

14.6 社会经济影响

猪支原体是一种猪特有的病原体。然而，一些研究，特别是来自中国的研究提出了猪支原体有可能引起人畜共患的问题（Hu等，2009；Wu等；2006；Yang等，2000；Yuan等；2009）。据报道，无论是采用血涂片镜检法检测还是16S rDNA PCR扩增法检测，猪支原体都呈现较高的流行率，能达到49%（Yuan等，2009），甚至可高达97.29%（Huang等，2012）。然而，这两种方法都不能实现猪支原体与其他嗜血支原体的鉴别诊断。此外，除中国之外，至今未发现人感染猪支原体的病例。尽管如此，猪支原体人畜共患的可能性不应被否定，而是应将其作为未来研究方向之一。

在养猪业中，猪支原体感染对经济效益有重大影响，主要是因为感染后导致了猪的生产性能下降、日增重降低和繁殖系统障碍等（Hoelzle等，2014）。此外，亚临床感染猪因存在免疫调节和免疫抑制，而增加了其对其他病毒和细菌的易感性（Hoelzle，2008；Zachary和Smith，1985）。应进一步评估亚临床感染造成的影响，并将其作为将来根除猪支原体的依据。

14.7 诊断学

猪支原体感染后，其临床症状各异，且没有特异性症状。因此，实验室检测是确诊的必要条件。但由于缺乏体外培养系统，无法将猪支原体的分离鉴定作为病原诊断方法。

长期以来，姬姆萨或吖啶橙染色的血涂片镜检是检测的首选方法。在显微镜下，可以在红细胞表面看到单独、成对或成串的被染色的猪支原体。这种检测方法成本低且快速，缺点是灵敏度低、特异性差。只有当血液中细菌浓度高于10^5个/mL时，该检测才能成立（Ritzmann等，2009）。然而，只有在出现短暂急性IAP，伴随高菌血症时，血液中才会有如此多的病原体。另外，由于染色质小体和染液等因素造成的干扰，镜检结果有相当多的假阳性。对血涂片的正确评估，在很大程度上取决于检查者的经验（Ritzmann等，2009）。

通过建立PCR方法（常规PCR和实时PCR），诊断能力显著提高，使血液、组织或流产物等不同样本的检测成为可能。已发表的常规PCR检测方法针对的是16S rRNA基因（Messick等，1999）或RNA聚合酶的β亚基（Gwaltney等，1994）。常规的PCR检测具有较高特异性和敏感性。通过将PCR检测与杂交分析相结合，结果特异性显著提高（Oberst等，1993）。Messick等（1999）将其PCR检测方法的检出下限确定为每次反应为57 ～ 800个菌体。由于检测敏感性的提高，使慢性感染以及急性感染初期较低菌血浓度的猪的猪支原体检测成为可能（Gwaltney等，1994；Messick等，1999）。

随着技术的进步，实时荧光定量PCR技术被应用于猪支原体的检测。Guimaraes等（2011b）开发了一种基于荧光探针的实时Taqman PCR检测方法，该方法以猪支原体的16S rRNA基因为目的基因。此外，还有研究者建立了另一种定量PCR检测方法，该方法以编码黏附蛋白MSG1（类GAPDH）的基因为目的基因（Hoelzle等，2007c）。这种方法基于LightCycler技术，同样需要使用一种特定的荧光报告探针。两种qPCR检测方法都能检测到最低10个拷贝的猪支原体，敏感性比常规PCR方法高10 ～ 100倍。

也有研究者采用SYBR Green染料建立以MSG1为目的基因的qPCR方法（Stadler等，2019年），其优点是反应成本显著降低，并且在常规诊断中可以在多种qPCR仪上进行检测，而不依赖于LightCycler或Taqman技术。该方法也具有较高的敏感性和特异性（Stadler等，2019）。

由于PCR检测方法的高敏感性，猪支原体感染的早期阶段，即感染后3 ～ 4d，就可以被诊断（Stadler等，2014）。此外，该方法还可以检测出亚临床感染的猪或猪群。但是，需要进一步研究这些亚临床感染的意义。还有一些其他检测方法，如免疫组化或胶体金免疫层析法（Meng等，2014），使用范围较为有限，因为针对猪支原体的特异性抗体还未上市。

使用不同的血清学检测方法可以检测抗猪支原体的循环抗体。人工感染实验表明，猪支原体感染的猪在感染后第8 ～ 35天发生血清转阳（Hoelzle等，2006；Stadler等，2014）。由于缺乏实验室培养系统，用于血清学检测的抗原生产十分困难。全细胞抗原必须从实验感染猪的血液中纯化，尽管采取了严格的纯化措施，抗原制剂中仍然存在来自宿主的残留物，这些残留物可能会干扰血清中抗体以及标记的二抗与检测用抗原的结合（Hoelzle，2008；Hoelzle等，2006）。因此，血清学结果的准确性难以考究。一些针对猪支原体感染的全抗原检测方法，包括补体结合反应（CBR）、间接血凝试验和ELISA，在许多文献中都有报道（Schuller等，1990；Smith和Rahn，1975；Splitter，1958）。

基于猪支原体重组蛋白（如MSG1、HspA1和无机焦磷酸酶）建立的ELISA抗原检测方法能显著提高血清学检测的特异性和敏感性，并能广泛应用于常规实验室诊断（Hoelzle等，2007d；Liu等，2012；Zhang等，2012）。但是，对于这些重组蛋白的研究较少，目前尚无商品化的诊断试剂。其他血清学诊断方法还包括基于多重微球免疫分析法（Guimaraes等，2014）。对于血清学诊断技术，各类技术中的参数比较及其对临床的指导意义，还需进一步研究。

14.8 治疗、一般控制措施和疫苗接种

猪支原体感染后，对于有临床症状的猪，采用四环素或促旋酶抑制剂（如恩诺沙星）进行治疗，可能将患病猪治愈。然而，实验结果表明，上述方法不能清除猪体内的猪支原体（Stadler等，2014）。感染猪仍是猪支原体的终生携带者，这对猪支原体的流行病学至关重要（Hoelzle，2008）。然而，对于这种持续性感染的机制及其关键影响因素了解甚少。这种持续性感染，可能是病原体与宿主高度进化的结果，猪支原体侵入宿主细胞后保持较高的代谢适应性，使其在宿主细胞特殊的环境中寄生（Groebel等，2009；Hoelzle等，2014）。避免猪支原体进入阴性猪群对于保持猪群不受感染至关重要。目前还没有专门针对猪支原体的生物安全措施，但建议采用常规措施（控制人员进入、定期消毒和保持卫生）预防其传播。此外，猪支原体引入猪群的主要风险是阳性猪的引入，对即将引入的猪进行猪支原体筛查可以最大限度地降低这种风险。

猪支原体进入猪群后，主要通过直接接触或受污染的仪器和设备进行传播。因此，建议采取一切改善卫生状况的措施，例如给仪器和设备的消毒，或者使用一次性用品。此外，对猪支原体的易感性取决于猪的健康状况和免疫状况，因此，适宜的喂养和饲养环境，体内寄生虫和体外吸血寄生虫（潜在的猪支原体携带者）的控制和治疗，避免常规的应激因素都是重要的控制措施。

目前尚无特定的猪支原体的净化方案，需根据不同养殖场猪群整体卫生环境制订。在母猪群中，可以基于PCR方法来识别和剔除猪支原体携带者。

目前还没有针对猪支原体的疫苗，主要是由于无法生产经典的全菌疫苗，以及对其复杂的免疫机制的未知（感染和自体反应机制）。基于强抗原性的黏附蛋白MSG1的重组猪支原体疫苗，在脾脏切除的实验猪中诱导了较强的体液和细胞免疫应答，但未见有保护效果（Hoelzle等，2009）。

图书在版编目（CIP）数据

猪的支原体 /（比）多米尼克·梅斯，（西）玛丽娜·西比拉，（美）玛利亚·皮特斯编著 ；邵国青主译. —北京：中国农业出版社，2021.8
ISBN 978-7-109-28742-6

Ⅰ.①猪… Ⅱ.①多…②玛…③玛… ③邵… Ⅲ.①猪病－肺炎枝原体－感染－诊疗 Ⅳ.①S858.28

中国版本图书馆CIP数据核字（2021）第173825号

特别鸣谢

感谢我们的合作伙伴AIC国际农牧咨询公司将本书同步引进到中国市场，并为本书中文版出版相关工作付出了辛勤努力；感谢硕腾公司对本书的慷慨资助；感谢江苏省农业科学院动物支原体创新团队和牧原集团高质量和专业的翻译；感谢中国农业出版社的出版发行工作，使本书最终得以呈现给中国读者；最后也是最为重要的是感谢本书的中国读者，愿您能够通过本书收获知识，祝阅读愉快！

比利时ACCO出版社

北京市版权局著作权合同登记号：图字01－2021－4550号

中国农业出版社出版
地址：北京市朝阳区麦子店街18号楼
邮编：100125
责任编辑：刘　伟
版式设计：杜　然　　责任校对：吴丽婷　　责任印制：王　宏
印刷：北京通州皇家印刷厂
版次：2021年8月第1版
印次：2021年8月北京第1次印刷
发行：新华书店北京发行所
开本：889mm × 1194mm　1/16
印张：12.5
字数：325千字
定价：498.00元
